国家骨干高职院校建设
机械制造与自动化专业系列教材

机械零件普通加工

赵春江　主　编
赵　春　苏　月　陈启渊　副主编
关玉琴　主　审

化学工业出版社
·北京·

为适应高职高专新的教学要求，结合当前高职高专教学和教材改革的精神，特精心编写此书。本教材共分5个模块：模块一 机械加工基础训练，模块二 金属切削加工的基础知识，模块三 机械加工基本技能训练，模块四 机械制造工艺基础知识和模块五 机床夹具基础知识。各模块内容安排合理，科学取舍，注重创新，强化典型零件加工实例，实用性较强，每个单元后附有思考题，便于学生掌握，提高学习的针对性。

本教材以"够用"为度、突出"实用"为特点，以培养学生分析和解决机械制造中实际问题的基本能力为主，注重制造技术理论与生产实践的紧密结合。在内容安排上力求做到深浅适度、详略得当，在叙述上力求简明扼要、通俗易懂。

本教材可作为高职高专院校、成人高校及本科院校举办的二级职业技术学院机械制造与自动化、机电一体化技术、模具设计与制造和数控技术等专业的教材，也可作为机械、机电类技术人员的参考书或机械制造企业人员的培训教材。

图书在版编目（CIP）数据

机械零件普通加工/赵春江主编. —北京：化学工业出版社，2014.4（2018.7重印）
国家骨干高职院校建设机械制造与自动化专业系列教材
ISBN 978-7-122-19895-2

Ⅰ.①典⋯　Ⅱ.①赵⋯　Ⅲ.①零部件-金属切削-高等职业教育-教材　Ⅳ.①TG5

中国版本图书馆 CIP 数据核字（2014）第 035878 号

责任编辑：高　钰　　　　　　　　　　　　　装帧设计：张　辉
责任校对：宋　玮

出版发行：化学工业出版社（北京市东城区青年湖南街 13 号　邮政编码 100011）
印　　刷：三河市延风印装有限公司
装　　订：三河市宇新装订厂
787mm×1092mm　1/16　印张 16½　字数 410 千字　2018 年 7 月北京第 1 版第 3 次印刷

购书咨询：010-64518888（传真：010-64519686）　　售后服务：010-64518899
网　　址：http://www.cip.com.cn
凡购买本书，如有缺损质量问题，本社销售中心负责调换。

定　　价：35.00 元　　　　　　　　　　　　　　　　　　版权所有　违者必究

前　言

为了贯彻教育部《关于全面提高高等职业教育教学质量的若干意见》（教高［2006］16号）文件的精神，落实"加大课程建设与改革的力度，增强学生的职业能力"的要求，探索工学结合人才培养模式，突出高职教育特色，我们联合相关企业，组织教学经验丰富、实践能力强的教师以及工程技术人员，按照机电类人才培养方案中的核心课程标准，并参照劳动与社会保障部制定的《国家职业标准》中相关职业技能鉴定规范，合作开发了《机械零件普通加工》这本教材。

本教材按照职业教育课程的教学特点，从知识系统和技能系统两方面，强调以学生为主体的"教、学、做"一体化，突出操作过程的程序化和规范化。围绕基本技能知识点的要求，进行理论知识筛选，减少理论阐述和烦琐计算，以机械加工各工种技术为主线，将所需的知识贯穿其中，体现"实用为主，够用为度"的教学原则。

本教材的主要特点有：

1. 实用性强。教材避开烦琐公式推导，重视理论的实际应用，使学生所学知识和技能与职业岗位相贴近。

2. 直观性强。教材力求图文并茂，增强了知识的直观性，通俗易懂，便于读者自学。

3. 注重学生创新能力的培养。教材在车工、铣工等机械加工综合技能训练部分设有大量训练课题，通过训练潜移默化地培养学生创新意识，提高学生的综合应用能力。

另外，本教材为校企合作共同开发，企业工程技术人员参与编写，书中一些实例就来自生产一线，使教材内容更加贴合工程实际。

本教材共分 5 个模块：机械加工基础训练，金属切削加工的基础知识，机械加工基本技能训练，机械制造工艺基础知识和机床夹具基础知识。各模块内容安排合理，科学取舍，注重创新，强化典型零件加工实例，实用性较强，每个单元后附有思考题，便于学生掌握，提高学习的针对性。全书参考教学时数为 160 学时。

本教材由赵春江任主编，赵春、苏月、陈启渊任副主编，参编张国斌、王俊。模块一、模块三由赵春江编写，模块二由陈启渊、苏月、张国斌编写，模块四由苏月、赵春、王俊编写，模块五由赵春、陈启渊编写。全书由赵春江、赵春统稿和定稿，内蒙古机电职业技术学院关玉琴教授任主审。

本教材在编写过程中，得到党华、于占泉、康俐、刘亚敏，呼和浩特众环（集团）有限公司张国斌及内蒙古纳顺集团王俊的帮助指导，谨此对相关人员一并表示衷心感谢。

由于编者水平有限，书中难免有不足之处，恳请广大读者批评指正。

编　者

目　录

模块一　机械加工基础训练

单元一　机械加工安全操作规程及文明生产常识

- 了解安全实训、安全生产的目的与意义。
- 掌握安全实训、安全生产规程及文明生产常识。

一、安全实训、安全生产的方针

"安全第一，预防为主"是组织实训和生产的方针。如果违背这个方针，会导致工伤事故发生，给人员和财产造成损失。因此，各级师生、员工对安全实训和安全生产的方针都必须认真理解，并贯彻到自己的实际行动中去。

"安全第一"是指在对待和处理安全与实训、安全与生产以及其他工作的关系时，要把安全工作放在首位。当实训、生产或其他工作与安全问题发生矛盾时，实训、生产或其他工作要服从安全。"安全第一"就是告诫各级管理者和全体师生员工，要高度重视安全实训和安全生产，将安全当作头等大事来抓，要把保证安全作为完成各项任务的前提条件。特别是各级管理者以及实习指导教师在规划、布置、实施各项实训工作时，要首先想到安全，采取必要和有效的防范措施，防止发生工伤事故。

安全与实训、生产的关系是对立统一的关系，有实训和生产活动就有安全问题，安全问题存在于实训和生产活动之中。特别是学生在学校学习实际操作训练时，由于对操作规程不熟悉，对设备的性能比较陌生，容易发生事故。因此，只有保证了安全，实训和生产才能顺利进行。"安全为了实训，实训必须安全"，这两者之间既有矛盾，又有统一。

"预防为主"是指在实现"安全第一"的工作中，做好预防工作是最主要的。它要求大家防微杜渐，防患于未然，把事故消灭在萌芽状态。伤亡事故不同于其他事故，一旦发生往往很难挽回损失。

二、安全实训、安全生产的任务

① 增强安全意识，消除安全隐患，减少或消灭工伤事故，保障操作者安全地实训和生产。

② 搞好劳逸结合，保障实训学生和员工有合理的休息时间，提高实训效果和劳动效率。

③ 根据各工种的职业特点和女性的生理特点，加强职业防护和对女学生进行合理保护。

④ 加强宣传教育工作，使所有上岗人员都具备必要的安全知识和技能，提高安全意识和安全素质，形成一个人人关心安全、事事注意安全的良好氛围，并成为全体师生员工的自觉行动。

⑤ 加强安全实训和安全生产的法制工作，严格执行各项安全管理规章制度，建立安全责任制。

三、机械加工安全操作规程

工伤事故统计资料表明，缺乏安全技术知识是发生工伤事故的重要原因之一。因此，必须对实训学生进行安全技术知识教育。

1. 防护用品的穿戴

① 上班前穿好工作服、工作鞋。长发操作者戴好工作帽，并将头发全部塞进帽子里。

② 不准穿背心、拖鞋、凉鞋和裙子进入车间。

③ 严禁戴手套操作。

④ 高速切削或刃磨刀具时应戴防护镜。

⑤ 切削脆性材料时，应戴口罩，以免吸入粉尘。

2. 操作前的检查

① 对机床的各滑动部分注润滑油。

② 检查机床各手柄是否放在规定位置上。

③ 检查各进给方向自动停止挡铁是否紧固在最大行程以内。

④ 启动机床检查主轴和进给系统工作是否正常，油路是否畅通。

⑤ 检查夹具、工件是否装夹牢固。

3. 防止划伤

① 装卸工件、更换刀具、擦拭机床必须停机。

② 在进给中不准抚摸工件加工表面，以免划伤手指。

③ 主轴未停稳不准测量工件。

4. 防止切屑损伤皮肤、眼睛

① 操作时不要站立在切屑流出的方向，以免切屑飞入眼睛。

② 要用专用工具清除切屑，不准用嘴吹或用手抓。

③ 切屑飞入眼中，应闭上眼睛，切勿用手揉擦，并应尽快请医生治疗。

5. 安全用电

① 工作时，不得擅自离开机床。离开机床时，要切断电源。

② 操作时如果发生故障，应立即停机，切断电源。

③ 机床电器若有损坏时应请电工修理，不得随意拆卸。

④ 不准随便使用不熟悉的电器装置。

⑤ 不能用金属棒去拨动电器开关。

⑥ 不能在裸线附近工作。

四、文明生产常识

1. "6S" 活动

在实训和生产时，都要对生产各要素的状态不断进行整理、整顿、清扫、清洁，开展加强安全和提高素质的"6S"活动。

（1）整理

整理是改善生产现场管理的第一步。其主要内容是对实训和生产现场的各种物品进行整理，分清哪些是工作现场所需要的和不需要的。对于现场不需要的要坚决清理出现场。

（2）整顿

在整理的基础上，对工作现场需要留下的物品进行科学合理地摆放。

① 物品摆放要有固定的地点和区域，以便于寻找和消除混放。

② 物品摆放要科学合理，可以减少人与物的结合成本。

③ 物品摆放尽可能目视化，以便做到对某些物品过目知数，易于管理。

（3）清扫

清扫就是对工作场地的设备、工具、物品以及地面进行维护打扫，保持整齐和干净。现场在工作过程中会产生废气、废液、废渣、油污等，使工作现场（包括机器设备）变脏，从而使设备精度降低，影响产品质量，影响职工的工作情绪，甚至引发事故。因此，清扫活动不仅清除了脏物，创建了明快、舒畅的工作环境，而且保证了安全、优质、高效的工作。

（4）清洁

清洁是前三项活动的继续和深入，进一步清除生产现场的事故隐患，保证学生和职工有良好的精神状态和稳定的工作情绪。主要内容是：工作现场不仅要整齐，而且要清洁，要消除混浊空气、粉尘和噪声等污染源；并要求师生员工着装整洁，仪表自然大方，语言文明。

（5）安全

安全就是要求操作人员按规定穿戴好防护用品，严格遵守安全操作规程，严禁违章操作，提高安全防范意识，发现事故隐患，及时处理。

（6）素质

安全、文明实训的核心就是要培养和提高人员的素质，职业素质的培养和体现就是有一个清洁、文明、安全的工作环境。

2. 具体工作事项

（1）工作场地的布置

① 工具箱（架）应分类布置，安放整齐、牢靠，安放位置要便于操作，并保持清洁。

② 图样和工艺文件等应放在便于阅读的地方，并保持干净、整齐。

③ 所用的工、夹、量具和机床附件应有固定位置，安放整齐、取用方便。

④ 待加工的工件和已加工的工件应分开摆放，并排放整齐，使之便于取放和质量检验。

⑤ 工作场地要保持清洁、无油垢。

⑥ 使用的踏板应高低合适、牢固、清洁。

（2）机床保养

要熟悉机床性能和使用范围，操作时必须严格遵守操作规程，并应根据机床说明书的要求做到每天一小擦，每周一大擦，按时一级保养，保持机床整齐清洁。

（3）爱护工、夹、量具

工、夹、量具应分类整齐地摆放在工具架上，不要随便乱放在工作台或与切屑等混在一起。经常保持量具的清洁，用后要擦净、涂油，放在盒内妥善保管，并定期送检。

（4）爱护刀具

要正确使用刀具，不能用磨钝的刀具继续切削，否则会增加机床负荷，甚至损坏机床。

总之，在实训基地或到生产现场的师生员工们一定要贯彻"安全第一，文明生产"的原则，一定要自觉遵守安全、文明实训和生产规程和各项规章制度。

练习与思考

1. 简述"安全第一、预防为主"的含义和"安全实训和安全生产"的任务。

2. 试述实训安全守则和机械加工安全操作规程。

3. 简述实训基地安全用电基本知识。

4. 简述文明实训和文明生产的内容。

单元二　机械加工常用工、量具的使用方法

学习目标及要求

- 掌握机械加工常用工具的使用方法。
- 掌握机械加工常用量具、量仪的使用方法。

一、掌握机械加工常用工具的使用方法

按表 1-2-1 所示，认识并熟悉机械加工常用工具的名称、结构及功用等。

表 1-2-1　机械加工常用工具

名称	图　　示	使用说明	注意事项
活扳手	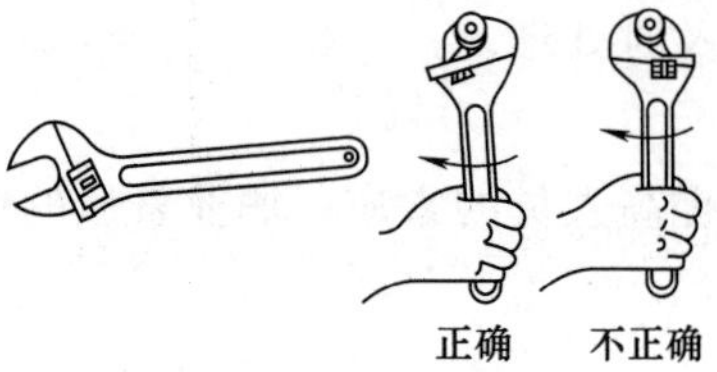 正确　　不正确	钳口尺寸可在一定范围内调节，用于紧固和松开螺栓或螺母。其规格以扳手全长尺寸标识	根据工作性质选用合适的扳手，尽量使用呆扳手，少用活扳手
整体扳手	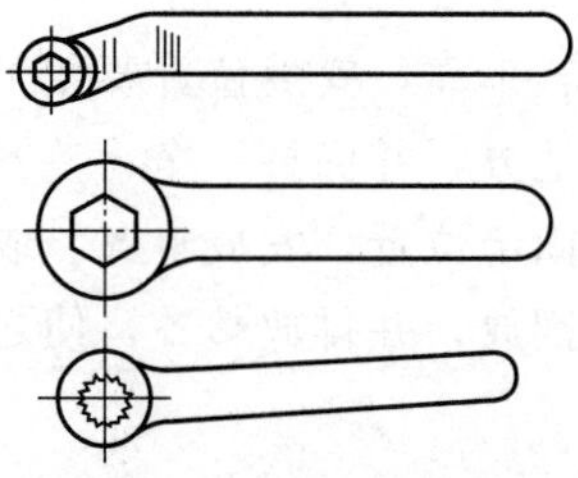	用于紧固和松开固定尺寸的六角形螺栓或螺母。常见的类型有六角形和梅花形两种	各种扳手的钳口宽度与扳手长度有一定的比例，故不可加套管或用不正确的方法延长扳手的长度来增加使用时的转矩
呆扳手	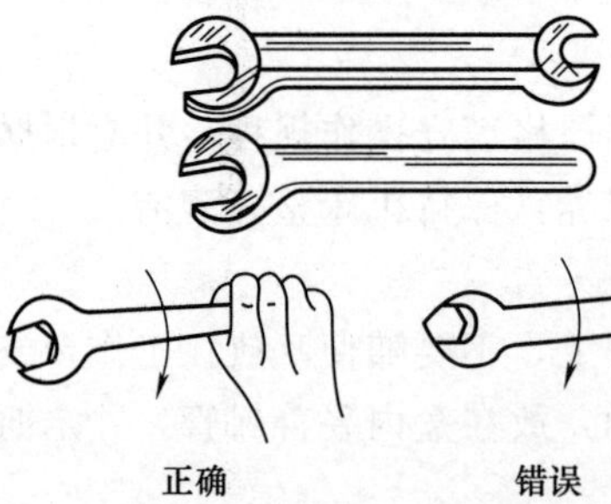 正确　　　　错误	用于紧固和松开固定尺寸的螺栓、螺母等。常见的类型有单口扳手、梅花扳手、梅花开口扳手及开口扳手等，其规格以钳口的宽度标识	使用呆扳手时根据螺母宽度选用合适钳口宽度的扳手，以免损伤螺母 使用活动扳手时，应使扳手向活动钳口方向旋转，使固定钳口承受主要力的作用
内六角扳手	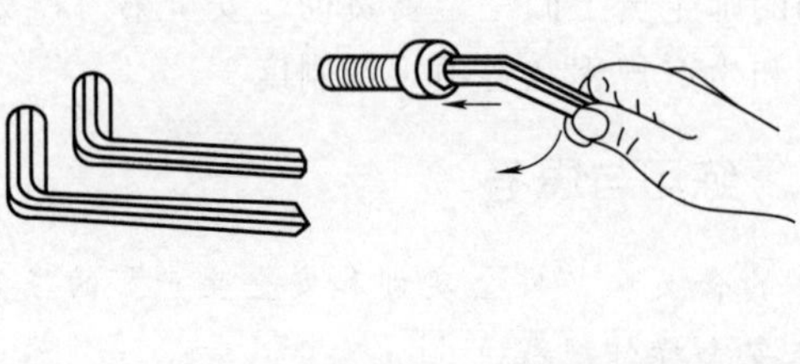	用于紧固和松开内六角螺钉。其规格以内六角对边的尺寸标识	使用时应选用相应的扳手规格，手握扳手一端，将扳手另一端的头部插入螺钉头内六角孔中，然后用力扳转

续表

名称	图　示	使用说明	注意事项
钩形扳手	正确　　　扳手圆弧半径过小　　　扳手圆弧半径过大	用于紧固和松开带槽圆螺母。其规格以所紧固的螺母直径表示	使用时应选用与螺母外径弧度相适应的扳手规格，将扳手的舌部勾住螺母的槽或孔，使扳手的内圆卡在螺母外圆上，用力扳紧或旋松
螺钉旋具	*L* 一字旋具 十字旋具　　　使用	用于旋紧或松退带槽螺钉。常见类型有一字形、十字形和双弯头形	必须根据螺钉头的槽宽选用合适的旋具 不可将旋具当作錾子、杠杆或划线工具使用
锤子	楔铁 锤头　　木柄 钢锤　　　铜锤	锤子是装夹工件和拆卸刀具时敲击用。有金属和非金属锤子两种，常用金属锤子有铜锤和钢锤，常用非金属锤子有塑料锤和木锤等。其规格用锤子的质量来表示	精制工件表面或硬化处理后的工件表面，应用软锤，以避免损伤工件表面 使用前应仔细检查锤头与锤柄是否紧密连接，以免造成意外事故 应根据工作性质，合理选择锤子的材质、规格和形状
锉刀	锉梢端　锉边(光)　辅锉纹　锉肩　锉把 边锉纹　　主锉纹 长度/mm	锉刀主要用于修去工件的毛刺，其规格以锉刀长度而定，有150mm、200mm、250mm等	去毛刺时，应将锉刀顺着工件的棱边方向使用
平行垫铁		在平口台虎钳上装夹工件时，用来支持工件	要求具有一定的硬度，且上、下平面平行

二、掌握常用量具、量仪的使用方法及注意事项

按表1-2-2所示，认识并熟悉机械加工常用量具、量仪的名称、结构及功用等。

1. 游标卡尺的结构原理和读数方法

1）卡尺的结构原理　其外形结构见表1-2-2，主要由尺身、游标、内量爪、外量爪、深

度尺和紧固螺钉等部分组成。游标卡尺的尺身和游标上都有刻线，测量时配合起来读数。当尺身上的量爪与游标上的量爪并拢时，尺身的零线与游标的零线对正。尺身的刻线为1mm每格，按其测量精度可分为 1/10（0.1）mm、1/20（0.05）mm 和 1/50（0.02）mm 三种。

表 1-2-2　常用量具、量仪

名称	图示	功能
游标量具	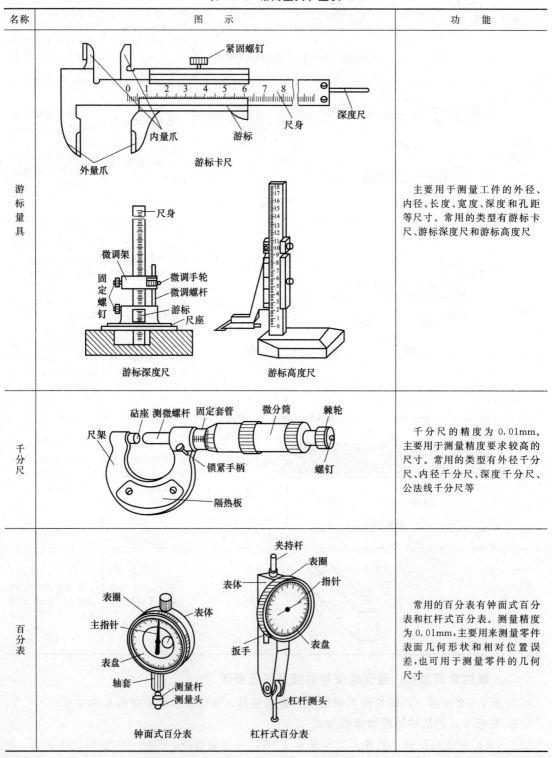	主要用于测量工件的外径、内径、长度、宽度、深度和孔距等尺寸。常用的类型有游标卡尺、游标深度尺和游标高度尺
千分尺		千分尺的精度为 0.01mm。主要用于测量精度要求较高的尺寸。常用的类型有外径千分尺、内径千分尺、深度千分尺、公法线千分尺等
百分表		常用的百分表有钟面式百分表和杠杆式百分表。测量精度为 0.01mm，主要用来测量零件表面几何形状和相对位置误差，也可用于测量零件的几何尺寸

续表

名称	图　示	功　能
刀口形直尺	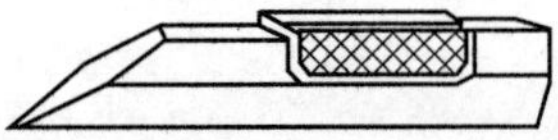	主要用于检测工件的直线度和平面度误差
直角尺	 用尺苗内侧面检测 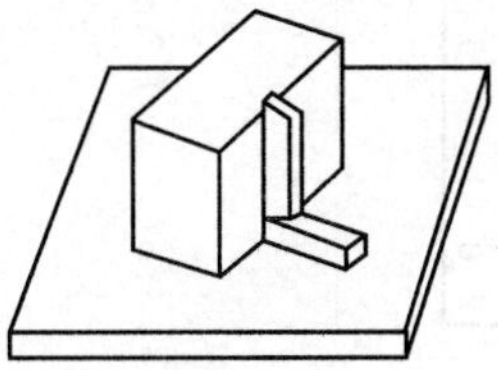　　　用尺苗外侧面检测	用来检测零件表面的垂直度。精度分四级：00、0、1、2级，其中，00级精度最高。常用类型有刀口形角尺和宽度角尺等
钢直尺		用来测量工件的长、宽、高和深度等。规格有：150mm、300mm、500mm 和 1000mm四种
游标万能角度尺	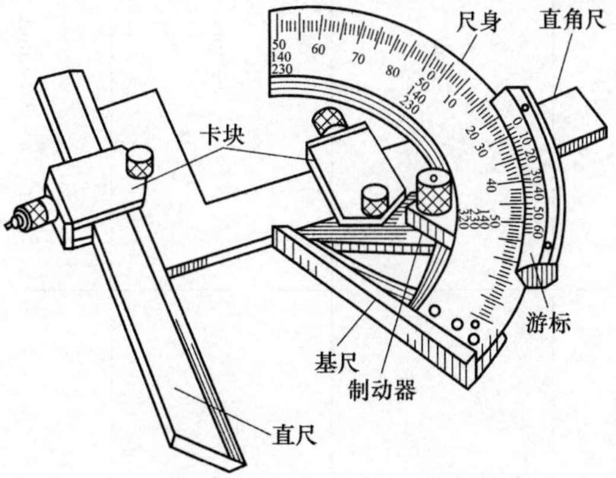	主要用于测量工件的内外角度，按游标的读数值可分为 $2'$ 和 $5'$ 两种。其误差示值分别为 $\pm 2'$ 和 $\pm 5'$，测量范围为 $0°\sim320°$
塞尺	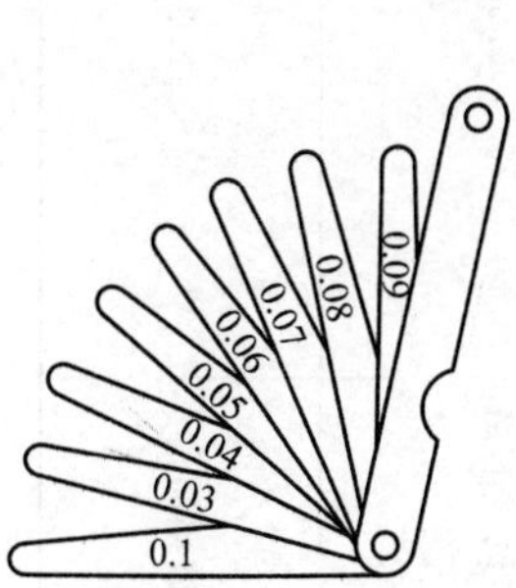 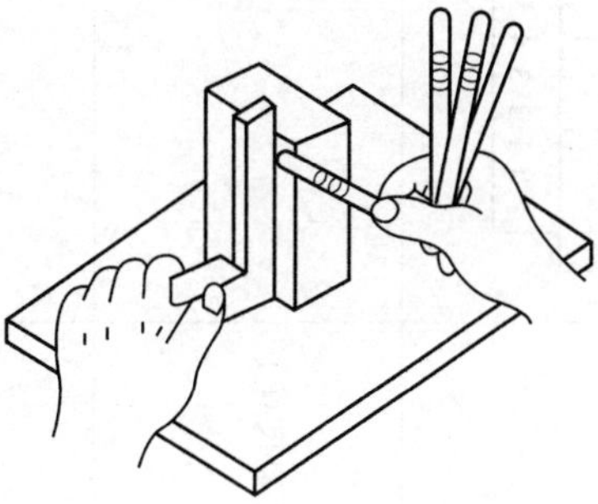	塞尺是由一套厚度不同的薄钢片组成，每片都标明了厚度尺寸。用来检测两结合面之间的间隙大小，也可配合直角尺测量工件相邻表面间的垂直度误差
光滑极限量规	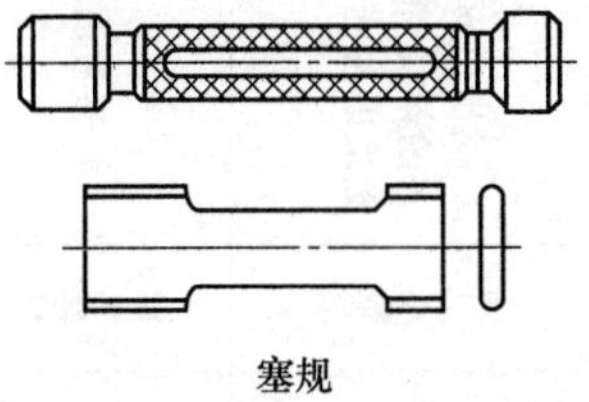 塞规 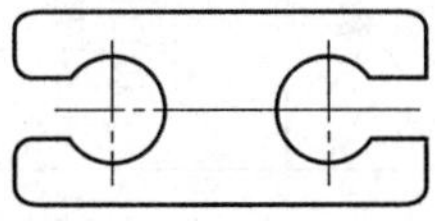　　　　　　　　卡规	极限量规是用于成批、大量生产中的专用测量工具，用于确定被测尺寸是否在规定的极限尺寸范围内，从而判定工件是否合格。分孔用（塞规）和轴用（卡规）两种

表 1-2-3　游标卡尺和读数方法和示例

游标读数值（俗称精度）	1/10（0.1）mm	1/20（0.05）mm	1/50（0.02）mm
刻线原理　示例	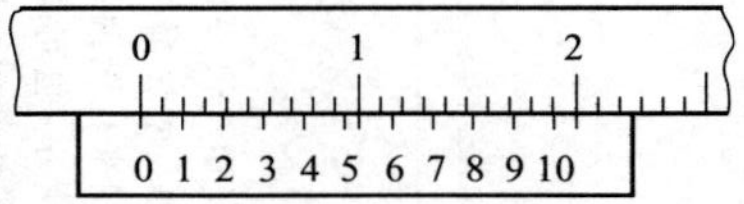	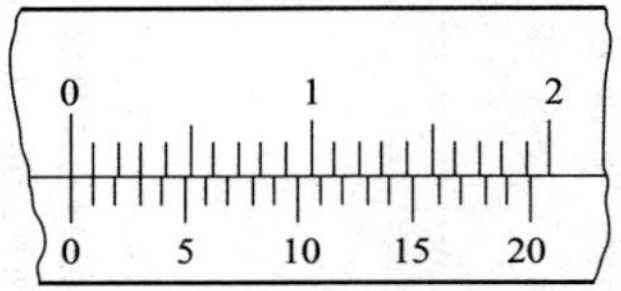	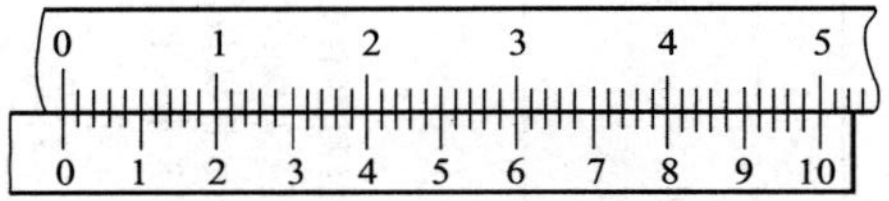
步骤1　读出整数值　方法：读出游标零线左边尺身上所示的整毫米数	2mm	32mm	123mm
步骤2　读出小数值　方法：找出游标线上与尺身刻线对齐的刻线，将其至零毫米刻度值乘以游标读数值	0.3mm	0.45mm	0.42mm
步骤3　得出结果　方法：将整数值和小数值相加	2.3mm	32.45mm	123.42mm

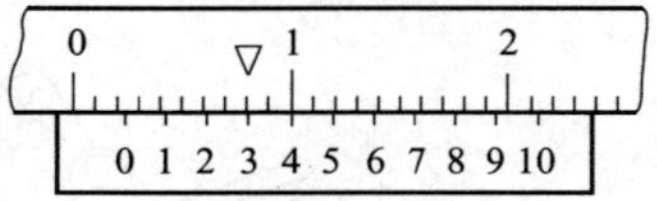

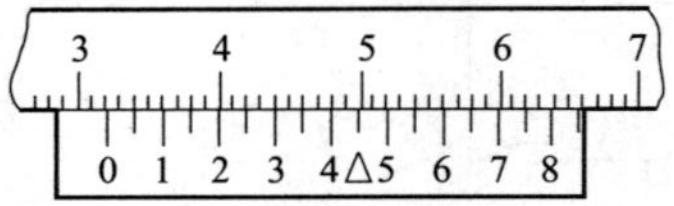

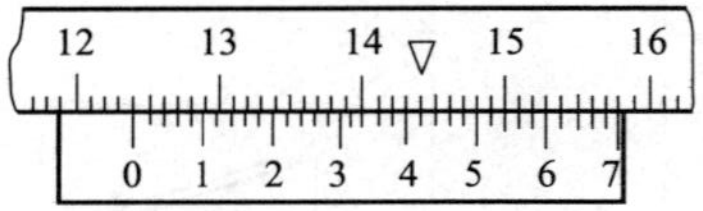

2）游标卡尺的读数方法　游标卡尺的读数方法见表 1-2-3。

2. 外径千分尺的结构原理和读数方法

1）外径千分尺的结构原理　常用外径千分尺的结构见表 1-2-2。其固定套管上的刻线轴向长 0.5mm 每格。微分筒圆锥面上刻线周向等分 50 格。测微螺杆的螺距为 0.5 mm，微分筒与测微螺杆连接在一起，因此微分筒每回转一圈，测微螺杆连同微分筒轴向移动一个螺距 0.5 mm。微分筒每转 1 格，则测微螺杆与微分筒轴向移动 0.01 mm。

2）外径千分尺的读数方法　外径千分尺的读数方法见表 1-2-4。

表 1-2-4　外径千分尺的读数方法和示例　　　　单位：mm

步骤 内容	一	二	三
	读出整数值	读出小数值	得出结果
方法	读出固定套筒上露出的刻线最大值	找出微分筒上与固定套筒基准线对齐的刻线，用此刻线的格数乘以 0.01	将读出的整数值与小数值相加
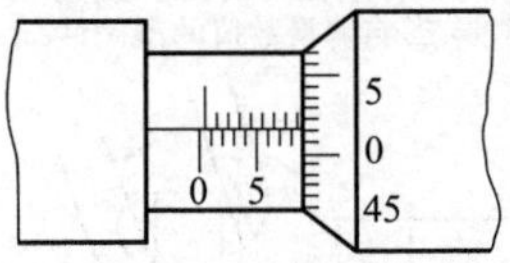 示例	8	0.52	8.52
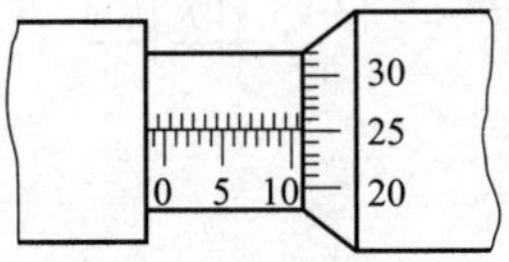	10	0.25	10.25
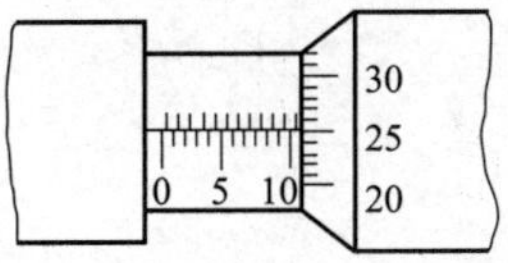	10	0.75	10.75

三、测量技能训练

1. 用游标卡尺测量练习

（1）注意事项

① 测量前，应检查游标零线与尺身零线以及游标尾线与尺身刻线是否对准。若不准，则需校正。

② 测验量工件时，应擦净工件被测表面，且量爪位置应平行或垂直于被测表面。另外，读数时视线应垂直于刻线平面，不得歪斜。

③ 测量时，尽量在工艺件上读数，然后松开量爪，取出卡尺。

④ 不准用卡尺测量毛坯表面。

⑤ 不准将游标卡尺固定住尺寸卡入工件（相当于用作卡规）进行测量，如图 1-2-1 所示。

⑥ 必须等机床停稳后才能进行测量。

⑦ 不可将卡尺放在机床振动部位。

（2）测量练习

用游标卡尺测量练习的内容及方法见表1-2-5。

2. 用外径千分尺测量练习

用外径千分尺测量外径、长度、厚度等，熟悉千分尺的结构，掌握千分尺的使用方法，并能迅速、准确地读出读数。

（1）注意事项

① 根据工件被测尺寸正确选择外径千分尺的规格。

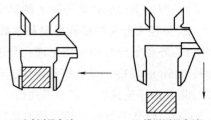

(a) 正确测量方法　　(b) 错误测量方法

图 1-2-1　不能固定住卡尺寸
卡入工件测量

表 1-2-5　用游标卡尺测量练习的内容及方法

序号	测量内容	图　　示	特 别 提 示
1	测量外形尺寸小的工件		应使量爪与工件表面正确接触,避免游标卡尺歪斜,影响测量数值的准确性
2	测量外形尺寸大的工件		
3	测量孔径尺寸小的工件		
4	测量槽宽尺寸小的工件		
5	测量孔径尺寸大的工件		测量时应使尺身垂直于被测表面,两量爪中心连线通过工件内孔轴线
6	测量槽宽尺寸大的工件		

② 使用外径千分尺测量前应校正零位。

③ 测量时,当测微螺杆端面接近工件被测表面后,只能使用棘轮转动使其接触。退出接触时则反转微分筒。

④ 不准用外径千分尺测量粗糙表面。

⑤ 必须等机床停稳后才能测量。

(2) 使用方法

1) 零位检查 使用前应擦净砧座和测微螺杆的端面,校正千分尺零位的准确性。

① 0～25mm 的外径千分尺,可转动棘轮,使砧座端面和测微螺杆的端面贴平,当棘轮发出响声后停止转动,观察微分筒零线和固定套管基准线是否对齐。

② 25～50mm、50～75mm、75～100mm 外径千分尺可通过附件标准样柱进行零位检查。

2) 测量

① 擦净工件被测表面和外径千分尺砧座、测微螺杆的端面。

② 左手握尺架,右手转动微分筒,使测微螺杆端面靠近工件被测表面。

③ 转动棘轮,使测微螺杆端面与工件被测表面接触,直到棘轮打滑发出响声为止。

④ 读出尺寸数值。

★特别提示:若需要取下千分尺再识读,则应先扳动锁紧手柄,锁住测微螺杆。

3. 用百分表测量练习

(1) 注意事项

① 测量时应擦净表座底面、工作台面、被测表面。

② 百分表要轻拿轻放,避免表受振动,测量时不能使测头突然与被测物表面接触。

③ 不能用百分表测量粗糙表面,使用过程中更不可对测量杆进行冲击。

④ 测量时表针的移动距离不能太大,更不能超出测量范围。

⑤ 测量过程中测量触头不能松动。

⑥ 使用时应持表体,不要持测量杆;测量杆上不能压放其他东西,以免弯曲变形。

⑦ 应防止水、油等液体浸入表中。

⑧ 百分表使用完毕,要擦净放回盒内,让测量杆处于自由状态,避免表内弹簧失效。

(2) 百分表的安装

百分表的常见安装方式见表 1-2-6。

表 1-2-6 百分表的常见安装方式

安装方式	图示	安装方式	图示
用磁性表座	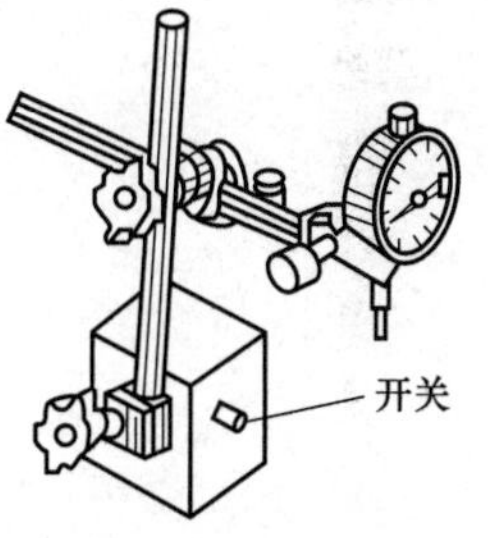 开关	用万能表座	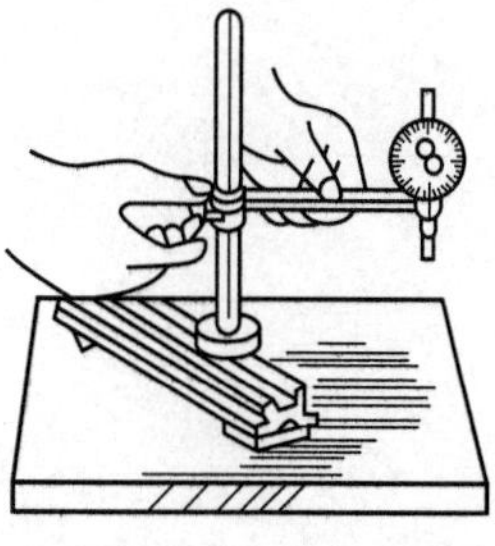

（3）用百分表检测工件尺寸

用百分表检测工件尺寸的步骤见表 1-2-7。

表 1-2-7　百分表检测工件尺寸的步骤

步骤	内　容	图　　示	操作要领
1	在检验平台上放置表座和与被测工件相同尺寸的标准量块或标准件，安装并调整好百分表，使表的测量杆垂直于工件被测表面	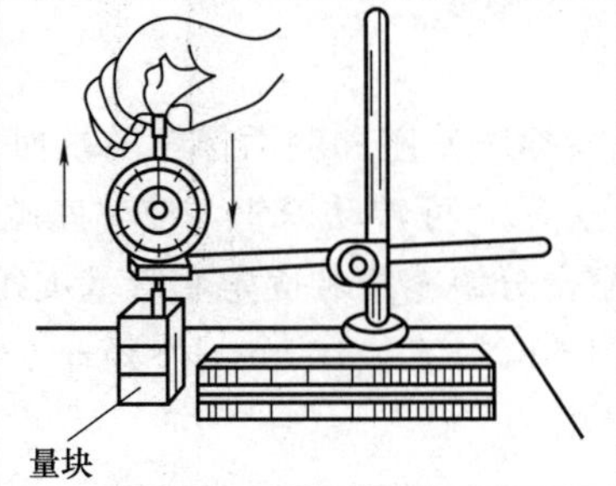 量块	1. 测量时，用手慢慢抬起测量杆，把测量工件置于百分表测量杆触头下 2. 慢慢放下测量杆，前后左右移动工件，在工件平面的不同部位检测，观察百分表指针位置变化 3. 与标准量块或标准件尺寸对比，可测出工件尺寸或平行度，判断工件是否合格
2	测量触头与被测表面接触并使测量杆预先压缩 0.3～0.8mm，以保持一定的初始测量力。转动表圈使刻度盘的零线对准长指针，慢慢抬起和放下测量杆，观察表的指针位置不变，即可测量工件	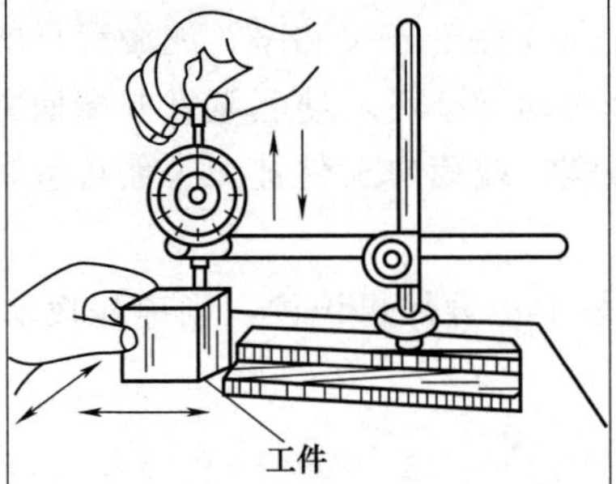 工件	

练习与思考

1. 机械加工常用的工具有哪些？其主要的功用是什么？

2. 机械加工常用的量具、量仪有哪些？其主要的功用是什么？

3. 使用游标卡尺测量工件时，应注意哪些事项？

4. 游标卡尺使用前为何要对零？请对工件进行实际测量。

5. 比较游标卡尺、百分表及量规的使用特点。

6. 使用外径千分尺测量工件时，应注意哪些事项？

7. 百分表的安装方式有哪几种？使用百分表测量工件时，应注意哪些事项？

8. 分别用游标卡尺与千分尺测量 ϕ20mm 光轴，并根据所测得的尺寸确定其尺寸的公差等级。

模块二　金属切削加工的基础知识

单元一　金属切削原理知识

- 熟悉切削加工的运动形式。
- 掌握切削要素。
- 熟悉刀具的角度与材料对切削加工的影响。

一、零件表面的形成和切削运动

1. 切削运动

金属切削时，刀具与工件间的相对运动称为切削运动。切削运动分为主运动和进给运动。

1) 主运动　切下切屑所需的最基本的运动，称为主运动。在切削运动中，主运动只有一个，它的速度最高、消耗的功率最大。图 2-1-1 (a) 所示的铣削时刀具的旋转运动、图 2-1-1 (b)所示的磨削时砂轮的旋转运动为主运动，而刨削加工 [见图 2-1-1 (c)] 中，刀具的往复直线运动是主运动。

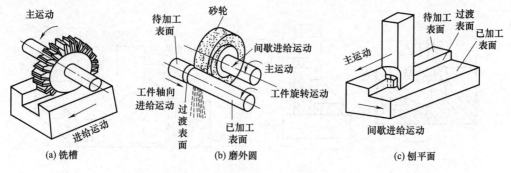

(a) 铣槽　　　　(b) 磨外圆　　　　(c) 刨平面

图 2-1-1　各种切削加工和加工表面

2) 进给运动　使多余材料不断被投入切削，从而加工出完整表面所需的运动，称为进给运动。进给运动可以有一个或几个，也可能没有。图 2-1-1 (b) 所示的磨削外圆时工件的旋转、工作台带动工件的轴向移动以及砂轮的间歇运动都属于进给运动。

2. 工件表面

在切削过程中，工件上存在三个变化着的表面。如图 2-1-2 所示，工件的旋转运动为主运动，车刀连续纵向的直线运动为进给运动。

1) 待加工表面　工件上即将被切除的表面，称为待加工表面。随着切削的进行，待加工表面将逐渐减小，直至完全消失。

2) 已加工表面　工件上多余金属被切除后形成的新表面，称为已加工表面。在切削过

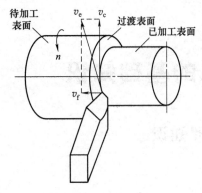

图 2-1-2　车削运动

程中，已加工表面随着切削的进行逐渐扩大。

3）过渡表面　过渡表面是指在工件切削过程中，连接待加工表面与已加工表面的表面，或指切削刃正在切削着的表面。

二、切削要素

1. 切削用量

在生产中将切削速度、进给量和背吃刀量统称为切削用量，切削用量用来定量描述主运动、进给运动和投入切削的加工余量厚度。如图 2-1-3 所示。切削用量的选择直接影响材料切除率，进而影响生产效率。有关定义如下：

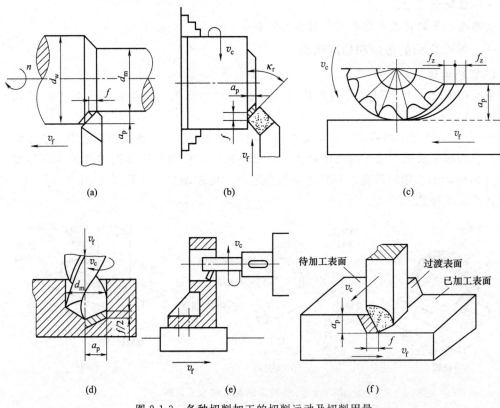

图 2-1-3　各种切削加工的切削运动及切削用量

1）切削速度 v_c　切削刃上选定点相对于工件的主运动的瞬时速度称为切削速度，单位为 m/s 或 m/min。由于切削刃上各点的切削速度可能是不同的，计算时常用最大切削速度代表刀具的切削速度。当主运动为旋转运动时，切削速度 v_c 可按式（2-1-1）计算：

$$v_c = \frac{\pi d_w n}{1000} \qquad\qquad (2\text{-}1\text{-}1)$$

式中　d_w——待加工表面直径，mm；

　　　n——主运动转速，r/min 或 r/s。

2）进给量 f　在主运动每转一转或每运动一个行程时，刀具与工件之间沿进给运动方向的相对位移，称为进给量，单位是 mm/r（用于车削、镗削等）或 mm/双行程（用于刨削）。

进给运动还可以用进给速度 v_f 或每齿进给量 f_z 来表示。进给速度 v_f，单位是 mm/min，是指在单位时内刀具相对于工件在进给方向上的位移量。每齿进给量 f_z 是指当刀具齿数 $z > 1$ 时（如铣刀、铰刀等多齿刀具），每个刀齿相对于工件在进给方向上的位移量，单位是 mm/z。

进给速度 v_f、进给量 f 及每齿进给量 f_z 的关系可按式（2-1-2）表示为

$$v_f = nf = nzf_z \qquad (2\text{-}1\text{-}2)$$

式中　n——主运动转速，r/min 或 r/s；

z——刀具齿数。

对于主运动为往复直线运动的切削加工（如刨削、插削），一般不规定进给速度，但规定每行程进给量。

3）背吃刀量 a_p　背吃刀量 a_p 是在垂直于主运动方向和进给运动方向的工作平面内测量的刀具切削刃与工件切削表面的接触长度。对于外圆车削，背吃刀量为工件上已加工表面和待加工表面间的垂直距离，单位 mm。即

$$a_p = \frac{d_w - d_m}{2} \qquad (2\text{-}1\text{-}3)$$

式中　d_w——工件待加工表面的直径，mm；

d_m——工件已加工表面的直径，mm。

2. 切削层参数

在各种切削加工中，刀具相对工件沿进给运动方向每移动一个进给量 f 或移动一个每齿进给量 f_z，一个刀齿正在切削的金属层称为切削层，也就是相邻两个过渡表面之间所夹着的一层金属。

切削层的形状和尺寸直接决定了刀具切削部分所承受的载荷大小及切屑的形状和尺寸，所以必须研究切削层界面的形状和参数。切削层参数共有三个，如图 2-1-4 中的阴影四边形所示。

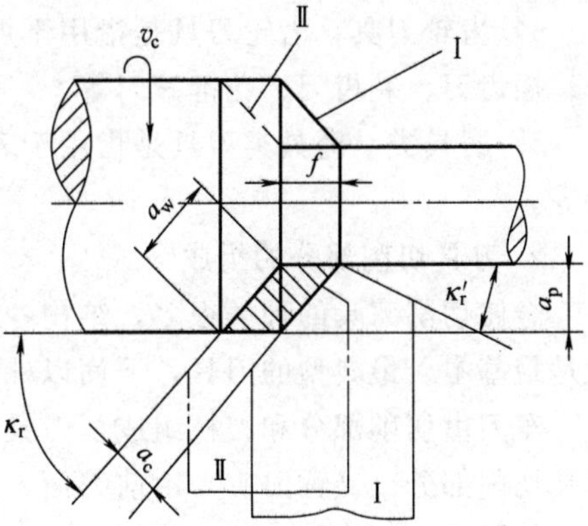

图 2-1-4　切削层参数

1）切削层公称厚度 a_c　在过渡表面法线方向测量的切削层尺寸，即相邻两过渡表面之间的距离。a_c 反映了切削刃单位长度上的切削负荷。由图 2-1-4 可知

$$a_c = f\sin\kappa_r \qquad (2\text{-}1\text{-}4)$$

式中　a_c——切削层公称厚度，mm；

f——进给量，mm/r；

κ_r——车刀主偏角，(°)。

2）切削层公称宽度 a_w　沿过渡表面测量的切削层尺寸。a_w 反映了切削刃参加切削的工件长度。由图 2-1-4 可知

$$a_w = \frac{a_p}{\sin\kappa_r} \tag{2-1-5}$$

式中　a_w——切削层公称宽度，mm。

3）切削层公称横截面积 A_C　　切削层公称厚度与切削层公称宽度的乘积。由图 2-1-4 可知

$$A_C = a_c a_w = f\sin\kappa_r \frac{a_p}{\sin\kappa_r} = f a_p \tag{2-1-6}$$

式中　A_C——切削层公称横截面积，mm^2。

从上式可知，影响切削宽度的因素有背吃刀量 a_p 和主偏角 κ_r；影响切削厚度的因素有进给量 f 和主偏角 κ_r。当进给量 f 和背吃刀量 a_p 一定时，主偏角 κ_r 越大，切削厚度 a_c 越大，但切削宽度 a_w 越小；当 $\kappa_r = 90°$ 时，$a_c = f$，$a_w = a_p$，切削层为一矩形。因此，切削用量中，f 和 a_p 称为切削层的工艺参数。

三、刀具切削部分的组成及刀具角度

1. 刀具的类型

金属切削刀具是完成金属切削加工的重要工具。根据用途和加工方法的不同，刀具的分类方法很多，通常可分为以下几类：

1）切刀类刀具　切刀类刀具一般根据加工方式进行分类，如车刀、铣刀、刨刀、插刀、镗刀、拉刀、滚齿刀、插齿刀以及一些专用切刀（如成形刀具、组合刀具）等。

2）孔加工刀具　孔加工刀具一般用于在实体材料上加工出孔或对原有孔进行再加工，如麻花钻、扩孔钻、锪钻、深孔钻、铰刀、镗刀、丝锥等。

3）螺纹刀具　螺纹刀具是指加工内、外螺纹表面用的刀具，常用的有丝锥、板牙、螺纹切头、螺纹滚压工具及螺纹车刀、螺纹梳刀等。

4）齿轮刀具　齿轮刀具是指用于加工齿轮、链轮、花键等齿形的一类刀具，如齿轮滚刀、插齿刀、剃齿刀、花键滚刀等。

5）磨具类　磨具类刀具是指用于表面精加工和超精加工的刀具，如砂轮、砂带、抛光轮等。

2. 刀具切削部分的组成

金属切削刀具的种类很多，结构各异，但各种刀具的切削部分具有共同的特征。外圆车刀是最基本、最典型的刀具，下面以外圆车刀为例来说明刀具切削部分的组成。

车刀由切削部分和刀杆组成。刀具中起切削作用的部分称切削部分，夹持部分称刀杆。刀具切削部分（又称刀头）由前刀面、主后刀面、副后刀面、主切削刃、副切削刃和刀尖组成，如图 2-1-5 所示。

1）前刀面　刀具上切屑流过的表面，称为前刀面。

2）主后刀面　主后刀面简称后刀面，是与工件上过渡表面接触并相互作用的刀面。

3）副后刀面　与工件已加工表面相对的刀面，称为副后刀面。

4）主切削刃　前刀面与主后刀面的交线，称为主切削刃，担负着主要的切削工作。

5）副切削刃　前刀面与副后刀面的交线，称为副切削刃，协助主切削刃切除多余金属，形成已加工表面。

6）刀尖　主切削刃和副切削刃汇交的一小段切削刃，称为刀尖。为了改善刀尖的切削性能，常将刀尖做成修圆刀尖或倒角刀尖，如图 2-1-6 所示。

① 修圆刀尖是指具有曲线切削刃的刀尖，如图 2-1-6（a）所示，刀尖圆弧半径用 r_ε 表示。

② 倒角刀尖是指具有直线切削刃的刀尖，如图 2-1-6（b）所示，刀尖圆角长度用 b_ε 表示。

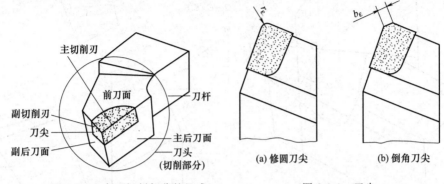

图 2-1-5 车刀切削部分的组成　　　　图 2-1-6 刀尖

3. 刀具角度的参考平面

刀具要从工件上切除金属，必须具有一定的切削角度，这些角度确定了刀具的几何形状。为了确定和测量刀具角度，必须建立空间坐标系，引入坐标平面。我国一般以正交平面参考系［见图 2-1-7（a）］为主，也可采用法平面参考系［见图 2-1-7（b）］和进给、切深平面参考系［见图 2-1-7（c）］。

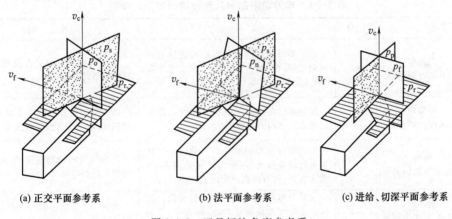

(a) 正交平面参考系　　　　(b) 法平面参考系　　　　(c) 进给、切深平面参考系

图 2-1-7 刀具标注角度参考系

1）基面 p_r　通过主切削刃上选定点，垂直于假定主运动速度方向的平面。车刀切削刃上各点的基面都平行于车刀的安装面（即底面）。安装面是刀具制造、刃磨和测量等的定位基准面。

2）切削平面 p_s　通过切削刃上选定点与切削刃相切，并垂直于基面 p_r 的平面（与过渡表面相切）。

3）正交平面 p_o　通过切削刃上选定点，同时垂直于基础 p_r 和切削平面 p_s 的平面。

4. 刀具的标注角度

刀具的标注角度是刀具设计图上需要标注的角度，它用于刀具的制造、刃磨和测量。正交平面参考系由坐标平面 p_r、p_s 和 p_o 组成，其基本角度有以下六个，如图 2-1-8 所示。

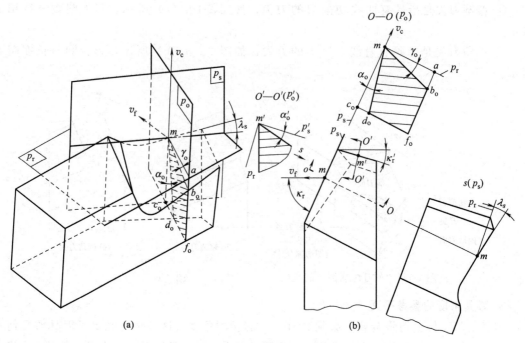

图 2-1-8　外圆车刀正交平面参考系标注角度

车刀切削部分几何角度的定义、作用见表 2-1-1。

表 2-1-1　车刀切削部分几何角度的定义、作用

	名称	代号	定　义	作　用
主要角度	主偏角 (基面内测量)	κ_r	主切削刃在基面上的投影与进给运动方向之间的夹角。常用车刀的主偏角有 $45°、60°、75°、90°$ 等	改变主切削刃的受力及导热能力,影响切屑的厚度
	副偏角 (基面内测量)	κ_r'	副切削刃在基面上的投影与背离进给运动方向之间的夹角	减少副切削刃与工件已加工表面的摩擦,影响工件表面质量及车刀强度
	前角 (主正交平面内测量)	γ_o	前刀面与基面间的夹角。前刀面与基面平行时前角为零;前刀面在基面之下,前角为正;前刀面在基面之上,前角为负	影响刃口的锋利程度和强度,影响切削变形和切削力
	主后角 (主正交平面内测量)	α_o	主后刀面与主切削平面间的夹角。刀尖位于后刀面最前点时,后角为正;刀尖位于后刀面最后点时,后角为负	减少车刀主后刀面与工件过渡表面间的摩擦
	副后角 (副正交平面内测量)	α_o'	副后刀面与副切削平面间的夹角	减少车刀副后刀面与工件已加工表面的摩擦
	刃倾角 (主切削平面内测量)	λ_s	主切削刃与基面间的夹角	控制排屑方向。当刃倾角为负值时可增加刀头强度,并在车刀受冲击时保护刀尖
派生角度	刀尖角 (基面内测量)	ε_r	主、副切削刃在基面上的投影间的夹角	影响刀尖强度和散热性能
	楔角 (主正交平面内测量)	β_o	前刀面与后刀面间的夹角	影响刀头截面的大小,从而影响刀头的强度

在车刀切削部分的几何角度中,主偏角与副偏角没有正负值规定,但前角、后角和刃倾

角都有正负值规定。车刀的前角和后角分别有正值、零度和负值三种情况。

车刀刃倾角的正负值规定，车刀刃倾角 λ_s 有正值、零度和负值三种情况，其排屑情况、刀头受力点位置等见表 2-1-2。

表 2-1-2　车刀刃倾角 λ_s 的正负值规定及影响

项目内容	车刀刃倾角 λ_s		
	正值	零度	负值
正负值规定	刀尖位于主切削刃最高点	主切削刃和基面平行	刀尖位于主切削刃最低点
排屑情况	切屑流向待加工表面	切屑沿垂直主切削刃方向排出	切屑流向已加工表面
刀头受力点位置	刀尖强度较差,车削时冲击点先接触刀尖,刀尖易损坏	刀尖强度一般,车削时冲击点同时接触刀尖和切削刃	刀尖强度较高,车削时冲击点先接触远离刀尖的切削刃处,从而保护了刀尖
适用场合	精车时,应取正值,λ_s 一般为 $0°\sim8°$	工件圆整、余量均匀的一般车削时,λ_s 应取 $0°$	断续切削时,为了增强刀头强度应取负值,λ_s 一般为 $-15°\sim-5°$

5. 刀具的工作角度

在切削过程中，因受安装位置和进给运动的影响，刀具标注角度坐标系参考平面的位置发生变动，从而造成刀具的工作角度不等于其标注角度。

（1）刀具安装位置对工作角度的影响

以车外圆为例，车刀安装应保证刀尖与机床主轴轴线同高。若刀尖高于或低于机床主轴

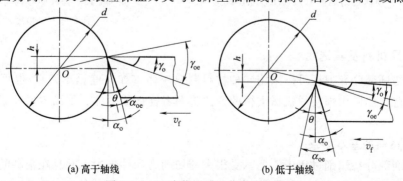

(a) 高于轴线　　　　　　(b) 低于轴线

图 2-1-9　刀尖位置对工作角度的影响

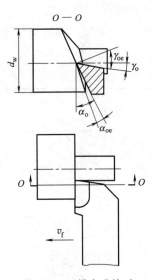

图 2-1-10 纵向进给对
工作角度的影响

轴线高度，则选定点的基面 p_r 和切削平面 p_s 发生了变化（见图 2-1-9），同时刀具的工作前角 γ_{oe} 不等于标注前角 γ_o，刀具的工作后角 α_{oe} 也不等于标注后角 α_o。

（2）进给运动对工作角度的影响

① 当刀具做纵向进给运动时，车刀的工作前角 γ_{oe} 增大，工作后角 α_{oe} 减小，如图 2-1-10 所示。因此，车削导程较大的右旋外螺纹时，车刀左侧切削刃的后角应磨大些，右侧切削刃的后角应磨小些。

② 当刀具做横向进给运动时，以切断刀为例（见图 2-1-11），若不考虑进给运动，车刀切削刃上选定点 A 相对于工作的运动轨迹是一个圆周，基面 p_r 是过点 A 的径向平面，切削平面 p_s 为过点 A 垂直于基面 p_r 的平面，此时的前角为 γ_o、后角为 α_o。当考虑进给运动后，切削刃上点 A 的运动轨迹已是一阿基米德螺旋线，切削平面 p_{se} 为过点 A 与阿基米德螺旋线相切的平面，而基面 p_{re} 为过点 A 垂直于切削平面 p_{se} 的平面，车刀的工作前角为 γ_{oe}，工作后角为 α_{oe}。

（3）刀杆中心线不垂直于工件轴线

如图 2-1-12 所示，当刀杆中心线与工件轴线互不垂直时，将引起主、副偏角的 κ_r、κ_r' 数值的改变。

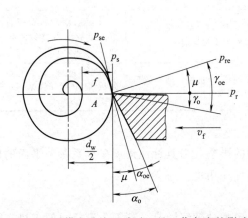

图 2-1-11 横向进给运动对刀具工作角度的影响

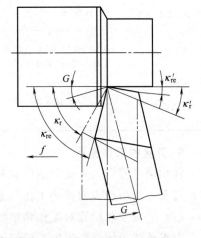

图 2-1-12 刀杆中心线与工件轴线互
不垂直工作角度的影响

四、刀具材料及其选用

刀具的切削部分和刀杆可以采用同种材料制成一体（如高速钢车刀），也可以采用不同材料分别制造，然后用焊接或机械夹持的方法将两者连接成一体。下面主要介绍刀具切削部分的材料。

1. 刀具材料的基本要求

刀具切削部分在切削过程中，要承受很大的切削力和冲击力，并且在很高的温度下进行工作，经受连续和强烈的摩擦。因此，刀具切削部分材料必须具备以下基本要求：

1）高硬度　刀具切削部分材料硬度必须高于工件材料硬度，其常温硬度一般要求在60HRC以上。

2）良好的耐磨性　耐磨性是指抵抗磨损的能力，耐磨性除了与切削部分材料的硬度有关外，还取决于材料本身的化学成分和金相组织。

3）足够的强度和韧性　强度和韧性主要是指刀具承受切削力、冲击力和振动而不破碎的能力。

4）高的热硬性　热硬性是指材料在高温下仍能保持切削正常进行所需的硬度、耐磨性、强度和韧性的能力。刀具材料的热硬性越高，允许的切削速度越高。因此，热硬性是衡量刀具材料性能的重要指标。

5）良好的工艺性和经济性　即要求材料本身的可加工性能、热处理性能、焊接性能要好。工艺性越好，越便于刀具的制造。刀具材料资源要丰富，价格低廉。

除上述要求外，刀具切削部分材料还应有良好的导热性和较好的化学惰性。这些要求有些是相互矛盾的，如硬度越高、耐磨性越好的材料，韧性和抗破损能力就越差。实际工作中，应根据具体的切削对象和条件，选择合适的刀具材料。

2. 常用刀具材料的种类、性能和用途

在切削加工中常用的刀具材料有：工具钢（包括碳素工具钢、合金工具钢、高速钢）、硬质合金、陶瓷、立方氮化硼及金刚石等，其中高速钢和硬质合金为目前最常用的刀具材料。常用刀具材料的主要性能和应用范围见表 2-1-3。

表 2-1-3　常见刀具材料的主要性能和应用范围

种类	硬度	热硬温度/℃	抗弯强度/GPa	常用牌号	应用范围
碳素工具钢	60～64HRC（81～83HRA）	200	2.5～2.8	T8A T10A T12A	用于手动刀具，如丝锥、板牙、铰刀、锯条、锉刀、錾子、刮刀等
合金工具钢	60～65HRC（81～83.6HRA）	250～300	2.5～2.8	9SiCr GrWMn	用于手动或机动低速刀具，如丝锥、板牙、铰刀、拉刀等
高速钢	62～70HRC（82～87HRA）	540～600	2.5～4.5	W18Cr4V W6Mo5Cr4V2	用于各种刀具，特别是形状复杂的刀具，如钻头、铣刀、拉刀、齿轮刀具、丝锥、板牙等各种成形刀具
硬质合金	74～82HRC（80～94HRA）	800～1000	0.9～23.5	钨钴类（K类）红色　YG8 YG6 YG3　切铸铁 钨钛钴类（P类）蓝色　YT30 YT15 YT5　切钢 钨钛钽钴类（M类）黄色　YW1 YW2　切各种金属	用于形状简单的刀具，如车刀刀头、铣刀刀头、刨刀刀头等；或用于其他刀具镶片使用

（1）高速钢

高速钢是含有 W、Mo、Cr、V 等合金元素较多的工具钢，又称为锋钢或白钢。其性能见表 2-1-3。与硬质合金相比高速钢的塑性、韧性、导热性和工艺性好，可以制造形状复杂的刀具；硬度、耐磨性和耐热性较差，故常用于制造低速刀具和成形刀具；加工材料范围很广泛，可加工钢、铁和有色金属等。

高速钢按化学成分可分为钨系、钼系；按切削性能可分为普通高速钢和高性能高速钢。

1）普通高速钢　普通高速钢碳的质量分数为 0.7% ~ 0.9%，主要用于加工一般工程材料。根据含钨量不同，普通高速钢可分为钨钢和钨钼钢。

2）高性能高速钢　在普通高速钢内增加 C、V 的含量和添加 Co、Al 等合金元素就得到高性能高速钢，耐热性和耐磨性进一步提高。高性能高速钢的常温硬度可达 67 ~ 70HRC，高温硬度也相应提高，可用于高强度钢、高温合金、钛合金等难加工材料的切削加工，并可提高刀具使用寿命。

（2）硬质合金

硬质合金是由硬质相（高硬、难熔的金属碳化物，如 WC、TiC、NbC 等）和黏结相（金属黏结剂，如 Co、Ni）等经粉末冶金方法制成的。与高速钢相比，硬质合金具有如下特点：硬度高（89 ~ 93HRA）、耐热性高（刀具寿命可提高几倍到几十倍，在刀具寿命相同时，切削速度可提高 4 ~ 10 倍，在 800 ~ 1000℃ 时仍可切削），耐磨性高，但其抗弯强度低（0.9 ~ 1.5GPa）断裂韧度低。因此，硬质合金刀具承受切削振动和冲击负荷能力差。根据硬质相的不同，硬质合金主要分为两大类：

1）WC（碳化钨）基硬质合金　WC 基硬质合金硬质相主要成分为 WC。

① 钨钴类（YG 类，也称 K 类）硬质合金：硬质相（WC）+黏结相（Co）。

常用的牌号有 YG3、YG6、YG8、YG3X 等，其中数字表示 Co 的质量分数分别为 3%、6%、8%，TG3X 表示强度接近于 YG3，由于属细晶粒合金，耐磨性较高。

YG3（精加工）　　　YG6（半精加工）　　　　YG8（粗加工）
→

Co 的含量↑韧性↑强度↑硬度↓耐磨性↓

Co 的含量↓韧性↓强度↓硬度↑耐磨性↑脆性↑

YG 类硬质合金的抗弯强度、韧性较好，主要用于加工铸铁等脆性材料、有色金属及非金属材料。不适合加工钢料，原因是 YG 类硬质合金在 640℃ 时会发生严重黏结，使刀具磨损，刀具寿命下降。

② 钨钛钴类（YT 类，也称 P 类）：硬质相（WC+TiC）+黏结相（Co）。

常用的牌号有 YT5、YT15、YT30 等，其中数字表示 TiC 的质量分数分别为 5%、15%、30%。

YT5（粗加工）　　　YT14、15（半精加工）　　　YT30（精加工）
→

TiC 含量↑硬度↑耐磨性↑脆性↑韧性↓

TiC 含量↓硬度↓耐磨性↑脆性↓韧性↑

YT 类硬质合金比 YG 类硬度高、耐热性好，在切削塑性材料时的耐磨性较好，但韧性较差，易崩刃，一般适合加工塑性材料，如钢料等；一般不用于加工含 Ti 的材料，如 1Cr15Ni9Ti，因为 Ti 与 Ti 的亲和力较大，使刀具磨损较快。

③ 钨钛钽钴类硬质合金（YW 类，也称 M 类）是在 YT 类硬质合金中加入了稀有金属 TaC。可提高其抗弯强度、抗疲劳强度、冲击韧度、高温硬度、高温强度、抗氧化能力和耐磨性。这类合金可以加工铸铁及有色金属，也可以加工钢材，因此常称为通用硬质合金，主

要用于加工难加工材料。常用牌号有 YW1 和 YW2。

国产的硬质合金一般有 YG 和 YT 两大类。

2）TiC（碳化钛）基础质合金（YN） TiC 基础质合金硬质相主要成分为 TiC。这种合金有很高的耐磨性、较好的耐热性和较强的抗氧化能力，化学稳定性好，与工件材料的亲和力小，抗黏结能力较强，可以加工钢材、铸铁。唯有抗弯强度不如 WC 基硬质合金，目前仅用于精加工和半精加工。TiC 基硬质合金因抗塑性变形、抗崩刃能力差，不适于重切削及断续切削。

（3）新型刀具材料

近年来，高硬度难加工材料的出现，对刀具材料提出了更高的要求，推动了刀具新材料的不断开发。

1）涂层硬质合金 涂层硬质合金是采用韧性较好的基体（如硬质合金刀片或高速钢等），通过化学气相沉积和真空溅射等方法，在基体表面涂以厚度为 $5 \sim 12 \mu m$ 的涂层材料，以提高刀具的抗磨损能力和使用寿命（硬质合金刀具提高 $1 \sim 3$ 倍，高速钢提高 $2 \sim 10$ 倍）。涂层刀具存在锋利性、韧性、抗崩刃性差及成本昂贵等缺点。

涂层材料为 TiC、TiN、Al_2O_3 等，适合于各种钢材、铸铁的半精加工和精加工，也适合于负荷较小的粗加工。

2）陶瓷 陶瓷是以氧化铝（Al_2O_3）或氮化硅（Si_3N_4）为主要成分，经压制成形后烧结而成的刀具材料。陶瓷硬度高，耐氧化，被广泛用于高速切削加工中；但由于其强度低，韧性差，长期以来主要用于精加工。

3）立方氮化硼（CBN） 立方氮化硼是 20 世纪 70 年代发展起来的一种新型刀具材料，由六方氮化硼（俗称白石墨）和催化剂（材料选自碱金属，碱土金属，锡、铅、锑及其氮化物）在高温高压下合成。其硬度很高，可达 $8000 \sim 9000HV$，仅次于金刚石；其热稳定性很好，远远高于金刚石，可耐 $1300 \sim 1500 ℃$ 以上的高温；其化学稳定性也很好，在高温（$1200 \sim 1300 ℃$）时也不会与铁族金属起反应。立方氮化硼一般用于高硬度、难加工材料的精加工。

4）金刚石 金刚石分天然和人造两种，都是碳的同素异形体。天然金刚石由于价格昂贵用得很少。人造金刚石是在高温高压下由石墨转化而成的，其硬度接近于 $10000HV$，故可用于高速精加工有色金属及合金、非金属硬脆材料。它不适合加工铁族金属，因为高温时极易氧化、碳化，与铁发生化学反应，刀具极易损坏。目前，金刚石主要用作磨具和磨料。

练习与思考

1. 何谓切削用量三要素？它们是怎样定义的？

2. 已知工件材料为钢，需钻直径为 10mm 的孔，选择切削速度为 31.4m/min，进给量为 0.1mm/r，试求 2min 后钻孔的深度。

3. 刀具标注角度参考系有几种？它们是由什么参考平面构成的？试定义这些参考平面。

4. 基面、切削平面、正交平面的几何关系如何？在各个平面内度量的几何角度有哪些？

5. 试述刀具标注角定义。一把平前刀面外圆车刀必须具备哪几个基本标注角度？这些标注角度是怎样定义的？它们分别在哪个参考平面内测量？

6. 试述判定车刀前角 γ_o、后角 α_o 和刃倾角 λ_s 的正负值的规则。

7. 说明刃倾角 λ_s 的作用。

8. 试述刀具标注角度与工作角度的区别。为什么横向进给时，进给量不能过大？

9. 曲线主切削刃上各点的标注角度是否相同？为什么？

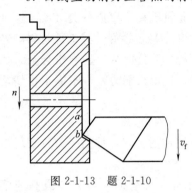

图 2-1-13　题 2-1-10

10. 试标出图 2-1-13 所示端面切削情况下该车刀的 γ_o、α_o、λ_s、κ_r、κ'_r 以及 a_p、f、a_c、a_w。如果刀尖的安装高度高于工作中心 h，切削时点 a、b 的实际前、后角是否相同？以图说明。

11. 用图表示切断刀的 γ_o、α_o、λ_s、κ_r、κ'_r 以及 a_p、f、a_c、a_w。

12. 对刀具切削部分的材料有什么要求？目前常用的刀具材料有哪些？

13. 试列举普通高速钢和常用硬质合金的品种与牌号，并说明它们在性能上有什么不同？各用于制造什么刀具？

14. 简述高速钢和硬质合金刀具的主要用途。

15. YG、YT 类硬质合金刀具材料各适用于什么场合，为什么？

单元二　金属切削过程的基本规律

学习目标及要求

- 了解切削过程的变形。
- 了解切削过程中的切削力与切削热。
- 了解切削过程中的刀具磨损与刀具寿命。
- 熟悉切削条件及其合理选择。

一、切削过程中的金属变形

1. 金属切削过程中的三个变形区

对塑性金属进行切削时，切屑的形成过程就是切削层金属的变形过程。根据切削过程中整个切削区域金属材料的变形特点，可将刀具切削刀附近的切削层划分为三个变形区，如图 2-2-1 所示。

1）第 I 变形区　从 OA 线开始金属发生剪切变形，到 OM 线金属晶粒的剪切滑移基本结束，AOM 区域称为第 I 变形区，也称为金属的剪切变形区。其变形的主要特征是金属晶格间的剪切滑移以及随之产生的加工硬化。

2）第 II 变形区　切屑沿前刀面流出时受到前刀面的挤压和摩擦，使靠近前刀面的切屑底层金属晶粒进一步塑性变形的变形区为第 II 变形区。其特征是晶粒剪切滑移剧烈呈纤维化，离前刀面越近，纤维化现象越明显。

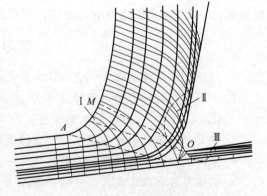

图 2-2-1　切削变形区

3）第Ⅲ变形区　第Ⅲ变形区是刀具与工件已加工表面间的摩擦区，已加工表面受到切削刃钝圆部分及后刀面的挤压和摩擦，使切削层金属发生变形。

这三个变形区汇集在切削刃附近，相互关联、相互影响，称为切削变形区。切削过程中产生的各种现象均与这三个区域的变形有关。

2. 切屑的类型

在金属切削过程中，刀具切除工件上的多余金属层，被切离工件的金属称为切屑。由于工件材料及切削条件不同，会产生不同类型的切屑。常见的切屑有四种类型（见图 2-2-2），即带状切屑、挤裂切屑、单元切屑和崩碎切屑。

1）带状切屑　如图 2-2-2（a）所示，加工塑性金属材料，通常切削厚度较小、切削速度较高、刀具前角较大时得到带状切屑。形成这种切屑时，切削过程平稳，已加工表面粗糙较小需采取断屑措施。

2）挤裂切屑　如图 2-2-2（b）所示，挤裂切屑变形程度比带状切屑大。这种切屑是在加工塑性金属材料，切削厚度较大、切削速度较低、刀具前角较小时得到的。此时切削过程中产生一定的振动，已加工表面较粗糙。

3）单元切屑　如图 2-2-2（c）所示，加工塑性较差的金属材料时，在挤裂切屑基础上将切削厚度进一步增大，切削速度和前角进一步减小，使剪切裂纹进一步扩展而断裂成梯形的单元切屑。

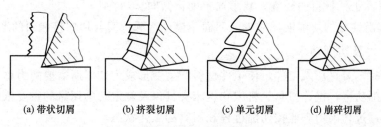

| (a) 带状切屑 | (b) 挤裂切屑 | (c) 单元切屑 | (d) 崩碎切屑 |

图 2-2-2　切屑类型

以上三种只有在加工塑性材料时才可能得到。在生产中最常见的是带状切屑，有时得到挤裂切屑，单元切屑则很少见。

4）崩碎切屑　如图 2-2-2（d）所示，切削铸铁等脆性金属材料时，由于材料的塑性差、抗拉强度低，切削层往往未经塑性变形就产生脆性崩裂，形成不规则的崩碎切屑。此时，切削力波动很大，有冲击载荷，已加工表面凹凸不平。

3. 积屑瘤

（1）积屑瘤的形成

在一定切削速度范围内，加工钢材、有色金属等塑性材料时，在切削刃附近的前刀面上黏附着一块金属硬块，它包围着切削刃且覆盖着部分前刀面，这块剖面呈三角状的金属硬块称为积屑瘤，如图 2-2-3 所示。形成积屑瘤的条件主要取决于切削温度，例如切削中碳钢的切削温度在 $300 \sim 380℃$ 时，易产生积屑瘤。

（2）积屑瘤对切削的影响

1）对切削力的影响　积屑瘤黏结在前刀面上，增大了刀具的实际前角，可使切削力减小。但由于积屑瘤不稳定，导致了切削力的波动。

2）对已加工表面粗糙度的影响　积屑瘤不稳定，易破裂，其碎片随机性地散落，可能会留在已加工表面上。另外，积屑瘤形成的刃口不光滑，使加工表面变得粗糙。

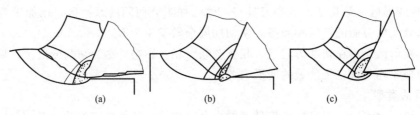

图 2-2-3 积屑瘤的形成

3）对刀具寿命的影响　积屑瘤相对稳定时，可代替切削刃切削，减小了切屑与前刀面的接触面积，延长刀具寿命；积屑瘤不稳定时，破裂部分有可能引起硬质合金刀具的剥落，反而降低了刀具寿命。

显然，积屑瘤有利有弊。粗加工时，对精度和表面粗糙度要求不高，如果积屑瘤能稳定生长，则可以代替刀具进行切削，保护刀具，同时减小切削变形；精加工时，则应避免积屑瘤的出现。

（3）减小或避免积屑瘤的措施

① 避免采用产生积屑瘤的速度进行切削，即宜采用低速或高速切削，因低速切削加工效率低，故多采用高速切削。

② 采用大前角刀具切削，以减小刀具前刀面与切屑接触的压力。

③ 适当提高工件材料的硬度，减小加工硬化倾向。

④ 使用润滑性好的切削液，减少前刀面粗糙度，降低刀与切屑接触面的摩擦系数。

二、切削力及切削功率

金属切削时，刀具切入工件，使工件材料产生变形成为切屑所需要的力称为切削力。切削力是计算切削功率，设计刀具、机床和机床夹具以及制定切削用量的重要依据。在自动化生产中，还可通过切削力来监控切削过程和刀具的工作状态。

1. 切削力

（1）切削力的来源

切削力的来源，一方面是在切屑形成过程中，弹性变形和塑性变形产生的抗力；另一方面是切屑和刀具前刀面之间的摩擦阻力及工件和刀具后刀面之间的摩擦阻力。

（2）切削合力与分解

切削时的总切削力 F 是一个空间力，为了便于测量和计算，以适应机床、夹具、刀具的设计和工艺分析的需要，常将 F 分解为三个互相垂直的切削分力 F_c、F_p 和 F_f。

1）主切削力 F_c　是切削合力 F 在主运动方向上的投影，其方向垂直于基面。F_c 是计算机床功率、刀具强度以及夹具设计，选择切削用量的重要依据。F_c 可以用经验公式，也可以用单位切削力 k_c（单位为 N/mm^2）进行计算，$F_c = k_c A_D = k_c a_c a_w = k_c a_p f$。

2）背向力 F_p　是总切削力 F 在垂直于是进给运动方向的分力。它是影响工作变形、造成系统振动的主要因素。

3）进给力 F_f　总切削力 F 在进给运动方向上的切削分力。它是设计、校核机床进给机构、计算机床进给功率的主要依据。

如图 2-2-4 所示，总切削力 F 分解为 F_c、F_p 与 F_f，它们的关系为

$$F = \sqrt{F_c^2 + F_p^2 + F_f^2}$$

（3）切削功率

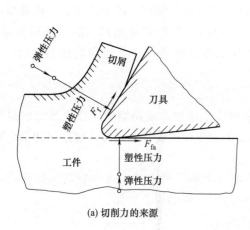

(a) 切削力的来源

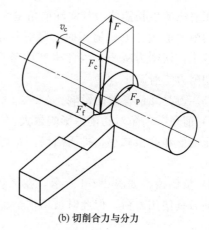

(b) 切削合力与分力

图 2-2-4 切削力

切削功率是指切削力在切削过程中所消耗的功率,用 P_m 表示,单位为 kW。车外圆,它是主切削力 F_c 与进给力 F_f 消耗功率之和,由于进给力 F_f 所占比例很小(仅为总切削力 F 的 1% ~5%),故一般进给力 F_f 所消耗功率可忽略不计,且 F_P 不做功,于是得出

$$P_m = F_c v_c \times 10^{-3}$$

式中 F_c——主切削力,N;

  v_c——切削速度,m/s。

考虑机床的传动效率,由切削功率 P_m 可求出机床电动机功率 P_E,即

$$P_E \geqslant P_m/\eta$$

式中 η——机床的传动效率,一般取 0.75 ~0.85。

2. 影响切削力的主要因素

(1) 工件材料的影响

工件材料的强度、硬度越高,虽然切屑变形略有减小,但总的切削力还是增大的。加工强度、硬度相近的材料,塑性大,则与刀具的摩擦系数也较大,故切削力增大;加工脆性材料,因塑性变形小,切屑与刀具前刀面摩擦小,切削力较小。

(2) 切削用量的影响

1) 背吃刀量 a_p 和进给量 f 当 f 和 a_p 增加时,切削面积增大,主切削力也增加,但两者的影响程度不同。在车削时,当 a_p 增大一倍时,主切削力约增大一倍;而 f 加大一倍时,主切削力只增大 68% ~86%。因此,在切削加工中,如果从主切削力和切削功率来考虑,加大进给量比加大背吃刀量有利。

2) 切削速度 v_c 图 2-2-5 所示为用 YT15 硬质合金车刀加工 45 钢(a_p = 4mm, f=0.3mm/r)时切削速度对切削力的影响曲线。切削塑性金属时,在积屑瘤

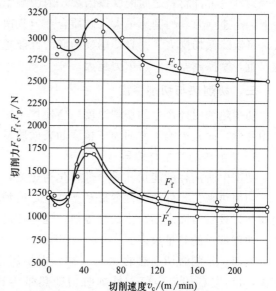

图 2-2-5 切削速度对切削力的影响

区，积屑瘤的生长能使刀具实际前角增大，切屑变形减小，切削力减小；反之，积屑瘤的减小使切削力增大。无积屑瘤时，随时切削速度 v_c 提高，切削温度增高，前刀面摩擦减小，变形减小，切削力减小，因此生产中常用高速切削来提高生产率。切削脆性金属时，v_c 增加，切削力略有减小。

（3）刀具几何参数的影响

1）前角　前角对切削力影响最大。当切削塑性金属时，前角增大，能使被切层材料所受挤压变形和摩擦减小，排屑顺畅，总切削力减小；当切削脆性金属时，前角对切削力影响不明显。

2）负倒棱　如图 2-2-6 所示，在锋利的切削刃上磨出负倒棱，可以提高刃口强度，从而提高刀具使用寿命，但此时被切削金属的变形加大，使切削力增加。

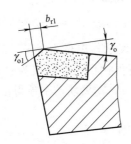

图 2-2-6　负倒棱对切削力的影响

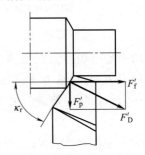

图 2-2-7　主偏角对切削力的影响

3）主偏角　如图 2-2-7 所示，主偏角对切削力的影响主要是通过切削厚度和刀尖圆弧度曲线长度的变化来影响变形，从而影响切削力的。主偏角对主切削力 F_c 的影响较小，但对背向力 F_p 和进给力 F_f 的比例影响明显。$F_D{}'$ 为工件对刀具的反推力，增大主偏角 κ_r，会使进给力 $F_f{}'$ 增大、背向力 $F_p{}'$ 减小。当车削细长工件时，为减少或防止工件弯曲变形可选较大主偏角。

（4）其他因素的影响

刀具、工件材料之间的摩擦因数，因影响摩擦力而影响切削力的大小。在同样的切削条件下，高速钢刀具切削力最大，硬质合金刀具次之，陶瓷刀具最小。在切削过程中使用切削液，可以降低切削力。并且切削液的润滑性能越高，切削力的降低越显著，刀具后刀面磨损越严重，摩擦越剧烈，切削力越大。

三、切削热与切削温度

切削热和由此产生的切削温度，会使加工工艺系统产生热变形，不但影响刀具的磨损和使用寿命，而且影响工件的加工精度和表面质量。

1. 切削热的产生与传导

切削中所消耗的能量几乎全部转化为热量，三个变形区即三个发热区。

切削热来自工件的弹性变形和塑性变形所消耗的能量，以及切屑与刀具前刀面、已加工表面与刀具后刀面之间产生的摩擦热，通过切屑、工件、刀具和周围介质传出去。一般情况下，切屑带走的热量最多。

例如，车削时切削热的 50%～86% 由切屑带走，10%～40% 传入车刀，3%～9% 传入工件，1% 左右传入空气；钻削时切削热带走比例大约是切屑 28%，工件 14.5%，刀具 52.5%，周围介质 5%。

2. 切削温度及影响因素

切削温度一般指切屑与刀具前刀面接触区域的平均温度。切削温度的高低，取决于该处产生热量的多少和传散热量的快慢。因此，凡是影响切削热产生与传出的因素都影响切削温度的高低。

（1）工件材料

工件材料的强度和硬度越高，单位切削力越大，切削时所消耗的功率就越大，产生的切削热也多，切削温度就越高；工件材料的塑性越大，变形系数也越大，产生的热量越多；工件材料的热导率越小，传散的热量越少，切削区的切削温度就越高；热容大的材料，在切削热相同时，切削温度低。

（2）切削用量

增大切削用量时，切削功率增大，产生的切削热也多，切削温度就会升高。由于切削速度、进给量和背吃刀量的变化对切削热的产生与传导的影响不同，所以对切削温度的影响也不相同。

1）切削速度 v_c　切削速度 v_c 对切削温度的影响最大。原因是，当 v_c 增加时，变形所消耗的热量与摩擦热急剧增多，虽然切屑带走的热量相应增多，但刀具的传热能力没什么变化。

对于硬质合金刀具，v_c 不宜低 50m/min，目的是防止刀具太脆，提高韧性，但 v_c 一般不能大于 300m/min，目的是防止温度太高导致刀具急剧磨损；对于高速钢刀具，v_c 一般小于 30m/min。

2）进给量 f　进给量 f 对切削温度的影响小一些，原因是当 f 增加时，切削厚度 a_c 增厚（切屑热容增加，带走热量增多），但切削宽度 a_w 不变（散热面积不变，刀头的散热条件没有改善），切削温度有所增加。

3）背吃刀量 a_p　背吃刀量 a_p 对切削温度的影响最小，原因是若 a_p 增加一倍，切削宽度 a_w 也按比例增加一倍，散热面积也相应地增加一倍，改善了刀头的散热条件，切削温度只是略有增加。

通过对进给量 f 和背吃刀量 a_p 的分析可知，采用宽而薄（a_w 大、a_c 小）的切削层剖面有利于控制切削温度。

从控制切削温度的角度出发，在机床各件允许的情况下，选用较大的背吃刀量和进给量，比选用大的切削速度更有利。

（3）刀具几何参数

刀具的前角和主偏角对切削温度影响较大。增大前角，可使切削变形及切屑与前刀面的摩擦减小，产生的切削热减少，切削温度下降；但前角过大（$\geqslant 20°$）时，刀头散热面积减小，反而使切削温度升高。减小主偏角，可增加切削刃的工作长度，增大刀头散热面积，降低切削温度。

（4）其他因素

刀具后刀面磨损增大时，加剧了刀具与工件间的摩擦，使切削温度升高。切削速度越高，刀具磨损对切削温度的影响越明显。利用切削液的润滑功能降低摩擦因数，减少切削热的产生，同时切削液也可带走一部分切削热，所以采用切削液是降低切削温度的重要措施。

四、刀具磨损与刀具寿命

刀具切除工件余量的同时，本身也逐渐被磨损。当磨损到一定程度时，如不及时重磨、换刀或刀片转位，刀具便丧失切削能力，从而影响已加工表面质量和生产率。

1. 刀具磨损的形式

刀具磨损是指刀具与工件或切屑的接触面上，刀具材料的微粒被切屑或工件带走的现象。这种磨损现象称为正常磨损。若由于冲击、振动、热效应等原因使刀具崩刃、碎裂而损坏，称为非正常磨损。刀具正常磨损形式有以下三种：

1）前刀面磨损（月牙洼磨损）　切削塑性材料，当切削厚度较大时（$a_c > 0.5$mm），刀具前刀面承受巨大的压力和摩擦力，而且切削温度很高，使前刀面产生月牙洼磨损，如图 2-2-8 所示。随着磨损的加剧，月牙洼逐渐加深加宽，当接近刃口时，会使刃口突然破损。前刀面磨损量大小，用月牙洼的宽度 KB 和深度 KT 表示。

2）后刀面磨损　刀具后刀面虽然有后角，但由于切削刃不是理想的锋利状态，而有一定的钝圆，因此，后刀面与工件实际上是面接触，磨损就发生在这个接触面上。在切削铸铁等脆性金属或以较低的切削速度、较小的切削厚度（$a_c < 0.1$mm）切削塑性金属时，由于前刀面上的压力和摩擦力不大，主要发生后刀面磨损，如图 2-2-8 所示。由于切削刃各点工作条件不同，其后刀面磨损带是不均匀的。C 区和 N 区磨损严重，中间 B 区磨损较均匀。

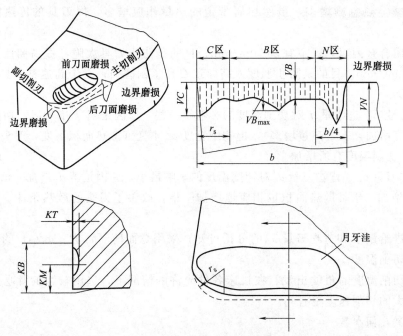

图 2-2-8　刀具的磨损形态

3）前刀面和后刀面同时磨损　前刀面和后刀面同时磨损是一种兼有上述两种情况的磨损形式。在切削塑性金属时（$a_c = 0.1 \sim 0.5$mm），经常会发生这种磨损。

2. 刀具磨损的原因

刀具磨损的原因很复杂，在高温（700～1200℃）和高压（大于材料的屈服强度）下，有力、热、化学、电等方面作用，产生的磨损主要有以下几个方面：硬质点磨损、黏结磨损、扩散磨损、化学磨损、热电偶磨损等。

3. 刀具磨损过程及磨钝标准

（1）刀具的磨损过程

在正常条件下，随着刀具的切削时间增大，刀具的磨损量将增加。通过实验得到如图

2-2-9 所示的刀具后刀面磨损量 VB 与切削时间的关系曲线。由图可知，刀具磨损过程可分为三个阶段：

1）初期磨损阶段　初期磨损阶段的特点是磨损快、时间短。一把新刃磨的刀具表面尖锋突出，在与切屑摩擦过程中，锋点的压强很大，造成尖锋很快被磨损，使压强趋于均衡，磨损速度开始减慢。

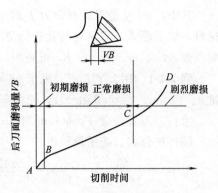

图 2-2-9　刀具的磨损过程

2）正常磨损阶段　正常磨损阶段比初期磨损阶段磨损得慢些，经历的切削时间较长，是刀具的有效工作阶段。刀具表面锋点基本被磨平，表面的压强趋于均衡，刀具的磨损量 VB 随着时间的延长而均匀地增加。

3）剧烈磨损阶段　当刀具磨损达到一定程度，磨损量 VB 剧增，切削刃已变钝，切削力、切削温度急剧升高，刀具很快失效，即进入剧烈磨损阶段。应在此阶段之前及时更换刀具，以合理使用刀具并保证加工质量。

（2）刀具的磨钝标准

刀具磨损到一定限度后就不能继续使用，否则将影响切削力、切削温度和加工质量，这个磨损限度称为磨钝标准。

国际标准 ISO 统一规定以 1/2 背吃刀量处后刀面磨损带宽度 VB（见图 2-2-8）作为刀具的磨钝标准。磨钝标准的具体数值可查阅有关手册。

4. 刀具寿命及其合理选择

在实际生产中，不可能经常停机去测量后刀面上的 VB 值，以确定是否达到磨钝标准，而是采用与磨钝标准相对应的切削时间，即刀具寿命来表示。刀具寿命是指刃磨后的刀具自开始切削直到磨损量达到刀具的磨钝标准所经过的净切削时间，用 T 表示，单位为 s（或 min）。刀具总寿命是指刀具从开始投入使用到报废为止的总切削时间。刀具寿命 T 大，表示刀具磨损慢。常用刀具寿命见表 2-2-1。

表 2-2-1　刀具寿命 T 参考值　　　　　　　　　　　　　单位：min

刀具类型	刀具寿命	刀具类型	刀具寿命
车、刨、镗刀	60	仿形车刀具	120～180
硬质合金可转位车刀	30～45	组合钻床刀具	200～300
钻头	80～120	多轴铣床刀具	400～800
硬质合金面铣刀	90～180	组合机床、自动机、自动线刀具	240～480
切齿刀具	200～300		

（1）切削用量与刀具寿命的关系

因为切削速度对切削温度影响最大，故对刀具磨损影响也最大，即对刀具寿命影响也最大。在一定切削条件下，切削速度越高，刀具寿命越低。其次是进给量，背吃刀量影响最小。

（2）一定刀具寿命 T 允许的切削速度 v_T 计算

在一般条件下，刀具寿命为 T 时，所允许的切削速度 v_T 可由下式得出

$$v_T = \frac{C_v}{T^m f^x a_p^y} K_v$$

其中，x、y 是刀具寿命为 T 时 a_p 与 f 对 v_T 的影响指数；C_v 是刀具寿命为 T 时与工件材料、加工形式、刀具材料及进给量有关的系数；K_v 是刀具寿命为 T 时其他因素对 v_T 的影响系数。C_v、m、x、y、K_v 可查表。

例 2-2-1　用 YT15 车刀纵车 45 钢外圆，材料的抗拉强度 $\sigma_b = 0.637\text{GPa}$，选用切削用量 $a_p = 3\text{mm}$、$f = 0.35\text{mm/r}$，使用车刀几何角度为 $\gamma_o = 10°$、$\alpha_o = 8°$、$\kappa_r = 75°$。

求：①刀具寿命 $T = 60\text{min}$ 时，v_{60} 应为多少？ ②刀具寿命 $T = 15\text{min}$ 时，v_{15} 应为多少？

解：按公式、查手册得出：

① $v_{60} = \dfrac{C_v}{T^m f^x a_p^y} \kappa_v = \dfrac{242}{60^{0.2} \times 0.35^{0.35} \times 3^{0.15}} \times 0.86\text{m/min} = 112\text{m/min}$

② $v_{15} = \dfrac{C_v}{T^m f^x a_p^y} \kappa_v = \dfrac{242}{15^{0.2} \times 0.35^{0.35} \times 3^{0.15}} \times 0.86\text{m/min} = 149\text{m/min}$

（3）刀具寿命的合理选择

在生产中，选择刀具寿命的原则是根据优化目标确定的。一般按最大生产率、最低成本为目标选择刀具寿命。

1）最大生产率寿命　最大生产率是指工件（或工序）加工所用时间最短。最大生产率寿命是指以单位时间内生产数量最多的产品或加工每个零件所消耗的生产时间最少为原则确定的刀具寿命。

2）最低成本寿命　最低成本寿命是指以每个零件（或工序）加工费用最低为原则确定的刀具寿命。

因此，选择刀具寿命时，当需要完成紧急任务或产品供不应求以及完成限制件工序时，可采用最大生产率寿命；而一般情况下，通常采用最低成本寿命，以利于市场竞争。

五、切削条件及其合理选择

1. 工件材料的切削加工性

（1）工件材料切削加工性的概念

在一定的加工条件下，工件材料被切削加工的难易程度，称为材料的切削加工性。

一般良好的切削加工性是指：刀具寿命较长或一定寿命下的切削速度较高；在相同的切削条件下切削力较小，切削温度较低；容易获得好的表面质量；切屑形状容易控制或容易断屑。但衡量一种材料切削加工性的好坏，还要看具体的加工要求和切削条件。例如，纯铁切除余量很容易，但获得光洁的表面比较难，所以粗加工时认为其切削加工性好，精加工时认为其切削加工性不好；不锈钢在普通机床上加工并不困难，但在自动机床上加工难以断屑，则认为其切削加工性较差。

衡量材料切削加工性的指标中常用一定刀具寿命下的切削速度 v_T 和相对加工性 K_r。

v_T 是指当刀具寿命为 T 时，切削某种材料所允许的最大切削速度。v_T 越高，表示材料的切削加工性越好。通常取 $T = 60\text{min}$，则 v_T 写作 v_{60}。在判别材料的切削加工性时，一般以正火状态 45 钢的 v_T 为标准，写作 $(v_{60})_j$，而把其他各种材料的 v_{60} 同它相比，其比值 K_r 称为相对加工性，即

$$K_r = \frac{v_{60}}{(v_{60})_j}$$

常用工件材料的相对加工性可分为 8 级，见表 2-2-2。凡 $K_r > 1$ 材料，其加工性比 45 钢好；$K_r < 1$ 的材料，其加工性比 45 钢差。K_r 也反映了不同的工件材料对刀具磨损和刀具寿

命的影响。

表 2-2-2　工件材料的相对加工性等级

加工性等级	名称及种类		相对加工性	代表性材料
1	很容易切削材料	一般有色金属	>3.0	ZCuSn5Pb5Zn5、YZAlSi9Cu4 铝铜合金、铝镁合金
2	容易切削材料	易切削钢	2.5~3.0	退火 15Cr, σ_b=0.373~0.441GPa；自动机床用钢, σ_b=0.392~0.490GPa
3		较易切削钢	1.6~2.5	正火 30 钢, σ_b=0.441~0.549GPa
4	普通材料	一般钢及铸铁	1.0~1.6	45 钢、灰铸铁、结构钢
5		稍难切削材料	0.65~1.0	2Cr13 调质, σ_b=0.8288GPa；85 钢轧制, σ_b=0.8829GPa
6	难切削材料	较难切削材料	0.5~0.65	45Cr 调质, σ_b=1.03GPa；60Mn 调质, σ_b=0.9319~0.981GPa
7		难切削材料	0.15~0.5	50CrV 调质、1Cr18Ni9Ti 未淬火、α 型钛合金
8		很难切削材料	<0.15	β 型钛合金、镍基高温合金

（2）改善工件材料切削加工性的途径

工件材料的切削加工性对生产率和表面质量有很大影响，因此在满足零件使用要求的前提下，尽量选用加工性较好的材料。在实际生产中，还可采取如下一些措施来改善材料的切削加工性。

1）调整工件材料的化学成分　因为材料的化学成分直接影响其力学性能，如普通碳素结构钢，随着碳质量分数的增加，其强度和硬度一般都提高，其塑性和韧性降低，故高碳钢强度和硬度较高，切削加工性较差；低碳钢塑性和韧性较高，切削加工性也较差；中碳钢的强度、硬度、塑性和韧性都居于高碳钢和低碳钢之间，故切削加工性较好。

2）进行适当的热处理　化学成分相同的材料，当其金相组织不同时，力学性能就不一样，其切削加工性就不同。因此，通过对不同材料进行不同的热处理，是改善材料切削加工性的另一重要途径。例如，对高碳钢进行球化退火处理，可降低硬度；对低碳钢进行正火处理，可降低塑性，提高硬度，使切削加工性得到改善。

另外，还可通过改善切削条件来改善材料的切削加工性，如选择合适的刀具材料，确定合理的刀具角度和切削用量，制定适当的工艺过程等。

2. 刀具几何参数的选择

当刀具材料和结构确定之后，刀具切削部分的几何参数就对切削性能有十分重要的影响。例如，切削力的大小、切削温度的高低、切屑的连续与碎断、加工质量的好坏以及刀具寿命、生产效率、生产成本的高低等都与刀具几何参数有关。因此，刀具几何参数的合理选用是提高金属切削效益的重要措施之一。

合理的刀具几何参数是在保证加工质量和刀具寿命的前提下，能够满足较高生产率和较低的加工成本。一个刀具参数对刀具切削性能的影响，既有有利方面，也有不利方面，如选用大的前角可以减小切屑变形和切削力，但前角增大同时也会使刀具楔角减小，散热变差，刃口强度削弱。因此，应根据具体情况选取合理值。

（1）前角的功用及选择

1）前角 γ_0 的功用　前角是切削刀具上的重要几何角度之一，它的大小直接影响切削力、切削温度和切削功率，影响刃区和刀头的强度与导热面积，从而影响刀具寿命和切削加工生产率。

2）前角 γ_o 的选择　合理的前角主要取决于工件材料和刀具材料的性质和种类以及加工要求等，可查表找到硬质合金车刀合理前角的参考值。前角 γ_o 的选择原则如下：

① 加工塑性材料时，为减小切削变形，降低切削力和切削温度，刀具合理前角值要大些，加工脆性材料时，由于产生崩碎切屑，切削力集中在切削刃附近，前角 γ_o 对切削变形影响不大，同时为了防止崩刃，应选择较小的前角 γ_o。当工件材料的强度、硬度大时，为保证刀尖的强度，前角应选得小些。

② 刀具材料的抗弯强度和抗冲击韧度越大时，应选用较大的前角 γ_o。如高速钢刀具比硬质合金刀具允许选用更大的前角（γ_o 可增大 $5°\sim10°$）。

③ 粗加工时切削力大，特别是断续切削有较大的冲击力，为保证切削刀具有足够的强度，应适当减小前角 γ_o；精加工时切削力小，要求刃口锋利，合理的前角应选大些。

④ 工艺系统刚性差和机床功率不足时，应选取较大的前角 γ_o。自动机床或自动线用刀具，应主要考虑刀具的尺寸寿命及工作的稳定性，而选用较小的前角。

3）前刀面形式的选择　常见的前刀面形式如图 2-2-10 所示。

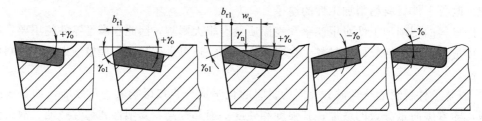

(a) 正前角平面型　(b) 正前角平面带倒棱型　(c) 正前角曲面带倒棱型　(d) 负前角单平面型　(e) 负前角双平面型

图 2-2-10　前刀面的形式

① 正前角平面型〔见图 2-2-10 (a)〕。这是前刀面的基本形式，其特点是结构简单，切削刃锋利，但刀尖强度低，卷屑能力及散热能力均较差，常用于精加工和切削脆性材料。

② 正前角平面带倒棱型〔见图 2-2-10 (b)〕。这种形式是在正前角平面型基础上沿切削刃磨出很窄的棱边（负倒棱）而形成的。它增强了切削刃强度，常用于脆性大刀具材料，如陶瓷刀具、硬质合金刀具，尤其适用于在断续切削时使用。负倒棱宽度要选择适当，否则会变成负前角切削。负倒棱宽度 $b_{r1}=(0.3\sim0.8)f$，粗加工取大值，精加工时取小值；负倒棱前角 $\gamma_{o1}=-5°\sim-10°$

③ 正前角曲面带倒棱型〔见图 2-2-10 (c)〕。这种前刀面是在正前角平面倒棱型的基础上磨出一定曲面形成的。它增大了前角 γ_o，并能起卷屑作用，主要用于粗加工和半精加工塑性材料。

④ 负前角单平面型〔见图 2-2-10 (d)〕。用硬质合金刀具切削高强度、高硬度材料时，为使刀具能承受较大的切削力，常采用此种形式的前刀面，其最大特点是抗冲击能力强。

⑤ 负前角双平面型〔见图 2-2-10 (e)〕。当刀具前刀面有磨损时，为了减小前刀面刃磨面积、充分利用刀片材料，可采用负前角双平面型。

（2）后角 α_o 的功用及选择

1）后角 α_o 的功用　增大后角 α_o，可减小刀具后刀面与已加工表面的摩擦，减小刀具磨损，还可使切削刃钝圆半径减小，刀尖锋利，提高工件表面质量。但后角 α_o 太大，使刀楔角显著减小，削弱切削刃的强度，使散热条件变差，降低刀具寿命。

2）后角 α_o 的选择

① 工件的强度、硬度较高时，为增加切削刃的强度，应选择较小的后角 α_o；工件材料的塑性、韧性较大时，为减小刀具后刀面的摩擦，可取较大的后角 α_o。

② 粗加工或断续加工时，为了强化切削刃，应选择小的后角 α_o；精加工或连续切削时，刀具的磨损主要发生在后刀面，应选择较大的后角 α_o。

③ 当工艺系统刚性较差、容易出现振动时，应适当减小后角 α_o。

④ 有尺寸要求的刀具，为保证重磨后尺寸基本不变，合理后角 α_o 应选小一些。

⑤ 前角大的刀具，为了使刀具具有一定的强度，应选择小的后角 α_o。

为了使制造、刃磨方便，一般副后角等于主后角。

3）后刀面形式的选择

① 双重后角［见图 2-2-11（a）］。保证刃口强度，减少刃磨后刀面的工作量。

② 消振棱［见图 2-2-11（b）］。在后刀面上刃磨出一条有负后角的倒棱，增加了后刀面与过渡表面之间的接触面积，其阻尼作用能消除振动。$b_{\alpha1} = 0.1 \sim 0.3\text{mm}$，$\alpha_{o1} = -5° \sim -20°$。

③ 刃带［见图 2-2-11（c）］。刃带是在后刀面上刃磨出的后角为 0° 的小棱边，用于一些定尺寸刀具（如钻头、铰刀等），目的是便于控制刀具尺寸，避免重磨后尺寸精度的变化。刃带可对刀具起稳定、导向和消振的作用，延长刀具的使用时间。刃带不宜太宽，否则会增大摩擦作用，宽度 $b_\alpha = 0.02 \sim 0.03\text{mm}$。

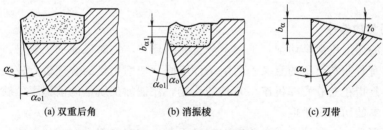

(a) 双重后角　　　　(b) 消振棱　　　　(c) 刃带

图 2-2-11　后刀面的形式

（3）主、副偏角的功用及选择

1）主偏角 κ_r 的功用

① 主偏角 κ_r 减小时，刀尖角增大，使刀尖强度提高，散热体积增大，刀具寿命提高。

② 主偏角 κ_r 减小时，切削宽度 a_w 增大，切削厚度 a_c 减小，切削刃工作长度增大，单位切削刃负荷减小，有利于提高刀具寿命。

③ 主偏角 κ_r 减小时，使背向力 F_p 增大，易引起振动，使工件弯曲变形，降低加工精度。

④ 减小主偏角 κ_r，可降低残留面积的高度，提高工件表面质量。

2）主偏角 κ_r 的选择

① 粗加工时，因为其切削力大、振动大，对于抗冲击性差的刀具材料（如硬质合金），应选择大的主偏角 κ_r，以减小振动。

② 工艺系统的刚性较好时，主偏角 κ_r 应选小值。

③ 加工强度大、硬度高的材料时，为减小切削刃上的单位负荷、改善切削刃区的散热

条件，应选择小一些的主偏角 κ_r。

④ 主偏角的选择还要考虑工件形状和加工条件，如车削细长轴时，可取 $\kappa_r = 90°$。

3）副偏角 κ_r' 的选择原则及参考值 主要根据工件已加工表面的粗糙度要求和刀具强度来选择，在不引起振动的前提下尽量取小值。粗加工时，取 $\kappa_r' = 10° \sim 15°$；精加工时，取 $\kappa_r' = 5° \sim 10°$。当工艺系统刚度差或从工件中间切入时，可取 $\kappa_r' = 30° \sim 45°$。

（4）刃倾角 λ_s 的功用及选择

1）刃倾角 λ_s 的功用

① 影响切屑的流出方向。

② 影响切削刃切入时的接触位置。

③ 影响切削刃的锋利程度。当正的刃倾角值增大时，可使刀具的实际前角增大，刃口实际钝圆半径减小，增大切削刃的锋利性。

④ 影响切削刃的工作长度。当 a_p 不变时，刃倾角的绝对值越大，切削刃工作长度越长，单位切削长度上的负荷越小，刀具寿命越高。

2）刃倾角 λ_s 的选择原则

① 加工一般钢料和灰铸铁，粗车时取 $\lambda_s = 0° \sim -5°$；精车时取 $\lambda_s = 0° \sim +5°$；有冲击载荷时，取 $\lambda_s = -5° \sim -15°$。

② 加工高强度钢、淬硬钢或强力切削时，为提高刀头强度，取 $\lambda_s = -10° \sim -30°$。

③ 工艺系统刚性不足时，尽量不用负刃倾角，以避免背向力的增加。

④ 微量切削时，为增加切削刃的锋利程度和切薄能力，方法之一是采用大刃倾角刀具，$\lambda_s = 45° \sim 75°$。

3. 切削用量的选择

选择合理的切削用量是切削加工中十分重要的环节，它对保证加工质量、降低加工成本和提高生产率有着非常重要的意义。切削条件不同，切削用量的合理值有较大的变化。切削用量的合理值是指在充分发挥机床、刀具的性能，保证加工质量的前提下，获得高的生产率和低的加工成本的切削用量值。

选择切削用量时，要综合考虑其对切削过程、生产率和刀具寿命的影响，最后确定一个合理值。粗加工时，由于要尽量保证较高的生产率和必要的刀具寿命，应优先选择大的背吃刀量 a_p，其次根据机床动力刚性限制条件选取尽可能大的进给量 f，最后根据刀具寿命确定合适的切削速度 v_c；精加工时，由于要保证工件的加工质量，应选用较小的进给量 f 和背吃刀量 a_p，选用尽可能高的切削速度 v_c。

1）背吃刀量 a_p 的选择 粗加工时，在机床功率足够时，应尽可能选取较大的背吃刀量，最好一次进给将该工序的加工余量全部切完。当加工余量太大、机床功率不足、刀具强度不够时，可分两次或多次走刀将余量切完。切削表层有硬皮的铸、锻件或切削不锈钢等加工硬化较严重的材料时，应尽量使背吃刀量 a_p 越过硬皮或硬化层深度，以保护刀尖。半精加工和精加工时的背吃刀量是根据加工精度和表面粗糙度要求，由粗加工后留下的余量确定的。如半精车时选取 $a_p = 0.5 \sim 2.0mm$，精车时选取 $a_p = 0.1 \sim 0.8mm$。

2）进给量 f 的选择 粗加工时，进给量 f 的选择主要受切削力的限制。在机床-刀具-夹具-工件工艺系统的刚度和强度良好的情况下，可选择较大的进给量值；在半精加工和精加工时，由于进给量对工件已加工表面的表面粗糙度值影响很大，进给量一般取值较小。

3）切削速度 v_c 的选择　粗加工时，背吃刀量和进给量都较大，切削速度受合理刀具寿命和机床功率的限制，一般取较小值；反之精加工时选择较高的 v_c。选择切削速度时，还应考虑工件材料、刀具材料（如用硬质合金车刀精车时，一般采用较高的切削速度，v_c > 80m/min；用高速钢车刀精车时，一般选用较低的切削速度，v_c < 5m/min）以及切削条件等因素。

在实际生产中，往往是已知工件直径，根据工件材料、刀具材料和加工要求等因素选定切削速度，再将切削速度换算成车床主轴转速，以便调整车床。

例 2-2-2　在 CA6140 型车床上车削 ϕ260mm 的带轮外圆，选择切削速度 90m/min，求主轴转速。

解： $n = 1000v_c/\pi d = 1000 \times 90/(3.14 \times 260) = 110$ （r/min）

计算出车床轴转速后，应选取与铭牌上接近的较小的转速。故车削该工件时，应选取 CA6140 型卧式车床铭牌上接近的较小转速，即选取 $n = 100$r/min 作为车床的实际转速。

切削用量的选取方法有计算法和查表法。在大多数情况下，切削用量应根据给定的条件按有关切削用量手册中推荐的数值选取。

4. 切削液的选择

在切削过程中合理使用切削液，可以改善切屑、工件与刀具的摩擦状况，降低切削力和切削温度，减少刀具磨损，抑制积屑瘤的生长，从而提高生产率和加工质量。

（1）切削液的作用

切削液主要起冷却和润滑的作用，同时还具有良好的清洗和防锈功用。

1）冷却作用　切削液的冷却作用，主要靠热传导带走大量的热来降低切削温度。一般来说，水溶液的冷却性能最好，油类最差，乳化液介于两者之间而接近于水溶液。

2）润滑作用　切削液渗透到切削区后，在刀具、工件、切屑界面上形成润滑油膜，减小摩擦。润滑性能的强弱取决于切削液的渗透能力、形成润滑膜的能力和强度。

3）清洗作用　在加工脆性材料形成崩碎切屑或加工塑性工件形成粉末切屑（如磨削）时，要求切削液具有良好的清洗作用和冲刷作用。清洗作用的好坏，与切削液的渗透性、流动性和使用的压力有关。为了提高切削液的清洗能力，及时冲走碎屑及磨粉，在使用时往往给予一定的压力，并保持足够的流量。

4）防锈作用　为了减小工件、机床、刀具受周围介质（空气、水分等）的腐蚀，要求切削液具有一定的防锈作用。防锈作用的好坏，取决于切削液本身的性能和加入的防锈添加剂的作用。在气候潮湿地区，对防锈作用的要求显得更为突出。

（2）切削液的种类

金属切削加工中，最常用的切削液可分为水溶性切削液和油溶性切削液两大类，见表 2-2-3。

表 2-2-3　切削液的种类、成分、性能、作用和用途

种类		成　　分	性能和作用	用　　途
水溶性切削液	水溶液	以软水为主,加入防锈剂、防霉剂,有的还加入油性添加剂、表面活性剂以增强润滑性	主要起冷却作用	常用于粗加工
	乳化液	配制成 3%～5% 的低含量乳化液	主要起冷却作用,但润滑和防锈性能较差	用于粗加工、难加工的材料和细长工件的加工

续表

种类		成分	性能和作用	用途
水溶性切削液	乳化液	配制成高含量乳化液	提高其润滑和防锈性能	精加工用高含量乳化液
		加入一定的极压添加剂和防锈添加剂		用高速钢刀具粗加工和对钢料精加工时用极压乳化液
				钻削、铰削和加工深孔等半封闭状态下,用黏度较小的极压乳化液
	合成切削液	由水、各种表面活性剂和化学添加剂组成,如国产 DX148 多效合成切削液有良好的使用效果	冷却、润滑、清洗和防锈性能较好,不含油,可节省能源,有利于环保	国内外推广使用的高性能切削液,国外的使用率达到 60%,在我国工厂中的使用也日益增多
油溶性切削液	切削油	矿物油	L-AN15、L-AN22、L-AN32 全损耗系统用油	润滑作用较好	在普通精车削、螺纹精加工中使用甚广
			轻质柴油、煤油等	煤油的渗透和清洗作用较突出	在精加工铝合金、铸铁和高速钢铰刀铰孔中使用
		动植物油	食用油	能形成较牢固的润滑膜,其润滑效果比纯矿物油好,但易变质	应尽量少用或不用
		复合油	矿物油与动植物油的混合油	润滑、渗透和清洗作用均较好	应用范围广
	极压切削油		在矿物油中添加氯、硫、磷等极压添加剂和防锈添加剂配制而成。常用的有氯化切削油和硫化切削油	它在高温下不破坏润滑膜,具有良好的润滑效果,防锈性能也得到了提高	使用高速钢刀具对钢料精加工时,用钻削、铰削和加工深孔等半封闭状态下工作时,用黏度较小的极压切削油

（3）切削液的选择

切削液品种繁多、性能各异,在切削加工时应根据工件材料、刀具材料、加工方法和加工要求的具体情况合理选用,以取得良好的效果。另外,还要求切削液无毒无异味、绿色环保、不影响人身健康、不变质及具有良好的化学稳定性等。

1）根据工件材料选用 切削钢材料等塑性材料需用切削液,切削铸铁等脆性材料可不用切削液,后者使用切削液的作用不明显,而有时会弄脏工作场地和使碎屑黏附在机床导轨与滑板间造成阻塞和擦伤。切削高强度钢、高温合金等难切削材料时,应选用极压切削油或极压乳化液;切削铜、铝及其合金时,不能使用含硫的切削液,因为硫对其有腐蚀作用。

2）根据刀具材料选用 高速钢刀具热硬性差,粗加工时应选用以冷却作用为主的切削液,主要目的是降低切削温度,但在中、低速精加工切削时（包括铰削、拉削、螺纹加工、剃齿等）,应选用润滑性能好的极压切削油或高浓度的乳化液或合成切削液,但必须连续、充分浇注,以免刀具因冷热不均匀,产生较大内应力而导致破裂。

3）根据加工方法选用 对于钻孔、攻螺纹、铰孔和拉削等,由于导向部分和校准部分与已加工表面摩擦较大,通常选用乳化液、极压乳化液和极压切削油。成形刀具、螺纹刀具及齿轮刀具应保证有较高的寿命,通常选用润滑性能好的切削油、高浓度的极压乳化液或极压切削油。磨削加工,由于磨屑微小而且磨削温度很高,故选用冷却和清洗性能好的切削液,如水溶液、乳化液。磨削难加工材料时,宜选用有一定润滑性能的水溶液和极压乳化液。

4）根据加工要求选用　粗加工时，金属切除量大，切削温度高，应选用冷却作用好的切削液；精加工时，为保证加工质量，宜选用润滑作用好的极压切削液。

（4）使用切削液的注意事项

① 油状乳化液必须用水稀释后才能使用。但乳化液会污染环境，应尽量选用环保型切削液。

② 切削液必须浇注在切削区域内，如图 2-2-12 所示，因为该区域是切削热源。

③ 控制好切削液的流量。流量太小或断续使用，起不到应有作用；流量太大，则会造成切削液浪费。

④ 加注切削液的方法可以采用浇注法和高压冷却法。浇注法是一种简便易行、应用广泛的方法，一般车床均有这种冷却系统，如图 2-2-13（a）所示；高压冷却法是以较高的压力和流量将切削液喷向切削区，如图 2-2-13（b）所示，这种方法一般用于半封闭加工或车削难加工材料。

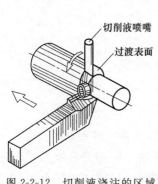

图 2-2-12　切削液浇注的区域

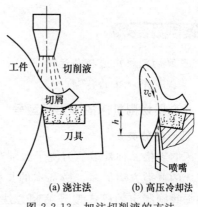

图 2-2-13　加注切削液的方法

练习与思考

1. 金属切削过程的本质是什么？切削过程中的三个变形区是怎样划分的？各变形区有何特征？

2. 切屑类型有哪几种？各种类型切屑的形成条件是什么？切屑形状有哪几种？切削塑性金属时，为了使切屑容易折断可采用哪些措施？

3. 积屑瘤是如何形成的？对加工有何影响？如何避免？

4. 分析主、副偏角的大小对切削过程的影响。

5. 各切削分力分别对加工过程有何影响？影响切削力的因素有哪些？它们是怎样影响切削力的？

6. 用 $\kappa_r=60°$、$\gamma_o=20°$ 的外圆车刀在 CA6140 车床上车削细长轴，车削后工件呈腰鼓形，其原因是什么？在刀具上采用什么措施可以减小甚至消除此误差？

7. 试分析 $\kappa_r=93°$ 的外圆车刀车削外圆时工件的受力情况。

8. 切削力是怎样产生的？为什么要研究切削力？

9. 背吃刀量和进给量对切削力的影响有何不同？对切削的影响有何不同？为什么？

10. 粗、精加工时，为何所选用的切削液不同？

11. 切削热是怎样传出的？切削热对切削加工有什么影响？影响切削热传出的因素有哪些？

12. 为什么切削钢件时，其刀具前刀面的温度要比后刀面高，而切削灰铸铁等脆性材料时则相反？

13. 刀具磨损与一般机器零件磨损相比，有何特点？

14. 为什么硬质合金刀具与高速钢刀具相比，所规定的磨钝标准要小些？

15. 何谓刀具寿命？刀具寿命与刀具总寿命的区别是什么？从提高生产率或降低成本的观点看，刀具寿命是否越高越好？为什么？

16. 材料的相对加工性如何表示？它与加工中的哪些因素有关？有何作用？

17. 说明前角、后角的大小对切削过程的影响。

单元三　金属切削机床的基础知识

▷ 学习目标及要求

- 了解切削机床选择与运动。
- 掌握切削机床的传动。

一、金属切削机床的分类及型号

1. 机床的分类

机床的规格品种繁多，为便于区别及使用、管理，需加以分类，并编制型号。

机床的分类方法很多，最基本的是按机床的主要加工方法，所用刀具及其用途进行分类。根据我国制定的机床型号编制方法（GB/T 15375—2008），目前将机床分为 11 大类：车床、钻床、镗床、磨床、齿轮加工机床、螺纹加工机床、铣床、刨插床、拉床、锯床及其他机床。在每一类机床中，又按工艺范围、布局形式和结构性能等不同，分为若干组，每一组又细分为若干系（系列）。

除上述基本分类方法外，机床还可以按其他特征进行分类。

按照工艺范围宽窄，机床可分为通用机床、专门化机床和专用机床三类。通用机床的工艺范围很宽，通用性较好，可以加工多种零件的不同工序，但结构比较复杂，主要适用于单件、小批量生产，如卧式车床、卧式镗床、万能升降台铣床等。专门化机床的工艺范围较窄，只能加工某一类或几类零件的某一道或者几道特定工序，如凸轮轴车床、曲轴车床、齿轮机床等。专用机床的工艺范围最窄，只能用于加工某一零件的某一道特定工序，适用于大批量生产，如加工机床主轴箱的专用镗床、加工车床导轨的专用磨床等，汽车制造中大量使用的组合机床也属于此类。

按照质量和尺寸不同，机床可以分为仪表机床、中型机床（一般机床）、大型机床（质量达 10t 及以上）、重型机床（质量达 30t 以上）和超重型机床（质量达 100t 以上）。

按照自动化程度不同，机床可分为手动、半自动和自动机床。

此外，机床还可以按照加工精度、机床主要工作部件（如主轴等）的数目进行分类。随着机床的发展，其分类方法也将不断地发展。

2. 通用机床型号的编制

机床型号是机床产品的代号，用于简明地表达机床的类型、主要规格及有关特性等。我国通用机床的型号由汉语拼音字母和阿拉伯数字按一定规律排列组成。型号中的汉语拼音字母一律按机床名称读音。下面以通用机床为例予以说明。

机床型号由基本部分和辅助部分组成，中间用"/"隔开。基本部分按要求统一管理，辅助部分由企业决定是否纳入机床型号。机床型号的表示方法如图 2-3-1 所示。

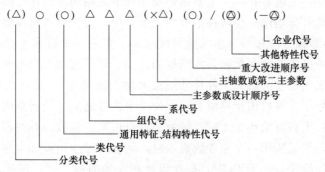

图 2-3-1　机床型号的表示方法

（1）机床的分类及类代号

机床分为若干类，其代号用大写的汉语拼音字母表示，按其相应的汉字意读音。必要时，每类可分为若干分类，分类代号在类代号前，作为型号的首位，并用阿拉伯数字表示。第一分类代号的"1"可以省略。机床的分类和分类号见表 2-3-1。

表 2-3-1　机床的分类和分类号

类别	车床	钻床	镗床	磨床			齿轮加工机床	螺纹加工机床	铣床	刨（插）床	拉床	特种加工机床	锯床	其他机床
代号	C	Z	T	M	2M	3M	Y	S	X	B	L	D	G	Q
读音	车	钻	镗	磨	二磨	三磨	牙	丝	铣	刨	拉	电	割	其

（2）机床的特性代号

机床的特性代号用汉语拼音字母表示，位于类代号之后。

1）通用特性代号　通用特性代号有统一的固定含义，它在各类机床的型号中表示的意义相同。当某类型机床，除有普通型外，还有下列某种通用特性时，则在类代号之后加通用特性代号予以区分。如果某类型机床仅有某种通用性能，而无普通型者，则通用特性不予表示。

当在一个型号中需要同时使用两至三个通用特性代号时，一般按重要程度排列顺序。

机床的通用类别代号见表 2-3-2。

表 2-3-2　机床的通用类别代号

精密	高精度	半自动	自动	数控	自动换刀	仿形	万能	轻型	简式
M	G	B	Z	K	H	F	W	Q	J

2）结构特性代号　对主参数值相同而结构、性能不同的机床，在型号中加结构特性代号予以区分。根据各类机床的具体情况，对某些结构特性代号，可以赋予一定含义。但结构

特性代号与通用特性代号不同，它在型号中没有统一的含义，只在同类机床中起区分机床结构、性能的作用。若型号中有通用特性代号时，结构特性代号排在通用特性代号之后。结构特性代号用汉语拼音字母（通用特性代号已用的字母和"I、O"两个字母不能用）表示，当单个字母不够用时，可将两个字母组合使用。

3) 机床的组、系代号　将每类机床划分为 10 个组，每个组又分为 10 个系（系列）。组、系划分的原则为：在同一类型机床中，主要布局或使用范围基本相同的机床，即为同一组。在同一组机床中，主参数相同、主要结构及布局形式相同的机床，即为同一系。

机床的组、系代号分别用一位阿拉伯数字表示，位于类代号或通用特性代号之后。

4) 主参数代号和设计顺序号　主参数是机床最主要的一个技术参数，它直接反映机床的加工能力，并影响机床其他参数和基本结构的大小。对于通用机床和专门化机床，主参数通常以机床的最大加工尺寸（最大工件尺寸或最大加工面尺寸），或与此有关的机床部件尺寸来表示。机床型号中主参数用折算值表示，位于系代号之后。当折算值大于 1 时，则取整数，前面不加"0"；当折算值小于 1 时，则取小数点后第一位数，并在前面加"0"。

某些通用机床，当无法用一个主参数表示时，则在型号中用设计顺序号表示。设计顺序号由 1 开始，当设计顺序号小于 10 时，则在设计顺序号前加"0"。例如，某厂设计试制的第五种仪表磨床为刀具磨床，其型号为 M0605。

5) 第二主参数的表示方法　为了更完整地表示出机床的工作能力和加工范围，有些机床还规定了第二主参数。例如，卧式车床的第二主参数是最大工件长度。凡以长度表示的第二主参数（如最大工作长度、最大切削长度、最大行驶程和最大跨距等），均采用"1/100"的折算系数；凡以直径、深度和宽度表示的第二主参数，均采用"1/10"的折算系数（出现小数时可化为整数）；凡以厚度、最大模数和机床主轴数（如多轴车床、多轴钻床、排式钻床等，若为单轴则可省略，不予表示）表示的第二主参数，均采用实际数值表示。

第二主参数如需要在型号中表示，则应按一定手续审批，在型号中用折算值表示，置于主参数之后。用"×"分开，读作"乘"。

6) 机床的重大改进顺序号　当机床的结构、性能有更高的要求，并需按新产品重新设计、试制和鉴定时，才按改进的先后顺序选用 A、B、C 等汉语拼音字母（"I、O"除外），加在型号基本部分的尾部，以区别原机床型号。凡属于局部的小改进，或增减某些附件、测量装置及改变装夹工件的方法等，对原机床结构、性能没有作重大改变的，不属于重大改进，其型号不变。

7) 其他特性代号和企业代号　这是机床型号的辅助部分。其中，同一型号机床的变型代号应放在其他特性代号之首。

机床的变型代号主要用于因加工需要常在基本型号的基础上对机床的部分性能结构作适当的改变，为与原机床区别，在原机床型号的尾部加变型代号。变型代号用阿拉伯数字 1、2 等顺序号表示，并用"/"分开（读作"之"）。如 MB8240/2 表示 MB8240 型的半自动曲轴磨床的第二种形式。

企业代号包括机床生产厂及机床研究单位代号，如"JCS"表示北京机床研究所。"—"读作"至"，若辅助部分仅有企业代号，则不加"—"。

例 MG1432A 型高精度万能外圆磨床的型号编制示例，如图 2-3-2 所示。

以上是通用机床和专用机床的型号现行编制方法的主要内容。若需进一步了解其详细内容，可查阅 GB/T 15375—2008《金属切削机床型号编制方法》。

二、金属切削机床的运动

各种类型的机床在进行切削加工时，为了获得具有一定几何形状，一定加工精度和表面质量的工件，刀具和工件需做一系列的运动。按其功用不同，常将机床在加工中所完成的各种运动分为表面成形运动和辅助运动两大类。

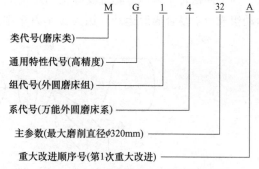

图 2-3-2　通用机床的型号编制示例

1. 表面成形运动

机床在切削工件时，使工件获得一定表面形状所必需的刀具与工件之间的相对运动，称为表面成形运动，简称成形运动。

形成某种形状表明所需的表面成形运动的数目和形式取决于采用的加工方法和刀具结构。例如，用尖头刨刀刨削成形面需要两个成形运动［见图 2-3-3 (a)］，用成形刨刀刨削成形面只需要一个成形运动［见图 2-3-3 (b)］。

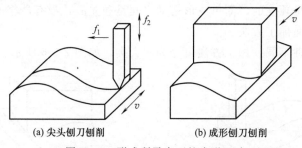

(a) 尖头刨刀刨削　　　　(b) 成形刨刀刨削

图 2-3-3　形成所需表面的成形运动

表面成形运动按其组成情况不同，可分为简单成形运动和复合成形运动两种。

(1) 简单成形运动

如果一个独立的成形运动是由单独的旋转运动或直线运动构成的，则称此成形运动为简单成形运动。例如，用尖头车刀车削圆柱面［见图 2-3-4 (a)］时，工件的旋转运动 B_1 和刀具的直线移动 A_2 就是两个简单成形运动；在磨床上磨外圆［见图 2-3-4 (b)］时，砂轮的旋转运动 B_1、工件的旋转运动 B_2 和直线运动 A_3 是三个简单成形运动。在机床上，简单成形运动一般是主轴的旋转运动、刀架和工作台的直线移动。

(2) 复合成形运动

如果一个独立的表面成形运动是由两个或两个以上的旋转运动和（或）直线运动按照某

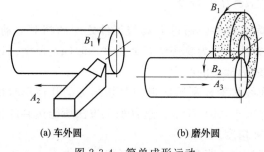

(a) 车外圆　　　　(b) 磨外圆

图 2-3-4　简单成形运动

种确定的运动关系组合而成的，则称此成形运动为复合成形运动。例如，车削螺纹［见图 2-3-5 (a)］时，形成螺旋线所需要的刀具和工件之间的相对螺旋轨迹运动就是复合成形运动。为简化机床结构和易于保证精度，通常将其分解成工件的等速旋转运动 B 和刀具的等速直线运动 A。B 和 A 彼此不能独立，它们之间必须保持严格的相对运动关系，即工件每转 1 转，刀具直线移动的距离应等于被加工螺纹的导程，从而 B_{11} 和 A_{12} 这两个运动组成一个复合成形运动。用尖头车刀车削回转体成形面［见图 2-3-5 (b)］时，车刀的曲

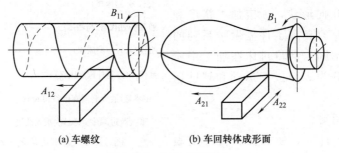

(a) 车螺纹　　　　　　　(b) 车回转体成形面

图 2-3-5　复合成形运动

线轨迹运动，通常由相互垂直坐标方向上的、有严格速比关系的两个直线运动 A_{21} 和 A_{22} 来实现，A_{21} 和 A_{22} 也组成一个复合成形运动。

由复合成形运动分解的各个部分，虽然都是直线运动或旋转运动，与简单成形运动相似，但两者的本质不同。复合成形运动的各部分组成运动之间必须保持严格的相对运动关系，是互相依存而不是独立的；简单成形运动之间是独立的，没有严格的相对运动关系。

（3）常见工件表面加工方法

按表面的成形原理不同，加工方法可分为四大类，如图 2-3-6 所示。

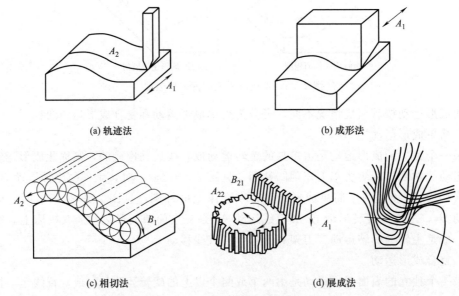

(a) 轨迹法　　　　　　　　　　　　　(b) 成形法

(c) 相切法　　　　　　　　　　　　　(d) 展成法

图 2-3-6　常见工件表面的加工方法

1）轨迹法　刀具切削刃与工件表面之间为点接触，通过刀具与工件之间的相对运动，由刀具刀尖的运动轨迹来形成表面形状的加工方法，称为轨迹法，如图 2-3-6 (a) 所示。这种加工方法所能达到的形状精度，主要取决于成形运动的精度。

2）成形法　刀具切削刃与工件表面之间为线接触，利用成形刀具切削刃的几何形状切削出工件形状的加工方法，称为成形法，如图 2-3-6 (b) 所示。这种加工方法所能达到的精度，主要取决于切削刃的形状精度与刀具的装夹精度。

3）相切法　刀具做旋转主运动的同时，刀具中心做轨迹移动来形成工件表面的加工方

法，称为相切法，如图 2-3-6（c）所示。

4）展成法（范成法）刀具和工件做展成切削运动时，切削刃在被加工表面上的包络面形成成形表面的加工方法，称为展成法。这种加工方法所能达到的精度，主要取决于机床展成运动的传动链精度与刀具的制造精度等因素，如图 2-3-6（d）所示。

2. 辅助运动

机床在加工过程中除完成成形运动外，还需要完成其他一系列运动，这些与表面成形过程没有直接关系的运动，统称为辅助运动。辅助运动的作用是实现机床加工过程中所需要的各种辅助动作，为表面成形创造条件。辅助运动的种类很多，一般包括：

1）切入运动　刀具相对工件切入一定深度，以保证工件获得一定的加工尺寸的运动，称为切入运动。

2）分度运动　加工均匀分布的若干个完全相同的表面时，使表面成形运动得以周期性进行的运动，称为分度运动。例如，多工位工作台、刀架等的周期性转位或移动，以便依次加工工件上的各有关表面，或依次使用不同刀具对工件进行顺序加工。

3）操纵和控制运动　操纵和控制运动包括机床启动、停止、变速、换向，部件与工件的夹紧、松开、转位，以及自动换刀、自动检测等。

4）调位运动　调位运动是指加工开始前机床有关部件的移动，以调整刀具和工件之间的相对位置。

5）空行程运动　空行程运动是指进给前后的快速运动。例如，在装卸工件时为避免碰伤操作者或划伤已加工表面，刀具与工件应相对退离；在进给开始之前刀具快速引进，使刀具与工件接近；进给结束后刀具应快速退回。

如图 2-3-7 所示，车外圆的运动有：纵向靠近Ⅱ，横向靠近Ⅲ，横向切入Ⅳ，工件旋转Ⅰ，纵向直线Ⅴ，横向退离Ⅵ，纵向退离Ⅶ。除了工件旋转Ⅰ和纵向直线Ⅴ是表面成形运动外，其他都是辅助运动。

辅助运动虽然不参与表面成形过程，但对机床整个加工过程是不可缺少的，同时对机床的生产率和加工精度往往也有重大影响。

根据在切削过程中的作用不同，表面成形运动可分为主运动和进给运动。主运动是切除工件上的被切削层，使之转变为切屑的主要运动，如

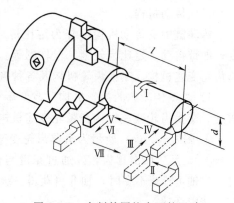

图 2-3-7　车削外圆柱表面的运动

图 2-3-7 中工件的旋转运动Ⅰ。进给运动是不断地把切削层投入切削，以逐渐切出整个工件表面的运动，如图 2-3-7 中的纵向直线运动Ⅴ。主运动的速度高，消耗的功率大；进给运动的速度低，消耗的功率也较小。任何一台机床，通常只有一个主运动，但进给运动可能有一个或几个，也可能没有。

三、金属切削机床的传动与运动联系

1. 机床的传动形式

为了实现加工过程所需要的各种运动，机床必须具备三个基本部分：执行件、运动源和传动装置。执行件是执行机床运动的部件，如主轴、刀架、工作台等，其任务是装夹刀具和工件，直接带动它们完成一定形式的运动，并保证其运动轨迹的准确性；运动源是为执行件

提供运动和动力的装置，如交流异步电动机、直流电动机、步进电动机等；传动装置是传递运动和动力的装置，把执行件与运动源或一个执行件与另一个执行件联系起来，使执行件获得一定速度的运动，并使有关执行件之间保持某种确定的运动关系。

机床的传动形式，按其所采用的传动介质不同，可分为机械传动、液压传动、电气传动和气压传动等形式。

1）机械传动　机械传动采用齿轮、带、离合器、丝杠、螺母等传动件实现运动联系。这种传动形式工作可靠，维修方便，目前在机床上应用最广。

2）液压传动　液压传动采用油液作介质，通过泵、阀、液压缸等液压元件传递运动和动力。这种传动形式结构简单，传动平稳，容易实现自动化，在机床上使用日益广泛。

3）电气传动　电气传动采用电能，通过电气装置传递运动和动力。这种传动形式的电气系统比较复杂，成本较高，主要应用于大型和重型机床。

4）气压传动　气压传动采用空气作介质，通过气压元件传递运动和动力。这种传动形式的主要特点是动作迅速，易于实现自动化，但其运动平稳性较差，驱动力较小，主要用于机床的某些辅助运动（如夹紧工件等）及小型机床的进给传动中。

根据机床的工作特点不同，有时在一台机床上往往采用以上几种传动形式的组合。

2. 传动链及机床传动原理图

在机床上，为了得到需要的运动，通常用一系列的传动件（轴、带、齿轮副、蜗杆副、丝杠副等）把动力源和执行件或者两个有关的执行件连接起来，用以传递运动和动力，这种传动联系称为传动链。用一些简明的符号表示具体的传动链，把传动原理和传动路线表示出来的图形就是传动原理图。

（1）传动机构

传动链中的传动机构可分为定比传动机构和换置机构两种。定比传动机构的传动比不变，如带传动、定比齿轮副、丝杠副等。换置机构可根据需要改变传动比或传动方向，如滑移齿轮变速机构、交换齿轮机构及各种换向机构等。

1）改变传动比的换置机构　改变传动比的换置机构有滑移齿轮变速机构、离合器变速机构、交换齿轮变速机构和带轮变速机构等，如图 2-3-8 所示。

① 图 2-3-8（a）所示为滑移齿轮变速机构。轴 I 上的 z_1、z_2、z_3 是轴向固定的齿轮。z'_1、z'_2、z'_3 是三联滑移齿轮，通过花键与轴 II 连接，滑移齿轮分别有左、中、右三个啮合位置。当轴 I 转速不变时，轴 II 可获得三级不同的转速。滑移齿轮变速机构操作方便，但不能在运转中变速。

② 图 2-3-8（b）所示为离合器变速机构。齿轮 z_1 和 z_2 固定安装在主动轴 I 上，z'_1 和 z'_2 空套在轴 II 上，端面齿啮合器 M 通过键与轴 II 相连接。M 向左或向右移动时，可分别与齿轮 z'_1 和 z'_2 的端面齿相啮合，从而将 z'_1 或 z'_2 的运动传给轴 II，获得两级不同的转速。离合器变速机构变速时齿轮无需移动。

③ 图 2-3-8（c）、（d）所示为交换齿轮变速机构，通过更换齿轮的齿数改变传动比。图 2-3-8（c）为采用一对交换齿轮的变速机构，图 2-3-8（d）为采用两对交换齿轮的变速机构，中间轴通过交换齿轮架调整位置，使两对齿轮正确啮合。

④ 图 2-3-8（e）所示为带轮变速机构。在轴 I 和轴 II 上，分别装有塔形带轮 1 和 3，轴 I 转速一定时，只要改变传动带 2 的位置，轴 II 便能获得三级不同的转速。带轮变速机构体积大、变速不方便、传动比不准确，主要用于台钻、内圆磨床等一些小型、高速的机床，也

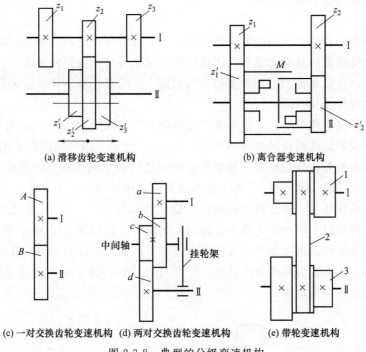

(a) 滑移齿轮变速机构　　　　　　(b) 离合器变速机构

(c) 一对交换齿轮变速机构 (d) 两对交换齿轮变速机构　　(e) 带轮变速机构

图 2-3-8　典型的分级变速机构

用于某些简式机床。

2）改变传动方向的换置机构　改变传动方向的换置机构有滑移齿轮换向机构和锥齿轮换向机构，如图 2-3-9 所示。

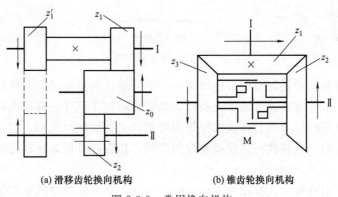

(a) 滑移齿轮换向机构　　　　　　　(b) 锥齿轮换向机构

图 2-3-9　常用换向机构

① 图 2-3-9（a）所示为滑移齿轮换向机构。轴Ⅰ上一轴向固定的双联齿轮块，齿轮 z_1 和 z_1' 齿数相等，轴Ⅱ上有一滑移齿轮 z_2，中间轴上有一空套齿轮 z_0，三轴在空间呈三角分布。当 z_2 在图示位置时，轴Ⅰ的运动经中间轴传动到轴Ⅱ，轴Ⅱ与轴Ⅰ转向相同。当 z_2 滑移到左边时，z_2 与 z_1' 啮合，轴Ⅰ的运动直接传动到轴Ⅱ，轴Ⅱ与轴Ⅰ转向相反。滑移齿轮换向机构刚性好，多用于主运动中。

② 图 2-3-9（b）所示为锥齿轮换向机构。主动轴Ⅰ的固定锥齿轮与空套在轴Ⅱ上的锥齿轮 z_2、z_3 啮合。利用花键与轴Ⅱ相连接的离合器 M 两端都有齿爪，离合器向左或向右移动，就可分别与 z_3 或 z_2 的端面齿啮合，从而改变轴Ⅱ的转向。锥齿轮换向机构的刚性稍差，

多用于进给运动或其他辅助运动中。

（2）传动链

根据传动联系的性质，传动链可以分为两类：外联系传动链和内联系传动链。

外联系传动链联系的是动力源和机床执行件，使执行件获得预定速度的运动，且传递一定的动力。此外，外联系传动链不要求动力源和执行件间有严格的传动比关系，仅仅是把运动和动力从动力源传到执行件上。

例如，用圆柱铣刀铣削平面，需要铣刀旋转和工件直线移动两个独立的简单成形运动，实现这两个简单成形运动的传动原理如图 2-3-10（a）所示。图中虚线代表所有的定比传动机构，菱形块代表所有的换置机构（如交换齿轮和进给箱中的滑移齿轮变速机构等）。通过外联系传动链"电动机-1-2-u_v-3-4"将主轴和动力源（电动机）联系起来，可使铣刀获得一定转速和转向的旋转运动。再通过外联系传动链"电动机-5-6-u_f-7-8"将动力源和工作台联系起来，可使工件获得一定进给速度和方向的直线运动、利用换置机构 u_v 和 u_f 可以改变铣刀的转速、转向及工件的进给速度、方向，以适应不同加工条件的需要。显然，机床上有几个简单成形运动，就需要有几条外传动链，它们可以有各自独立的运动源（如本例），也可以几条传动链共用一个运动源。

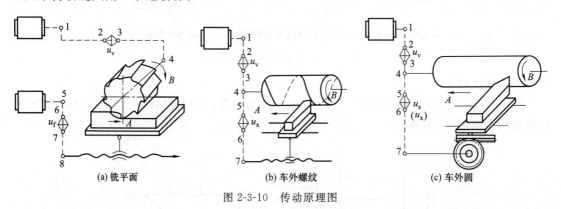

图 2-3-10　传动原理图

（a）铣平面　　　　　（b）车外螺纹　　　　　（c）车外圆

内联系传动链联系的是复合成形运动中的多个分量，也就是说它所联系的是有严格运动关系的两执行件，以获得准确的加工表面形状及较高的加工精度。有了内联系传动链，机床工作时，由其所联系的两个执行件就按照规定的运动关系做相对运动。但是，内联系传动链本身并不能提供运动，为使执行件获得相应的运动，还需要外联系传动链将运动传到内联系传动链上来。

以卧式车床车削外螺纹［见图 2-3-10（b）］为例，车圆柱螺柱需要工件旋转和车刀直线移动组成的复合成形运动，这两个运动必须保持严格的传动比关系，即工件旋转一周，车刀直线移动工件螺纹一个导程的距离。为保证这一运动关系，用"4-5-u_x-6-7"这条传动链将主轴和刀架联系起来。u_x 表示该传动链的换置机构，利用换置机构可以改变工件和刀具之间的相对运动速度，以适应车削不同导程螺纹的需要。如前所述，内联系传动链本身并不能提供运动，在本例中，还需要外联系传动链"电动机-1-2-u_v-3-4"将运动源的运动传到内联系传动链上来。

如果在卧式车床上车削外圆柱面［见图 2-3-10（c）］，由表面成形原理可以知道，主轴的旋转和刀具的移动是两个独立的简单成形运动。这时车床应有两条外联系传动链，其中一条为"电动机-1-2-u_v-3-4-主轴"，另一条为"电动机-1-2-u_v-3-4-5-u_s-6-7-刀架"。可以看出，

"电动机-1-2-u_v-3-4"是两条传动链的公共部分。u_s 为刀架移动速度换置机构，它与车螺纹的 u_x 实际上是同一变换机构。这样，虽然车削螺纹和车削外圆柱面时运动的数量和性质不同，但可共用一个传动原理图。其差别在于，车削螺纹时，u_x 必须计算和调整精确；车削外圆时，u_s 不需要准确。此外，车削外圆柱面的两条传动链虽也使刀具和工件的运动保持联系，但与车削螺纹时传动链不同，前者是外联系传动链，后者是内联系传动链。

3. 机床传动系统图

实现机床加工过程中全部成形运动和辅助运动的各传动链，组成一台机床的传动系统。根据执行件所完成运动的作用不同，传动系统中各传动链分为主运动传动链、进给运动传动链、展成运动传动链和分度运动传动链等。

为了便于了解和分析机床的传动结构及运动传递情况，把传动原理图所表示的传动关系采用一种简单的示意图形式，即传动系统图体现出来。它是表示实现机床全部运动的一种示意图，每一条传动链的具体传动机构用简单的规定符合表示（规定符号详见国家标准 GB/T 4460—1984《机械制图 机构运动简图符号》），同时标明齿轮和蜗轮的齿数、蜗杆头数、丝杠导程、带轮直径、电动机功率和转速等，并按照运动传递顺序，以展开图形式绘制在一个能反映机床外形及主要部件相互位置的投影面上。传动系统图只表示传动关系，不代表各传动元件的实际尺寸和空间位置。

分析传动系统图的一般方法是：根据主运动、进给运动和辅助运动确定有几条传动链；分析各传动链联系的两个端件；按照运动传递或联系顺序，从一个端件向另一个端件依次分析各传动轴之间的传动结构和运动传递关系，以查明该传动链的传动路线以及变速、换向、接通和断开的工作原理。

图 2-3-11 （a）所示为某机床主传动系统图，其传动路线表达式为

$$\text{电动机}-\frac{\phi 110}{\phi 194}-\text{I}-\begin{bmatrix}\frac{36}{36}\\[4pt]\frac{30}{42}\\[4pt]\frac{24}{48}\end{bmatrix}-\text{II}-\begin{bmatrix}\frac{44}{44}\\[4pt]\frac{23}{65}\end{bmatrix}-\text{III}-\begin{bmatrix}\frac{76}{38}\\[4pt]\frac{19}{76}\end{bmatrix}-\text{IV（主轴）}$$

4. 机床转速图

由于机床传动系统图不能直观地表明每一级转速是如何传动的，以及各变速组之间的内在联系，所以机床传动分析过程中，还经常用到另一种形式的图——转速图，以简单的直线来表示机床分级变速系统的传动规律。

图 2-3-11 （b）所示为该传动系统的转速图。图中，间距相等的一组竖线表示各传动轴，各轴排列次序符合传动顺序，从左向右依次标出 I、II、III、IV，轴号与传动系统图中的各轴对应，最左边的 0 号轴代表电动机轴。

间距相等的一组水平线表示各级转速。由于转速数列采用等比数及对数标尺，所以图上各级转速的间距相等。

两轴之间的转速连线（精水平线和斜线）表示传动副的传动比。若传动比连线是水平的，表示等速传动，通过此传动副传动时，两轴转速相同；若传动比连线向上方倾斜，表示升速传动，转速升高；若传动比连线向下方倾斜，表示降速传动，转速降低。应当注意，一组平行的传动比连线，表示同一传动副的传动路线。例如，轴 II 和轴 III 之间有六条传动比连

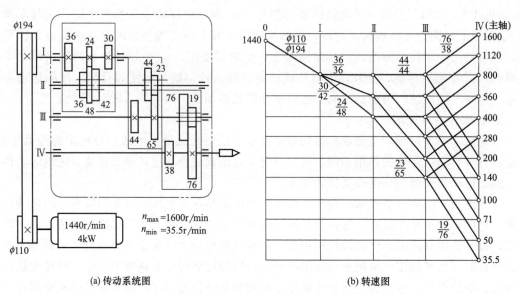

(a) 传动系统图　　　　　　　　　　　　　(b) 转速图

图 2-3-11　机床主传动图

线，但分属于两组，每组三条。这个变速组共有两挡传动比（两对传动副），其中水平线表示传动比为 1∶1（齿数比为 44∶44），向下斜三格的传动比连线表示降速，其传动比为 1∶2.83（齿数比为 23∶65）。

　　水平线与竖线相交处绘有一些圆点，表示该轴所能获得的转速。圆点数为该轴具有的转速级数；圆点位置表明了各级转速的数值。例如，轴Ⅱ上有三个小圆点，表示有三级转速，其转速分别为 800r/min、560r/min 和 400r/min。主轴有 12 级转速，在转速图轴Ⅳ上共有 12 个圆点，且各级转速分别是 35.5r/min，50r/min，71r/min，…，1600r/min。

　　在转速图上还可以清楚地看出从电动机到主轴各级转速的传动路线。例如，主轴Ⅳ转速为 100r/min，其传动路线是电动机-带 $\frac{\phi110}{\phi194}$-轴Ⅰ-$\frac{24}{48}$-轴Ⅱ-$\frac{44}{44}$-轴Ⅲ-$\frac{19}{76}$-轴Ⅳ（主轴）。

　　综上所述，转速图是由"三线一点"所组成的，它能够清楚地表示传动轴的数目、各传动轴的转速级数与大小，以及主轴各级转速的传动路线，得到这些传动路线所需要的变速组数目、每个变速组中的传动副数目及各个传动比的数值，因此，通常把转速图作为分析和设计机床变速系统的重要工具。

四、机床的选择

　　机械加工是在机床上完成的机械加工方法，依赖于加工机床的选择，因而合理选择机床是机械加工的重要前提。选择机床时应注意以下几点：

　　① 机床的主要规格尺寸应与加工零件的外廓尺寸相适应。即小零件选小机床、大零件选大机床，使设备得到合理使用。对于大型零件，在缺乏大型设备时，可采用"以小干大"的办法，或设计专用机床加工。

　　② 机床的精度（包括相对运动精度、传动精度、位置精度）应与加工工序要求的加工精度相适应。对于高精度零件的加工，在缺乏精密机床时，可通过设备改造，以粗干精。

　　③ 机床的生产率与加工零件的生产类型相适应。如单件小批生产选用通用机床，大批大量生产选用生产率高的专用机床。

　　④ 机床的选择还应结合现场的实际情况，如车间排列、负荷平衡等。

练习与思考

1. 什么是表面成形运动？什么是辅助运动？各有何特点？

2. 解释机床型号 CM6132、X6132、Z5140、TP619、B2021A、Z3140×16、L6120C、B50100、Y5132 的含义。

3. 请分别指出在车床上车削外圆锥面、端面以及钻孔的所需要的成形运动。

4. 下列情况，采用何种分级变速机构为宜？①采用斜齿圆柱齿轮传动；②传动比要求不严，但要求传动平稳的传动系统；③不需经常变速的专用机床；④需经常变速的通用机床。

5. 有传动系统如图 2-3-12 所示，试计算：①车刀的运动速度（m/min）；②主轴转一周时，车刀移动的距离（mm/r）。

6. 图 2-3-13 所示为某机床的传动系统图，已知各齿轮齿数，由已知电动机转速 $n=1450$r/min，带传动效率=0.98。求：①系统的传动路线表达式；②输出轴Ⅱ的转速级数；③轴Ⅱ的极限转速。

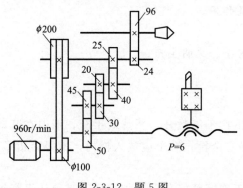

图 2-3-12　题 5 图

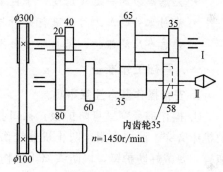

图 2-3-13　题 6 图

模块三　机械加工基本技能训练

单元一　零件的车削加工

📶 学习目标及要求

- 熟悉卧式车床的结构、传动原理和各部分的名称、功用、加工范围。
- 能够调整车床，选择合适的车刀、切削方式和切削用量等，对典型零件表面进行车削加工。
- 掌握工件的安装方法，熟悉常用装夹附件的特点及应用。
- 熟悉车刀的种类及用途，掌握车刀的组成及作用。
- 能对零件的加工质量进行分析与评估。
- 熟悉车床的维护、保养和安全操作常识及安全、文明生产。

一、基础工作准备

1. 安全操作基本注意事项

① 操作前要穿紧身防护服，袖口扣紧，上衣下摆不能敞开，严禁戴手套，不得在开动的机床旁穿、脱换衣服，防止机器绞伤。必须戴好安全帽，辫子应放入帽内，不得穿裙子、拖鞋。要戴好防护镜，以防铁屑飞溅伤眼。

② 车床开动前，必须按照安全操作的要求，正确穿戴好劳动保护用品，必须认真仔细检查机床各部件和防护装置是否完好，安全可靠，加油润滑机床，并做低速空载运行 2～3min，检查机床运转是否正常。

2. 工作前的准备工作

① 机床工作开始工作前要有预热，认真检查润滑系统工作是否正常（润滑油是否充足，冷却液是否充足），如机床长时间未开动，先采用手动方式向各部分供油润滑；

② 使用的刀具应与机床允许的规格相符，有严重破损的刀具要及时更换；

③ 调整刀具所用工具不要遗忘在机床内；

④ 大尺寸轴类零件的中心孔是否合适，中心孔如太小，工作中易发生危险；

⑤ 检查卡盘夹紧工作的状态；

⑥ 装卸卡盘和重工件时，导轨上面要垫好木板或胶皮。

3. 工作过程中的安全注意事项

① 机床运转时，严禁戴手套操作；严禁用手触摸机床的旋转部分，严禁在车床运转中，隔着车床传送物件。装卸工件、安装刀具、加油以及打扫切屑，均应停车进行。清除铁屑应用刷子或钩子，禁止用手清理。

② 机床运转时，不准测量工件，不准用手去刹转动的卡盘；用砂纸时，应放在锉刀上，严禁戴手套用砂纸操作，磨破的砂纸不准使用，不准使用无柄锉刀，不得用正反车电闸作刹

车，应经中间刹车过程。

③ 加工工件按机床技术要求选择切削用量，以免机床过载造成意外事故。

④ 加工切削时，停车时应将刀退出。切削长轴类需使用中心架，防止工件弯曲变形伤人，并慢车加工。

⑤ 高速切削时，应有防护罩，工件、工具的固定要牢固，当铁屑飞溅严重时，应在机床周围安装挡板使之与操作区隔离。

⑥ 机床运转时，操作者不能离开机床，发现机床运转不正常时，应立即停车，请维修工检查修理。当突然停电时，要立即关闭机床，并将刀具退出工作部位。

⑦ 工作时必须侧身站在操作位置，禁止身体正面对着转动的工件。

⑧ 车床运转不正常、有异声或异常现象，轴承温度过高，要立即停车，报告指导老师。

4. 工作完成后的注意事项

① 清除切屑、擦拭机床，使机床与环境保持清洁状态。

② 擦拭机床时，要注意不要被刀尖、切屑划伤手，并防止溜板箱、刀架、卡盘、尾座等相互碰撞。

③ 检查润滑油、冷却液的状态，及时添加或更换。

④ 依次关掉机床的电源和总电源。

⑤ 打扫现场卫生，填写设备使用记录。

二、车削加工工艺范围

车削加工是在车床上利用工件的旋转运动和刀具的直线运动来加工工件的，主运动由工件随主轴旋转来实现，进给运动由刀架的纵横向移动来完成。在车床上适合加工带有回转表面的各种不同形状的零件，如圆柱体、圆锥孔、曲面和各种螺纹，它对工件材料、结构、精度和粗糙度以及生产批量有较强的适应性，它除了可车削各种钢材、铸铁、有色金属外，还可车削各种玻璃、尼龙、夹布胶木等非金属。对一些有色金属零件，不适合磨削的，可在车床上用金刚石车刀进行精细车削（高的切削速度、小的背吃刀量和进给量）。对于非常硬的材料（如淬火钢、冷硬铸铁），则可采用立方氮化硼车刀进行精细车削，以实现以车削代磨削。由于大多数机器零件都具有回转表面，车床的工艺范围又较广，因此，车削加工的应用极为广泛。图 3-1-1 所示列举了卧式车床的加工工艺范围。

车削加工的精度范围一般在 IT13～IT6 之间，表面粗糙度 Ra 值在 $12.5～1.6\mu m$ 之间。

车削所用刀具，结构简单，制造容易，刃磨与装夹也较方便。还可根据加工要求，选择刀具材料和改变刀具角度。

车削属于等截面积（$A_D = a_p f$ 为定值，单位为 mm^2）的连续切削（毛坯余量不均匀例外）。因此车削比刨削、铣削等切削抗力变化小，切削过程平稳，有利于进行高速切削和强力切削，生产率也较高。

总之，车削具有适应性强、加工精度和生产率高、加工成本低的特点。

三、车床的结构与传动系统

车床是既可以用车刀对工件进行车削加工，又可用钻头、扩孔钻、铰刀、丝锥、板牙、滚花刀等对工件进行加工的一类机床。可加工的表面有内外圆柱面、圆锥面、成形回转面、端平面和各种内外螺纹面等。车床的种类很多，按用途和结构的不同，可分为卧式车床、转塔车床、立式车床、单轴自动车床、多轴自动和半自动车床、仿形车床、专门化车床等，应

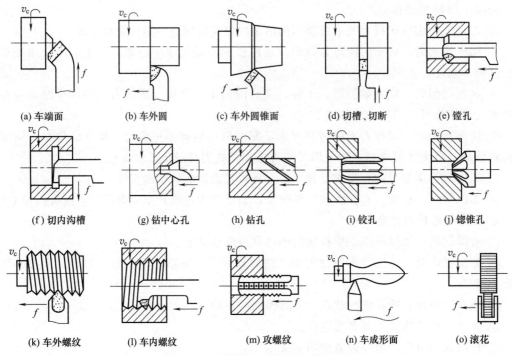

(a) 车端面　　(b) 车外圆　　(c) 车外圆锥面　　(d) 切槽、切断　　(e) 镗孔

(f) 切内沟槽　　(g) 钻中心孔　　(h) 钻孔　　(i) 铰孔　　(j) 锪锥孔

(k) 车外螺纹　　(l) 车内螺纹　　(m) 攻螺纹　　(n) 车成形面　　(o) 滚花

图 3-1-1　卧式车床的加工工艺范围

用极为普遍。在所有车床中，卧式车床的应用最为广泛。它的工艺范围广，加工尺寸范围大（由机床主参数决定），既可以对工件进行粗加工、半精加工，也可以进行精加工。卧式车床的外形如图 3-1-2 所示。

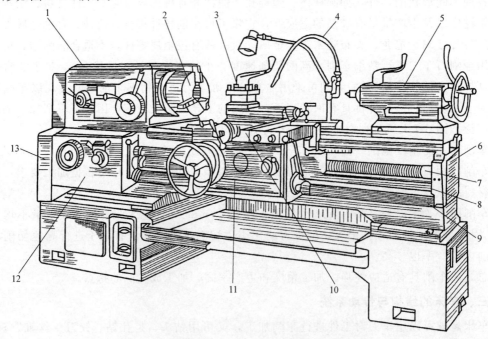

图 3-1-2　卧式车床外形图

1—主轴箱；2—卡盘；3—刀架；4—切削液管；5—尾座；6—床身；7—丝杠；8—光杠；
9—操纵杆；10—滑板；11—溜板箱；12—进给箱；13—交换齿轮箱

1. 卧式车床各部分的名称及作用

1）床身　床身是用来支撑各个部件的，并按技术要求把各个部件连接在一起。床身上有四条平行导轨，用作刀架和尾座移动时的导向支撑。床身结构的紧固性和精度对车床的加工精度有很大的影响。

2）主轴箱　主轴箱固定在车身的左上端，用以支撑主轴，其右端安装有三爪自定心卡盘，用来夹持工件。主轴箱的变速手柄和换向手柄可以改变主轴箱内齿轮的啮合关系，进而改变主轴的旋转速度和刀架的送进方向。

3）变速箱　变速箱固定在床身的左下端，由电动机带动箱内的主动轴旋转。变换箱外变速手柄（即长短手柄）的位置，就可改变箱内的齿轮啮合关系，使变速箱左端的带轮获得不同的转数，然后通过带轮传动传给主轴。C616 型车床的主轴变速结构与主轴是分开的，即单独组成变速箱，称为分离传动，通过变换主轴箱外的变速手柄（即快慢挡手挡）和变速箱外的长短手柄，可以使主轴获得 12 种转速。只要查阅速箱的标牌，就可以知道各变速手柄的位置及其相应的主轴转速。主轴的正反转及停止均由启动转换器手柄控制，启动转换器手柄处在中间位置时，主轴停止转动；向上提，主轴正转；向下按，主轴反转。手柄处在中间位置时，向右按下手柄的下端嵌入旁边的槽内。手柄的位置固定称为锁紧，锁紧装置可以避免测量和装夹工件时由于碰撞启动手柄而启动车床所造成的机床或人身事故。

4）进给箱　进给箱固定在床身左前侧，内装进给运动变速机构，其运动由主轴箱经变速齿轮（交换齿轮架）传给。C616 型车床变速箱处的手柄可以改变箱内齿轮的啮合关系，使光杠和丝杠获得各种不同的转速，将手柄（箱外右侧）向右拉出，光杠旋转；将手柄向左推入，丝杠旋转。光杠把进给箱的运动传给溜板箱，可以获得多种不同的纵向、横向进给量。丝杠用来车削各种不同的螺纹，纵横进给量、螺纹的螺距以及相对的手柄位置和交换齿轮架齿轮的齿数，可由主轴前面的标牌查得。

5）溜板箱　溜板箱是把光杠、丝杠的旋转运动传给滑板，带动刀架做纵向或横向进给运动的。接通纵向自动进给手柄或横向自动进给手柄，即可以实现纵向或横向自动进给。车削螺纹时，按下开合螺母手柄，由丝杠直接带动滑板移动。车削时不能同时接通纵向、横向进给，以免发生危险。为了防止纵向自动进给手柄和开合螺母手柄同时使用，溜板箱设有互锁机构。

为了防止机床超负荷而引起损坏，在溜板箱的左端装有超负荷保险机构。当负荷超过规定值时，该机构结合器即自动脱开，使手柄向上抬起，溜板箱停止移动。当负荷减少后，按下手柄可重新使之连接。必要时溜板箱可以由螺钉紧固在床身上。

6）滑板　滑板分床鞍、中滑板、小滑板三部分。床鞍与溜板箱连接在一起，可以沿着床身导轨做纵向进给。中滑板安置在床鞍上面，可以沿着床鞍与床身导轨相垂直的横向导轨做横向进给。小滑板安置在中滑板上面，通过转盘与中滑板用螺钉连接，一般做微量进给。松开螺钉，可以使小滑板在水平面内偏转一定角度，使小滑板做斜向进给，以便车削锥度。小滑板不能实现自动进给。

7）刀架　刀架固定在小滑板上，用来安装车刀。压紧手柄并沿着顺时针方向转动，可以使刀架固定在小滑板上。刀架有 4 个装刀装置，以便转位换刀。转动大滑板手柄使其刻度转动一格，则刀架沿纵向移动 1mm；转动中滑板手柄使其刻度转动一格，则刀架沿横向移动 0.02mm；转动小滑板手柄使其刻度转动一格，则刀架沿进给方向移动 0.05mm。

8）尾座　尾座安装在床身导轨右端，它的位置可以沿着床身导轨调节，并由手柄紧固在床身上。尾座套筒的内锥孔是莫氏 4 号，套筒可以安装顶尖，以便支撑较长的工件，也可以安装钻头、铰刀、中心钻等，进行加工。套筒在尾座上的伸出长度可由转动手柄调节，并由锁紧手柄固定；也可以将套筒退到末端，卸下套筒锥孔内所安装的工具或刀具。调节尾座底、侧面的螺钉，尾座体在其底座上还可以横向移动，以车削圆锥体。

9）床脚　床脚用地脚螺钉固定在水泥地基上。床脚左端安装有电动机和变速机构。右端安装有电气控制箱和冷却泵，开关手柄设置在水平位置。电流接通指示灯亮，则冷却泵开始工作，机床可以工作。

2. 卧式车床的传动系统

车床的运动分为工件旋转和刀具直进两种运动。前者为主运动，是由电动机经带轮和齿轮等传至主轴产生的。后者称为进给运动，是由主轴经齿轮等传至光杠或丝杠，从而带动刀具移动产生的。进给运动又分为纵向进给运动和横向进给运动两种。纵向进给运动是指车刀沿车床主轴轴向的移动，横向进给运动是指车刀沿主轴径向的移动。

（1）常用的传动机构

传递运动和动力的机构称为传动机构。车床上常用的传动机构有带传动、齿轮传动和蜗杆（蜗轮）传动。如果主动轮（轴）的转速为 n_1，从动轮（轴）的转速度为 n_2，则 n_2/n_1 称为传动比，用 i 表示。

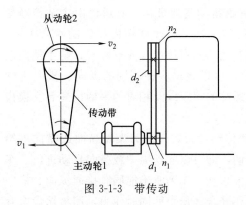

1）带传动　带传动利用传动带与带轮之间的摩擦作用将主动轮的转动传至从动轮，如图 3-1-3 所示。在机床传动中，一般用 V 带传动。

若主动轮的直径和转速分别为 d_1 和 n_1，从动轮的直径和转速分别为 d_2 和 n_2，则带轮的圆周速度 v_1、v_2 和传动带的运动速度 $v_带$ 大小一样，即

$$v_带 = v_1 = v_2$$

因为

$$\pi n_1 d_1 = \pi n_2 d_2$$

所以

$$i = \frac{n_2}{n_1} = \frac{d_1}{d_2}$$

图 3-1-3　带传动

由上式可知，带传动中带轮的转速与直径成反比。

带传动的优点是传动平稳，不受轴间距离的限制，结构简单，制造和维护都很方便；且当过载时，传动带打滑，可起到保护作用。缺点是传动中有打滑现象，无法保持准确的传动比，且有摩擦损失，传动效率低，传动机构所占空间较大。

2）齿轮传动　齿轮传动依靠轮齿之间的啮合，把主动轮的转动传递到从动轮，如图 3-1-4所示。若主动轮的齿数和转速分别为 n_1 和 z_1，从动轮的齿数和转速分别为 n_2 和 z_2，则

$$n_1 z_1 = n_2 z_2, \quad i = \frac{n_2}{n_1} = \frac{z_1}{z_2}$$

从上式可知，在齿轮传动中，齿轮的转速与齿数成反比。

齿轮传动的优点是结构紧凑，传动比准确，可传递较大的圆周力，传动效率高（98%～99%）。缺点是制造比较复杂，制造质量不高时传动不平稳，有噪声。

（2）传动链

将若干传动机构依次组合起来，即成为一个传动系统，也称传动链。如图 3-1-5 所示，

运动自轴 Ⅰ 输入，转速为 n_1，经带轮 d_1、d_2 传至轴 Ⅱ；经圆柱齿轮 z_1、z_2 传至轴 Ⅲ；经锥齿轮 z_3、z_4，传至轴 Ⅳ；经圆柱齿轮 z_5、z_6 传至轴 Ⅴ；再经蜗杆 k 及蜗轮 z_7 传至轴 Ⅵ，最后将运动传出。

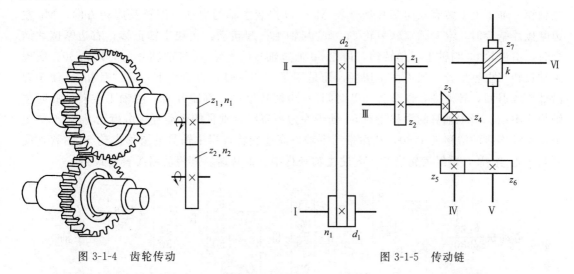

图 3-1-4　齿轮传动　　　　　　　　　　　图 3-1-5　传动链

若已知主动轴 Ⅰ 的转速、带轮的直径和各齿轮的齿数，可确定传动系统中任何一轴的转速。如求轴 Ⅵ 的转速 $n_Ⅵ$，可按下式计算

$$n_Ⅵ = n_Ⅰ \frac{d_1 z_1 z_3 z_5 k}{d_2 z_2 z_4 z_6 z_7} = n_Ⅰ i_1 i_2 i_3 i_4 i_5$$

即

$$i_总 = \frac{n_Ⅵ}{n_Ⅰ} = i_1 i_2 i_3 i_4 i_5$$

3. CA6140 型卧式车床的主运动传动链

机床运动是通过传动系统实现的。CA6140 型卧式车床的各种运动可通过传动框图表示出来。如图 3-1-6 所示，CA6140 型卧式车床有 4 种运动，就有 4 条传动链，即主运动传动链、纵横向进给运动传动链、车削螺纹传动链及刀架快速移动传动链。

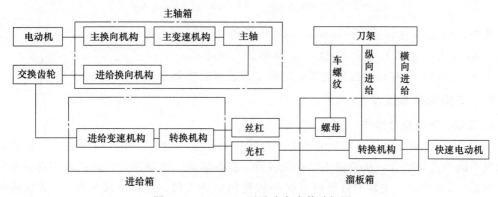

图 3-1-6　CA6140 型卧式车床传动框图

主运动传动链的两端件是主电动机与主轴，其功能是把动力源的运动及动力传给主轴，并满足车床主轴变速和换向的要求。

① 两端件为电动机和主轴。

② 计算位移。所谓计算位移，是指传动链首末件之间相对运动量的对应关系。CA6140

型卧式车床的主运动传动链是一条外联系传动链，电动机与主轴各自转动时运动量的关系为各自的转速，即 1450r/min（主电动机）和 n（主轴，单位为 r/min）。

③ 传动路线表达式。主运动由主电动机（7.5kW，1450r/min）经 V 带传至轴 I 而输入主轴箱。轴 I 上安装有双向多片离合器 M_1，以控制主轴的启动、停转及旋转方向。M_1 左边摩擦片结合时，空套的双联齿轮 51、56 与轴 I 一起转动，实现主轴正转；右边摩擦片结合时，由齿轮 50 与轴 I 一起转动，齿轮 50 通过轴 VII 的齿轮 34 带动轴 II 上的齿轮 30，实现主轴反转（主轴反转一般不用于切削，而是用于切螺纹时，为防止下一刀"乱扣"，使车刀沿螺旋线退回，转速高，以节省辅助时间）；当两边摩擦片都脱开时，则轴 I 空转，此时主轴静止不动。当主轴 VI 的滑移齿轮 50 处于左边位置时，轴 III 的运动直接由齿轮 63 传至与主轴用花键连接的滑移齿轮 50，从而带动主轴以高速旋转；当主轴 VI 的滑移齿轮 50 右移，脱开与轴 III-IV-V，再经齿轮副 26/58 使主轴获得中、低转速。其传动路线表达式为

$$\text{电动机} - \frac{\phi130}{\phi230} - \text{I} - \begin{bmatrix} \overleftarrow{M_1} - \begin{bmatrix} \dfrac{56}{38} \\[4pt] \dfrac{51}{43} \end{bmatrix} \\[10pt] M_1\text{中间（停）} \\[6pt] \overrightarrow{M_1} - \dfrac{50}{34} \times \dfrac{34}{30} \end{bmatrix} - \text{II} - \begin{bmatrix} \dfrac{39}{41} \\[4pt] \dfrac{22}{58} \\[4pt] \dfrac{30}{50} \end{bmatrix} - \text{III} - \begin{bmatrix} \overrightarrow{M_2} - \begin{bmatrix} \dfrac{20}{80} \\[4pt] \dfrac{50}{50} \end{bmatrix} \\[10pt] \overleftarrow{M_2} - \dfrac{63}{50} \end{bmatrix} - \text{IV} - \begin{bmatrix} \dfrac{20}{80} \\[4pt] \dfrac{51}{50} \end{bmatrix} - \text{V} - \dfrac{26}{58} - \text{VI 主轴}$$

④ 主轴转速级数。由传动系统图和传动路线表达式可以看出，主轴正转时，适用各滑移齿轮轴向位置的各种不同组合，主轴共可得 $2\times3\times(1+2\times2)=30$ 种转速，但由于轴 III-V 间的四种传动比为

$$u_1=\frac{50}{50}\times\frac{51}{50}\approx1, u_2=\frac{20}{80}\times\frac{51}{50}\approx\frac{1}{4}, u_3=\frac{50}{50}\times\frac{20}{80}=\frac{1}{4}, u_4=\frac{20}{80}\times\frac{20}{80}=\frac{1}{4}$$

其中，轴 III-V 间只有三种不同传动比，故主轴实际获得 $2\times3\times(1+3)=24$ 级不同的正转转速。同理，可以算出主轴的反转转速级数为 $3\times(1+3)=12$ 级。

⑤ 运动平衡式。主运动的运动平衡式为

$$n_{总}=1450\text{r/min}\times\frac{130}{230}\times(1-\varepsilon)u_{\text{I-II}}\,u_{\text{II-III}}\,u_{\text{III-VI}}$$

其中，$n_{总}$ 是主轴转速（r/min）；ε 是 V 带传动的滑动系数，近似取 $\varepsilon=0.02$；$u_{\text{I-II}}$、$u_{\text{II-III}}$、$u_{\text{III-VI}}$ 分别是轴 I-II、II-III、III-VI 间的传动比。

实现一台机床所有运动的传动链就组成了该机床的传动系统，如图 3-1-7 所示。

四、车床的基本操作

1. 变速、变速进给操作

1）车床的传动　电动机输出的动力，经带传动传至主轴箱。变换箱外的手柄位置，可使箱内不同的齿轮啮合，从而使主轴得到各种不同的转速。主轴通过卡盘带动工件做旋转运动，如图 3-1-8 所示。主轴的旋转通过交换齿轮箱、进给箱、丝杠（或光杠）、溜板箱的传动，使滑板带动装在刀架上的刀具沿床身导轨做直线进给运动。

2）变速操作　变换轴箱右侧面的两个叠在一起的主轴变速手柄位置，可获得 10～1400r/min 间的 24 级转速。操纵里面的变速手柄，可分别控制主轴上的滑移齿轮和轴 IV 上的两个滑移齿轮，实现变换主轴的高速挡、低速挡和空挡。操纵外边的主轴变速手柄，可控制两个滑移齿轮（轴 II 上的双联滑移齿轮与轴 III 上的三联滑移齿轮），使轴 III 可以变换 6 种速度。

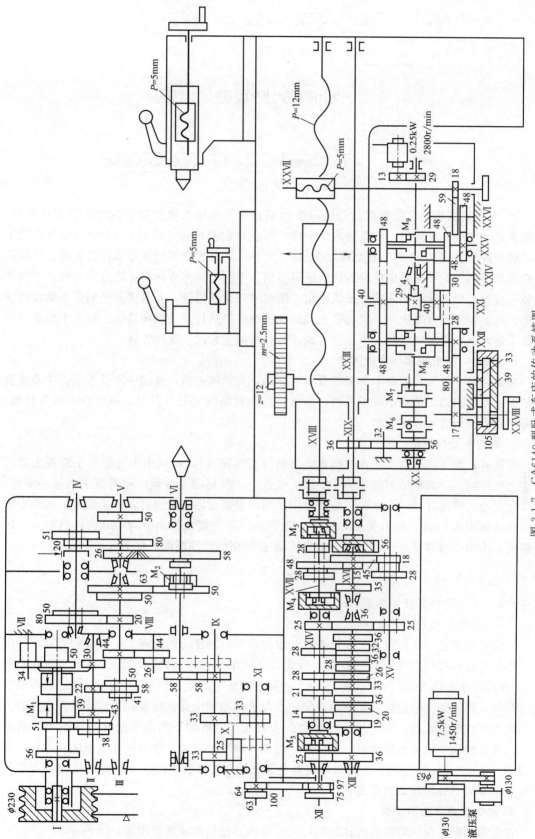

图 3-1-7　CA6140 型卧式车床的传动系统图

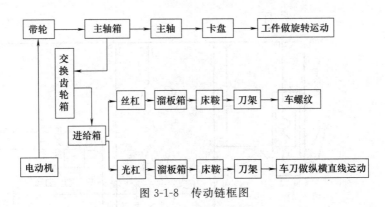

图 3-1-8　传动链框图

3）变速进给操作　变速进给是通过进给箱正面的螺距及进给量手柄的操纵而获得的，分别通过丝杠或光杆传出。调节进给量手柄，可获得纵向横向进给量各 64 种。调节螺距手柄，可获得米制螺纹 44 种、英制螺纹 39 种，此外，还有模数螺纹及径节螺纹多种。溜板箱右侧面的手柄是纵横向集中操纵的自动送进手柄，手柄的动作方向与送进方向一致。手柄顶端装一按钮，操纵此手柄并同时按动按钮，便可实现快速送进。开合螺母手柄是车螺纹时使用的，向下压为闭合车螺纹。溜板箱上的摇动手柄可以进行手动纵向送进。对于主轴正反转操作手柄，上提则主轴正转；下压则主轴反转；中间位置时，主轴停转。

2. 床鞍、 中滑板和小滑板操作

摇动床鞍手轮可以使整个溜板部分左右移动，做纵向进给。摇动中滑板手柄；中滑板就会横向进刀或退刀。摇动小滑板手柄，小滑板就会做纵向进刀或退刀。小滑板下部有转盘，它可以使小滑板转动一定角度。

3. 刻度盘及其使用

车削时，为了正确而迅速地控制背吃刀量（切削深度），可利用中滑板或小滑板上的刻度盘进行车削。中滑板的刻度盘装在中滑板丝杠上。当摇动刻度盘的中滑板手柄转一圈时，与丝杠配合的螺母移动一个螺距，与螺母固定的中滑板带动刀架也移动一个螺距。如果中滑板丝杠的螺距为 5mm，则刀架横向移动也是 5mm。若刻度盘圆周分为 100 格，当刻度盘转一格时，由中滑板移动 5/100mm。中滑板刻度盘每格的移动距离可按下式计算

$$a = \frac{p}{n}$$

式中　p——中滑板丝杠的螺距，mm；

　　　n——刻度盘圆周等分格数。

小滑板刻度盘用来控制车刀较短距离的纵向移动，刻度盘的原理同中滑板刻度盘。

由于丝杠和螺母之间有间隙存在，因此，会产生空行程（即刻度盘转动而刀架并未移动），操作手法如图 3-1-9 所示。使用时，必须慢慢地把刻度盘转动所需的格数，若不慎多转过几格，绝不能简单地转回几格。必须向相反方向退回全部空行程，再转动所需的格数。

由于工件是旋转的，车刀从工件表面向中心切削，所切下的部分刚好是背吃刀量的两倍，因此，使用中滑板刻度盘时，要注意：当工件测得余量后，中滑板刻度盘的切入量（背吃刀量）是余量尺寸的 1/2。小滑板刻度盘是用来控制工件长度的，小滑板刻度盘的刻度值直接表示车刀沿轴向移动的距离。

4. 试切削的方法和步骤

在粗车和精车前，均需进行试切削，试切削的方法以和步骤如图 3-1-10 所示。

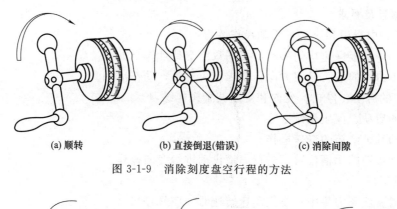

(a) 顺转　　　　　　(b) 直接倒退(错误)　　　　(c) 消除间隙

图 3-1-9　消除刻度盘空行程的方法

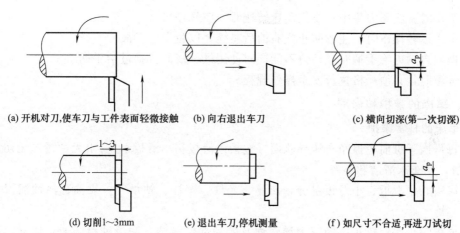

(a) 开机对刀,使车刀与工件表面轻微接触　　(b) 向右退出车刀　　　　(c) 横向切深(第一次切深)

(d) 切削1~3mm　　　　(e) 退出车刀,停机测量　　　(f) 如尺寸不合适,再进刀试切

图 3-1-10　试切削的方法和步骤

5. 粗车

车外圆时,根据精度和表面粗糙度的不同要求,常需经过粗车和精车两个步骤。粗车的目的是尽快从毛坯上切去大部分加工余量,使工件接近于最后的形状和尺寸。粗车时,加工精度和表面粗糙度要求不高,这时背吃刀量应大些(2~3mm),尽可能将粗车余量在一次或两次进给中切去。切削铸件时,如图 3-1-11 所示,因为表面有硬皮,可先车端面,或者倒角,然后选择较大的背吃刀量,以免刀尖被硬皮磨损。粗车时,在背吃刀量和进给量均较大的情况下,要求车刀十分坚固。

6. 精车

精车的目的是切去余下的少量金属层(0.5~1mm),以获得所需的尺寸和表面粗糙度。

精车时的背吃刀量较小(0.1~0.2mm),进给量随所需表面粗糙度而定。车刀应选用较大的前角、后角和正值的刃倾角,刀尖磨出圆弧过渡刀,达到切削刃锋利和光洁。

对于精车,试切削时,因余量较小,背吃刀

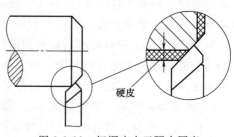

硬皮

图 3-1-11　切深应大于硬皮厚度

量有所限制。除外圆尺寸外,其余尺寸均在精车时应达到图样要求。根据经验,粗车外圆的车刀装得比工件中心稍高些;而精车外圆时,常更换四方刀架上的精车刀,此车刀安装得比工件中心稍低一些。无论装高或装低,一般都不超过工件的1%。

7. 训练项目及要求

（1）床鞍、中滑板和小滑板手动操作练习

① 床鞍、中滑板慢速均匀移动，要求双手交替动作自如。

② 分清中滑板的进、退刀方向，要求反应灵活，动作准确。

（2）车床的启动、停止、变向和变速调整操作练习

① 车床的启动、停止操作。

② 主轴箱和进给箱的变速操作。

③ 变换溜板箱的手柄位置，进行纵横机动进给变向操作。

（3）注意事项

① 操作时要注意力集中；变换车床转速时，应先停机。

② 车床运转操作时，注意防止左右前后碰撞，以免发生事故。

③ 操作自动进给手柄时，注意不能同时使用纵、横向自动进给手柄。

④ 练习时，必须严格执行安全操作规程。

五、车床的维护和保养

1. 车床的日常维护

① 每班次下班前应擦净车床导轨面（包括中滑板和小滑板），要求无油污、无切屑，并加油润滑，使车床清洁和整齐。

② 床鞍、中滑板、小滑板部分，尾座、光杠、丝杠、轴承等，靠油孔注油润滑，每班次加油一次。

③ 要求每班次保持车床的三个导轨面及转动部位清洁、润滑油路畅通，油标、油窗清晰，并保持车床和场地整洁等。

2. 车床的润滑

为了使车床在工作中减少机件磨损，保持车床的精度，延长车床的使用寿命，必须对车床上所有摩擦部位进行定期润滑。根据车床各个零、部件在不同的受力条件下工作的特点，常采用以下几种润滑方式。

1）浇油润滑　车床露在外面的滑动表面。例如，车床的床身导轨面，中、小滑板导轨面和丝杠等，擦干净后用油壶浇油润滑。

2）溅油润滑　车床齿轮箱内等部位的零件，一般是利用齿轮转动时把润滑油飞溅到各处进行润滑，如图 3-1-12（a）所示。注入新油应用滤网过滤，油面不得低于油标中心线。换油期一般每三个月一次。

3）油绳润滑　进给箱内的轴承和齿轮，除了用齿轮溅油法进行润滑外，还靠进给箱上部的储油槽，通过油绳进行润滑，如图 3-1-12（b）所示。因此，除了需要注意进给箱油标孔里油面高低外，每班还需要给进给箱上部的储油槽适量加油一次。

4）弹子油杯润滑　车床尾座中、小滑板摇手柄转动轴承部位，一般采用这种方式，如图 3-1-12（c）所示。润滑时，用油嘴将弹子按下，滴入润滑油。弹子油杯润滑每班至少加油一次。

5）油脂杯润滑　车床交换齿轮箱的中间齿轮等部位，一般用油脂杯润滑，如图 3-1-12（d）所示。润滑时，先在油脂杯中装满油脂，当拧紧油杯盖时，润滑油脂就挤入轴承套内。油脂杯润滑每周加油一次，每班次旋转油杯盖一圈。

6）油泵循环润滑　这种方式是依靠车床内的油泵供应充足的油量进行润滑。

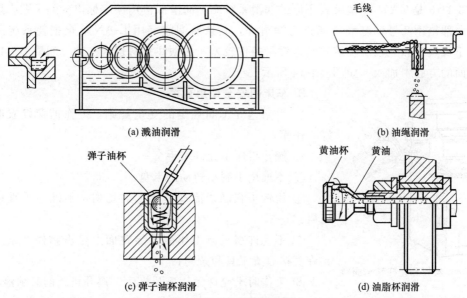

(a) 溅油润滑

(b) 油绳润滑

(c) 弹子油杯润滑

(d) 油脂杯润滑

图 3-1-12 车床的润滑方式

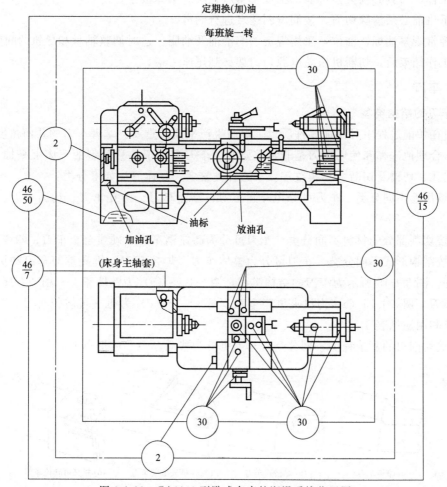

图 3-1-13 CA6140 型卧式车床的润滑系统位置图

　　图 3-1-13 是 CA6140 型卧式车床的润滑系统图。润滑部位用数字标出，除了图中所注②处的润滑部位用 2 号钙基润滑脂进行润滑外，其余所圈数字用 L-AN46 全损耗系统用油润滑。由于长丝杠和光杠的转速较高，润滑条件较差，必须注意每班次加油，润滑油可以从轴承座上面的方腔中加入，如图 3-1-14 所示。

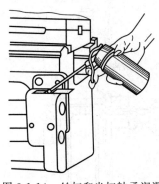

图 3-1-14　丝杠和光杠轴承润滑

3. 车床的安全使用规范

　　① 严格遵守车间规定的安全规则，操作前穿好衣服，戴好工作帽；

　　② 操作机床不允许戴手套；

　　③ 不准用手制动转动的卡盘；

　　④ 用钩子和刷子清理车床上的切屑，不准用手直接清除切屑；

　　⑤ 不允许在机床工作面及导轨面上敲击物件。床面上不允许直接放置工具和杂物；

　　⑥ 工作时不允许无故离开机床，离开机床前必须停车；

　　⑦ 车床变换速度前必须停车，否则将损坏齿轮或机构；

　　⑧ 工件、刀具必须夹紧可靠。工件夹紧后，及时拿掉扳手；

　　⑨ 下班前必须清除切屑，按润滑图逐点进行润滑；

　　⑩ 经常观察油标、油位，采用规定的润滑油及油脂。适时调整轴承和导轨的间隙；

　　⑪ 工作结束后，切断机床总电源，刀架移到尾座一端。

六、车刀

1. 车刀的结构类型

　　车刀在切削过程中对保证零件质量、提高生产率至关重要。掌握车刀的几何角度，合理地刃磨、合理地选择和使用车刀是非常重要的。车刀多用于各种类型的车床上来加工外圆、端面、内孔、切槽及切断、车螺纹等。车刀种类繁多，具体可按如下分类：

　　1）按用途不同分类　车刀可分为外圆车刀、端面车刀、内孔车刀、切断车刀、螺纹车刀等。

　　2）按切削部分的材料不同分类　车刀可分为高速钢车刀、硬质合金车刀、陶瓷车刀等。

　　3）按结构形式不同分类　车刀可分为整体车刀、焊接车刀、机夹重磨车刀和机夹可转位车刀等。图 3-1-15 所示为车刀的结构类型，图 3-1-15（a）为整体车刀，图 3-1-15（b）为焊接式车刀，图 3-1-15（c）为机夹重磨车刀，图 3-1-15（d）为机夹可转位车刀。这四种车刀的特点和用途见表 3-1-1。

　　4）按切削刃的复杂程度不同分类　车刀可分为普通车刀和成形车刀。

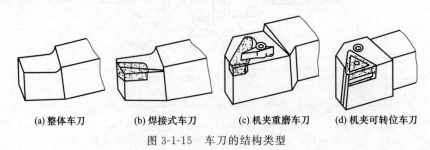

(a) 整体车刀　　　　(b) 焊接式车刀　　　　(c) 机夹重磨车刀　　　　(d) 机夹可转位车刀

图 3-1-15　车刀的结构类型

表 3-1-1　车刀结构类型的特点和用途

名　　称	特　　点	适 用 场 合
整体车刀	刀体和切削部分为一整体结构,用高速钢制造,俗称"白钢刀",刃口可磨得较锋利	小型车床或加工有色金属
焊接车刀	将硬质合金或高速钢刀片焊接在刀杆的刀槽内,结构紧凑,使用灵活	各类车刀,特别是小刀具
机夹重磨车刀	避免了焊接产生的应力、裂纹等缺陷,刀杆利用率高。刀片可集中刃磨获得所需参数,使用灵活方便	外圈、端面、镗孔、切断、螺纹车刀等
机夹可转位车刀	避免了焊接刀片的缺点,刀片可快速转位,刀片上所有切削刃都用钝后,才需要更换刀片,车刀几何参数完全由刀片和刀槽保证,不受工人技术水平的影响	大中型车床加工外圆、端面、镗孔,特别适用于自动线和数控机床

2. 普通车刀的使用类型

按用途不同,车刀可分为 90°外圆车刀、45°弯头车刀、75°外圆车刀、螺纹车刀、内孔镗刀、成形车刀、车槽及切断刀等,如图 3-1-16 所示。按车刀的进给方向不同,车刀可分为右车刀和左车刀,右车刀的主切削刃在刀柄左侧,由车床的右侧向左侧纵向进给;左车刀的主切削刃在刀柄右侧,由车床的左侧向右侧纵向进给。

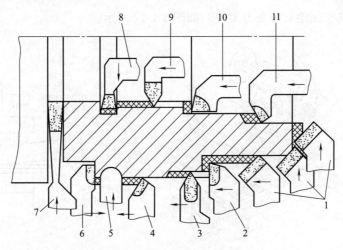

图 3-1-16　普通车刀的使用类型

1—45°弯头车刀;2,6—90°外圆车刀;3—外螺纹车刀;4—75°外圆车刀;5—成形车刀;
7—车槽、切断刀;8—内槽车刀;9—内螺纹车刀;10—不通孔镗刀;11—通孔镗刀

1) 45°弯头车刀　图 3-1-16 所示的车刀 1 为 45°弯头车刀,它按其刀头的朝向可分为左弯头和右弯头两种。这是一种多用途车刀,既可以车外圆和端面,也可以加工内、外倒角。但切削时背向力 F_p 较大,车削细长轴时,工件容易被顶弯而引起振动,所以常用来车削刚性较好的工件。

2) 90°外圆车刀　90°外圆车刀又叫 90°偏刀,分左偏刀(见图 3-1-16 中的车刀 6)、右偏刀(见图 3-1-16 中的车刀 2)两种,主要车削外圆柱表面和阶梯轴的轴肩端面。由于主偏角($\kappa_r = 90°$)大、切削时背向力 F_p 较小,不易引起工件弯曲和振动,所以多用于车削刚性较差的工件,如细长轴。

3) 75°外圆车刀　图 3-1-16 所示的车刀 4,又称为 75°外圆车刀。该刀刀头强度高,散热条件好常用于粗车外圆和端面。75°外圆车刀通常有两种形式，即右偏直头车刀和左偏直头车刀。

4）螺纹车刀　图 3-1-16 所示的车刀 3 为外螺纹车刀、车刀 9 为内螺纹车刀。螺纹车刀属于成形车刀，其刀头形状与被加工的螺纹牙型相符合。一般来说，螺纹车刀的刀尖角应等于或略小于螺纹牙型角。

5）内孔镗刀　内孔镗刀可分为通孔镗刀、不通孔镗刀和内槽车刀（见图 3-1-16 中的车刀 8）。图 3-1-16 中的车刀 11 为通孔镗刀，其主偏角 $\kappa_r = 45° \sim 75°$，副偏角 $\kappa_r' = 20° \sim 45°$；图 3-1-16 中的车刀 10 为不通孔镗刀，其主偏角 $\kappa_r \geq 90°$。

6）成形车刀　成形车刀是用来加工回转成形面的车刀，使机床只需作简单运动就可以加工出复杂的成形表面，其主动削刃与回转成形面的轮廓母线完全一致。图 3-1-16 所示的车刀 5 即为成形车刀，其形状因切削表面的不同而不同。

7）车槽、切断刀　车槽、切断刀用来切削工件上的环形沟槽（如退刀槽、越程槽等）或用来切断工件（见图 3-1-16 中的车刀 7）。这种车刀的刀头窄而长，有一个主切削刃和两个副切削刃，副偏角 $\kappa_r' = 1° \sim 2°$；切削钢件时，前角 $\gamma_o = 10° \sim 20°$；切削铸铁时，前角 $\gamma_o = 3° \sim 10°$。

3. 车刀的安装

车刀必须正确牢固地安装在刀架上，如图 3-1-17 所示。

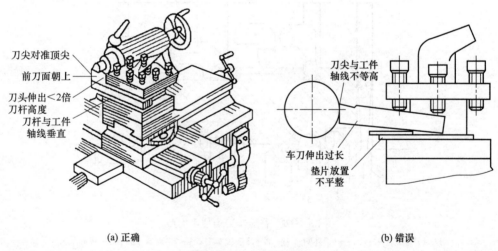

(a) 正确　　　　　　　　　　　　　　　　(b) 错误

图 3-1-17　车刀的安装

（1）准备工作

① 将刀架位置转正后，用手柄锁紧。

② 将刀架装刀面和车刀底面擦净。

（2）车刀的装夹步骤

① 确定车刀的伸出长度。把车刀放在刀架装刀面上，车刀伸出刀架部分的长度略等于刀柄高度的 1.5 倍。

② 车刀刀尖对准工件的中心（刀尖对准顶尖），一般用目测法或用钢直尺测量法。

（3）安装车刀注意事项

① 刀头不宜伸出太长，否则切削时容易产生振动，影响工件加工精度和表面粗糙度。

一般刀头伸出长度不超过刀杆厚度的两倍，能看见刀尖车削即可。

② 刀尖应与车床主轴轴线等高。车刀装得太高，后角减小，后刀面与工件加剧摩擦；装得太低，前角减少，切削不顺利，会使刀尖崩碎。刀尖的高低，可根据尾座顶尖高低来调整。

③ 车刀底面的垫片要平整，并尽可能用厚垫片，以减少垫片数量。调整好刀尖高低后，至少要用两个螺钉交替将车刀拧紧。

4. 车刀的刃磨

（1）砂轮的选择

车刀（指整体车刀与焊接车刀）用钝后重新刃磨是在砂轮机上刃磨的。

① 氧化铝砂轮（白色）适用于刃磨高速钢车刀。

② 碳化硅砂轮（绿色）适用于刃磨硬质合金车刀。

（2）砂轮机的正确使用

① 在磨刀前，要对砂轮机进行安全检查。例如，防护罩壳是否齐全；有托架的砂轮，其托架与砂轮之间的间隙为 3mm 左右。

② 磨刀时，尽可能避免在砂轮侧面上刃磨。

③ 砂轮磨削表面需经常修整，使砂轮没有明显的跳动。若有跳动一般可用金刚石砂轮刀进行修整，如图 3-1-18 所示。

④ 砂轮要经常检查，如发现砂轮有裂纹或太小，要及时更换。

⑤ 重新装夹砂轮后，要进行检查，经试转后才可使用。

⑥ 刃磨结束后，应及时关闭砂轮机电源。

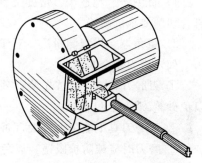

图 3-1-18 用金刚刀修整砂轮

（3）刃磨车刀的姿势及要素

① 刃磨时，人站在砂轮的侧面，与砂轮正面呈 45°，避免砂轮碎裂飞出伤人。

② 两手握刀时，手肘应夹紧腰部，这样可以减少磨刀时的抖动。

③ 磨刀时，车刀应放在砂轮的水平中心，刀尖略向上翘 3°～8°，车刀接触砂轮后应沿水平方向左右移动。当车刀离开砂轮时，刀尖需向上抬起，以防磨好的切削刃被砂轮碰伤。

④ 磨后刀面时，刀杆尾部向左偏过一个主偏角的角度；磨副后刀面时，刀杆尾部向右偏过一个副偏角的角度。

⑤ 修磨刀尖圆弧时，通常以左手握车刀前端为支点，用右手转动车刀的尾部。

（4）刃磨步骤与方法

① 磨出主后刀面，如图 3-1-19（a）所示，然后磨出副后刀面，如图 3-1-19（b）所示。

② 磨前刀面和断屑槽，如图 3-1-19（c）所示；磨过渡刃，如图 3-1-19（d）所示；磨负倒棱，如图 3-1-19（e）所示。

③ 精磨主后刀面。磨好主后角和主偏角；精磨副后刀面，磨好副后角和副偏角。

④ 磨刀尖圆弧，在主刀面和副刀面之间磨出刀尖圆弧。

⑤ 在砂轮上将各面磨好后，再用油石精磨各面，如图 3-1-19（f）所示。

（5）车刀角度的检验方法

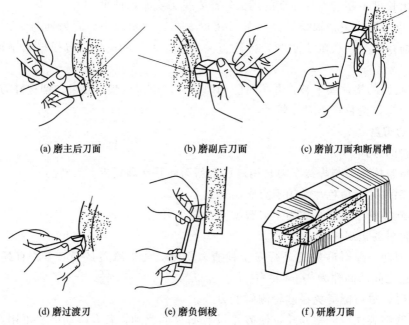

(a) 磨主后刀面　　(b) 磨副后刀面　　(c) 磨前刀面和断屑槽

(d) 磨过渡刃　　(e) 磨负倒棱　　(f) 研磨刀面

图 3-1-19　外圆车刀刃磨的方法与步骤

1）目测法　观察车刀角度是否符合要求，切削刃是否锋利，表面是否有裂痕和其他不符合切削要求的缺陷。

2）量角器、样板测量法　对于角度要求高的车刀，用量角器或样板进行检查。

（6）磨刀安全知识

① 刃磨刀具前，应首先检查砂轮有无裂纹，砂轮轴螺母是否拧紧，并经试转后使用，以免砂轮碎裂或飞出伤人。

② 刃磨刀具不能用力过大，否则会使手打滑而触及砂轮面，造成工伤事故。

③ 磨刀时应戴防护眼镜，以免砂粒和铁屑飞入眼中。

④ 磨刀时不要正对砂轮的旋转方向站立，以防意外。

⑤ 磨小刀头时，必须把小刀头装在刀杆上。

⑥ 砂轮支架与砂轮的间隙不得大于 3mm。若发现过大，应调整适当。

⑦ 刃磨硬质合金车刀时，如果刀头过热不能立即放入水中冷却，以防刀片突然骤冷而碎裂。刃磨高速钢车刀时，应随时用水冷却，以防车刀过热退火，降低硬度。

5. 车刀刃磨技能训练

（1）图样分析

选择刃磨 90°偏刀，如图 3-1-20 (b) 所示。

① 根据图样可知车刀为 90°偏刀。

② 技术要求：前角 $\gamma_o = 12°$；主后角 $\alpha_o = 8° \sim 12°$；副后角 $\alpha_o' = 8° \sim 12°$；主偏角 $\kappa_r = 90°$；副偏角 $\kappa_r' = 6°$；刃倾角 $\lambda_s = 3°$。

（2）刃磨各刀面

① 粗磨主后刀面和副后刀面，同时磨了后角、主偏角、副后角和副偏角。

② 粗、精磨前刀面，并磨出前角。

③ 精磨主、副后刀面。

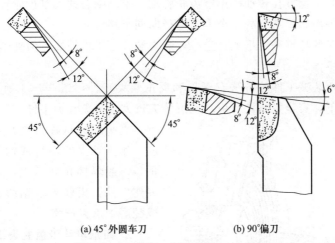

(a) 45°外圆车刀　　　　　(b) 90°偏刀

图 3-1-20　刃磨 45°外圆车刀、90°偏刀

④ 精磨刀尖角。

（3）实作成绩评定

刃磨车刀实作成绩评定表见表 3-1-2。

表 3-1-2　刃磨车刀实作成绩评定表

序号	检测项目	配分	评分标准	检测结果	得分
1	检测前角 $\gamma_o = 12°$	15	每超差 30′扣 5 分		
2	检测主后角 $\alpha_o = 8° \sim 12°$	10	每超差 30′扣 5 分		
3	检测副后角 $\alpha_o' = 8° \sim 12°$	10	每超差 30′扣 5 分		
4	检测主偏角 $\kappa_r = 90°$	10	每超差 30′扣 5 分		
5	检测副偏角 $\kappa_r' = 6°$	10	每超差 30′扣 5 分		
6	检测刃倾角 $\lambda_s = 3°$	10	每超差 30′扣 5 分		
7	检测刃口平直锋利	5	不符合要求不得分		
8	检测前刀面	10	稍差扣 5 分,太差不得分		
9	检测主后刀面	10	稍差扣 5 分,太差不得分		
10	检测主副后刀面	10	稍差扣 5 分,太差不得分		
11	安全文明生产		酌情扣分		

七、工件的安装

装夹工件是指将工件在机床上或夹具中定位和夹紧。在车削加工中，工件必须随同车床主轴旋转，因此，要求工件在车床上装夹时，被加工工件的轴线与车床主轴的轴线必须同轴，并且要将工件夹紧，避免在切削力的作用下工件松动或脱落，造成事故。

根据工件的形状、大小和加工数量不同，在车床上可以采用不同的装夹方法装夹工件。在车床上安装工件所用的附件有三爪自定心卡盘、四爪单动卡盘、顶尖、心轴、中心架、跟刀架、花盘和角铁等。

1. 三爪自定心卡盘夹工件

三爪自定心卡盘通过法兰盘安装在主轴上，用以装夹零件，如图 3-1-21 所示。用方头扳手插入三爪自定心卡盘方孔转动，小锥齿轮转动，带动啮合的大锥齿轮转动，大锥齿轮带动与其背面的圆盘平面螺纹啮合的三个卡爪沿径向同步移动。

三爪自定心卡盘的特点是三爪能自定心，装夹和校正工件简捷，但夹紧力小，不能装夹大型零件和不规则零件。

三爪自定心卡盘装夹工件的方法有正爪和反爪装夹工件，图 3-1-21 所示为正爪安装工件。将三块正爪卸下，安装另三块反爪，就可装夹较大直径盘套类工件。

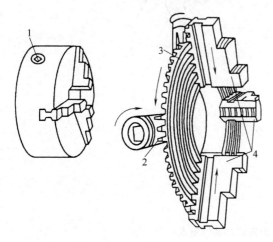

夹头配的爪称为硬爪，它淬过火有硬度。用不淬火的钢材或铜铝做的爪称为软爪，一般焊接在硬爪上，它定位好，不易夹伤工件，用前需根据所夹工件直径配车或配磨卡爪夹持弧。

2. 四爪单动卡盘装夹工件

四爪单动卡盘的四个卡爪都可独立移动，因为各爪的背面有半瓣内螺纹与螺杆相啮合，螺杆端部有一方孔，当用卡盘扳手转动某一方孔时，就带动相应的螺杆转动，即可使卡爪夹紧或松开，如图 3-1-22（a）所示。因此，用四爪单动卡盘可安装截面为方形、长方形、椭圆以及其他不规则形状的工件，也可车削偏心轴和孔。因此，四爪单动卡盘的夹紧力比三爪自定心

图 3-1-21　三爪自定心卡盘
1—方孔；2—小锥齿轮；3—大锥齿轮（背面是平面螺纹与卡爪啮合）；4—卡爪

卡盘大，也常用于安装较大直径的正常圆形工件。

用四爪单动卡盘装夹工件，因为四爪不同步不能自动定心，需要仔细地找正，以使加工面的轴线对准主轴旋转轴线。用划线盘按工件内外圆表面或预先划出的加工线找正，如图 3-1-22（b）所示，定位精度在 0.2～0.5mm；用百分表按工件的精加工表面找正，如图 3-1-22（c）所示，可达到 0.01～0.02mm 的定位精度。

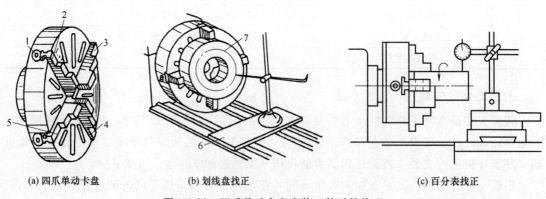

(a) 四爪单动卡盘　　　　　　(b) 划线盘找正　　　　　　(c) 百分表找正

图 3-1-22　四爪单动卡盘安装工件时的找正
1～5—方孔、螺杆、卡爪；6—划线盘；7—工件

当工件各部位加工余量不均匀，应着重找正余量小的部位，否则容易使工件报废，如图 3-1-23 所示。

四爪单动卡盘可全部用正爪［见图 3-1-24 (a)］或反爪装夹工件，也可用一个或两个反爪，其余仍用正爪装夹工件［见图 3-1-24 (b)］。

3. 两顶尖装夹工件

用两顶尖装夹工件时，对于较长或必须经过多次装夹的轴类工件（如车削后还要铣削、磨削和检测），常用前、后两顶尖装夹。前顶尖装在主轴上，通过卡箍和拨盘带动工件与主

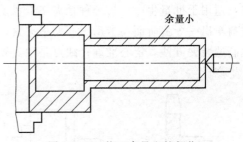

图 3-1-23 找正余量少的部位

轴一起旋转，后顶尖装在尾座上随之旋转，如图 3-1-25 (a) 所示。还可以用圆钢料车一个前顶尖，装在卡盘上以代替拨盘，通过鸡心夹头带动工件旋转，如图 3-1-25 (b) 所示。两顶尖装夹工件安装精度高，并有很好的重复安装精度（可保证同轴度）。

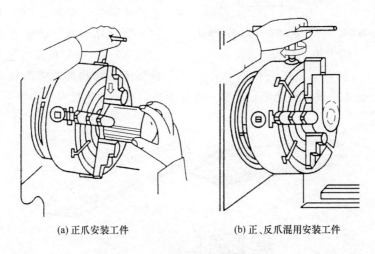

(a) 正爪安装工件　　　　　　　　(b) 正、反爪混用安装工件

图 3-1-24 用四爪单动卡盘安装工件

顶尖的作用是定中心和承受工件的质量以及切削力。顶尖分前顶尖和后顶尖两类。

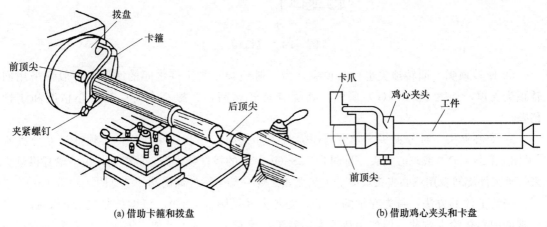

(a) 借助卡箍和拨盘　　　　　　　　(b) 借助鸡心夹头和卡盘

图 3-1-25 用两顶尖装夹工件

1）前顶尖　前顶尖随同工件一起旋转，与中心孔无相对运动，因而不产生摩擦。前顶尖有两种类型：一种是装入主轴锥孔内的前顶尖，如图 3-1-26 (a) 所示，这种顶尖装夹牢

靠，适用于批量生产；另一种是夹在卡盘上的前顶尖，如图 3-1-26（b）所示。它用一般钢材料车出一个台阶面与卡爪平面贴平夹紧，一端车出 60°锥面即可作顶尖。这种顶尖的优点是制造装夹方便，定心准确；缺点是顶尖硬度不够，容易磨损，易发生移位，只适宜于小批量生产。

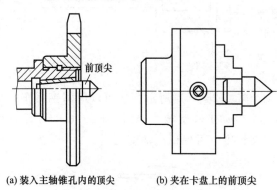

(a) 装入主轴锥孔内的顶尖　　　(b) 夹在卡盘上的前顶尖

图 3-1-26　前顶尖

2）后顶尖　插入尾座套筒锥孔中的顶尖，称为后顶尖。后顶尖有固定顶尖和回转顶尖两种。

① 固定顶尖。固定顶尖也称死顶尖，其优点是定心正确、刚性好、切削时不易产生振动；其缺点是中心孔与顶尖之间是滑动摩擦，易引发高热，易烧坏中心孔或顶尖［见图 3-1-27（a）］，一般适宜于低速精切削。硬质合金钢固定顶尖如图 3-1-27（b）所示。这种顶尖在高速旋转下不易损坏，但摩擦产生的高热情况仍然存在，会使工件发生热变形；还有一种反顶尖，在尖部钻反向的小锥孔，用于支承细小的工件。

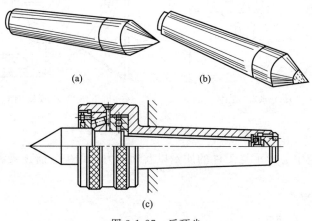

图 3-1-27　后顶尖

② 回转顶尖。回转顶尖也称活顶尖，为了避免顶尖与工件之间的摩擦，一般都采用回转顶尖支顶，如图 3-1-27（c）所示。其优点是转速高，摩擦小；缺点是定心精度和刚性稍差。

③ 鸡心夹头、对分夹头。因为两顶尖对工件只起定心和支承作用，必须通过对分夹头［见图 3-1-28（a）］或鸡心夹头［见图 3-1-28（b）］上的拨杆装入拨盘的槽内，由拨盘提供动力来带动工件旋转。用鸡心夹头或对分夹头夹紧工件一端，拨杆伸出端外［见图 3-1-28（c）］。

安装工件的方法：首先在轴的一端安装夹头（见图 3-1-29），稍微拧紧夹头的螺钉；另一端的中心孔涂上黄油。但如用活顶尖，就不必涂黄油。对于已加工表面，装夹头时应该垫上一个开缝的小套或包上薄铁皮以免夹伤工件。

4. 一夹一顶装夹工件

用两顶尖安装工件虽然有较高的精度，但是刚性较差。因此，一般轴类零件，特别是较

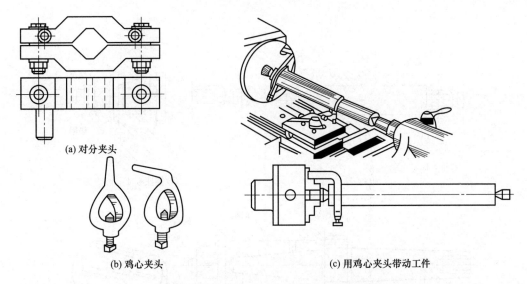

(a) 对分夹头

(b) 鸡心夹头

(c) 用鸡心夹头带动工件

图 3-1-28　用鸡心夹头或对分夹头带动工件

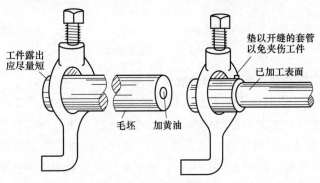

图 3-1-29　安装夹头

重的工件，不宜用两顶尖法装夹，而可采用一端用三爪自定心卡盘或四爪单动卡盘夹住，另一端用后顶尖顶住的装夹方法。为了防止由于切削力的作用而产生轴向位移，需在卡盘内装一限位支承，如图 3-1-30（a）所示；或利用工件的台阶作限位，如图 3-1-30（b）所示。这种一夹一顶的方法安全可靠，能承受较大的轴向切削力，因此，得到了广泛应用。

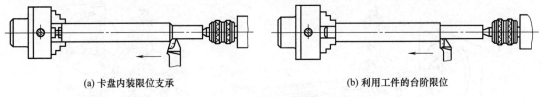

(a) 卡盘内装限位支承

(b) 利用工件的台阶限位

图 3-1-30　一夹一顶装夹工件

5. 用心轴装夹工件

盘套类零件的外圆相对孔的轴线，常有径向圆跳动的要求；两个端面相对孔的轴线，有端面圆跳动的要求。如果有关表面与孔无法在三爪自定心卡盘的一次装夹中完成，则需在孔精加工后，再装到心轴上进行端面的精车或外圆的精车。作为定位基准面的孔，其尺寸公差等级不应低于 IT8，$Ra \leqslant 1.6\mu m$ 值，心轴在前、后顶尖的装夹方法与轴类零件相同。

心轴的种类很多，常用的有锥度心轴、圆柱心轴和可胀心轴等，如图 3-1-31 所示。

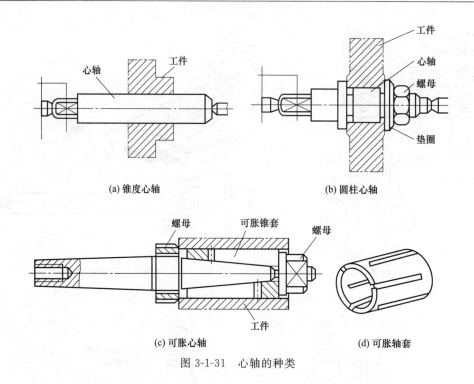

(a) 锥度心轴　　　　　　　　　　　(b) 圆柱心轴

(c) 可胀心轴　　　　　　　　　　　(d) 可胀轴套

图 3-1-31　心轴的种类

6. 用卡盘、顶尖配合中心架、跟刀架装夹工件

1) 中心架的使用　中心架有 3 个独立移动的支撑爪，可径向调节，为防止支撑爪与工件接触时损伤工件表面，支撑爪常用铸铁、尼龙或铜制成。中心架有以下几种使用方法。

① 中心架直接安装在工件中间［见图 3-1-32（a）］。这种装夹方法可提高车削细长轴工件的刚性。安装中心架前，需先在工件毛坯中间车出一段安装中心架支承爪的凹槽，使中心架的支承爪与其接触良好，槽的直径略大于工件图样尺寸，宽度应大于支承爪。车削时，支承爪与工件处应经常加注润滑油，并注意调节支承爪与工件之间的压力，以防拉毛工件及摩擦发热。

对于较长的轴，在其中间车一支承凹槽困难时，可以使用过渡套代替凹槽，使用时要调

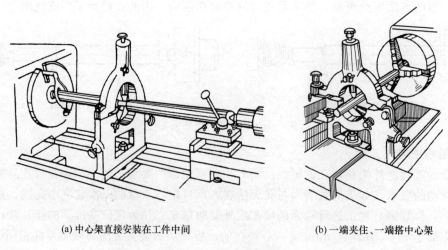

(a) 中心架直接安装在工件中间　　　　　　(b) 一端夹住、一端搭中心架

图 3-1-32　中心架的使用

节过渡套两端各有的 4 个螺钉，以校正过渡套外圆的径向圆跳动，符合要求后，才能调节中心架的支承爪。

② 一端夹住、一端搭中心架。车削大而长的工件端面、钻中心孔或车削长套筒类工件的内螺纹时，可采用图 3-1-32（b）所示的一端夹住、一端搭中心架的方法。

注意：搭中心架一端的工件轴线应找正到与车床主轴轴线同轴。

2）跟刀架的使用　跟刀架有二爪跟刀架和三爪跟刀架两种。跟刀架固定在车床床鞍上，与车刀一起移动，如图 3-1-33 所示。

在使用跟刀架车削不允许接刀的细长轴时，要在工件端部先车出一段外圆，再安装跟刀架。支承爪与工件接触的压力要适当，否则车削时跟刀架可能不起作用，或者将工件卡得过紧等。

在使用中心架和跟刀架时，工件的支承部分必须是加工过的外圆表面，并要加机油润滑，工件的转速不能很高，以免工件与支承爪之间摩擦过热而烧坏或磨损支承爪。

7. 用花盘安装工件

花盘是安装在车床主轴上并随之旋转的一个大圆盘，其端面有许多长槽，可穿入螺栓以压紧工件。花盘的端面需平整，且与主轴轴线垂直。

当加工大而扁且形状不规则的零件或刚性较差的工件时，为了保证加工面与安装平面平行，以及加工回转面轴线与安装平面垂直，可通过螺栓压板把工件直接压在花盘上加工，如图 3-1-34（a）所示。用花盘安装工件时，需要仔细找正。

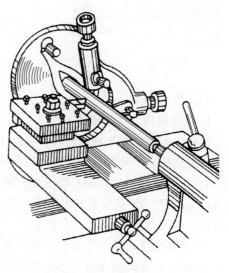

图 3-1-33　跟刀架的使用

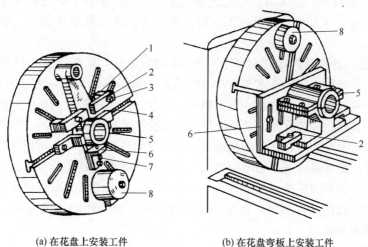

(a) 在花盘上安装工件　　　(b) 在花盘弯板上安装工件

图 3-1-34　用花盘安装工件图

1—垫铁；2—压板；3—螺钉；4—螺钉槽；5—工件；6—弯板；7—顶丝；8—平衡铁

有些复杂的零件要求加工孔的轴线与安装平面平行，或者要求加工孔的轴线垂直相交时，可用花盘、弯板安装工件，如图 3-1-34（b）所示。弯板安装在花盘上要仔细地找正，

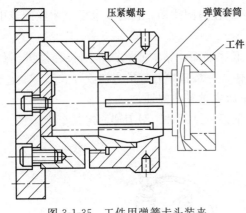

图 3-1-35　工件用弹簧卡头装夹

工件安装在弯板上也需要找正。弯板要有一定的刚度。

注意：用花盘或花盘弯板装夹工件时，需加平衡铁进行平衡，以减小旋转时的摆动。同时，机床转速不能太高。

8. 弹簧卡头

以工件外圆为定位基准，采用弹簧卡头装夹，如图 3-1-35 所示。弹簧套筒在压紧螺母的压力下向中心均匀收缩，使工件获得准确的定位与牢固的夹紧，所以工件也可获得较高的位置精度。

八、车削基本工艺

1. 车外圆的方法和步骤

圆柱表面是构成各种机械零件的基本表面之一，如各类轴、套筒等都是由大小不同的圆柱表面组成的，车外圆是车削加工方法中最基本的工作内容。

1) 车刀的选用　外圆车削加工一般分为粗车和精车。常用的外圆车刀有 45°弯头车刀、75°和 90°偏刀。45°弯头车刀用于车外圆、端面和倒角；75°偏刀用于粗车外圆；90°偏刀用于车台阶、外圆与细长轴。

2) 车削用量选择　车削时，应根据加工要求和切削条件，选择合适的车削用量。

① 背吃刀量 a_p 的选择。半精车和精车的 a_p 一般分别为 1～3mm 和 0.1～0.5mm，通常一次车削完成，因此粗加工应尽可能选择较大的背吃刀量。当余量很大，一次进刀会引起振动，造成车刀、车床等损坏时，可考虑几次车削。特别是第一次车削时，为使刀尖部分避开工件表面的冷硬层，背吃刀量应尽可能选择较大数值。

② 进给量 f 的选择。粗车时，在工艺系统刚度许可的条件下，进给量选大值，一般取 $f=0.3～0.8$mm/r；精车时，为保证工件粗糙度要求，进给量取小值，一般取 $f=0.08～0.3$mm/r。

③ 切削速度 v_c 的选择。在背吃刀量、进给量确定之后，切削速度 v_c 应根据车刀的材料及几何角度、工件材料、加工要求与冷却润滑等情况确定，而不能认为切削速度越高越好；在实际工作中，可查阅手册或根据经验来确定。例如，用高速钢车刀切削钢料时，一般切削速度 $v_c=0.3～1$m/s；用硬质合金车刀切削时，切削速度 $v_c=1～3$m/s；车削硬钢的切削速度比软钢时低些，而车削铸铁件的切削速度又比车削钢件时低些；不用切削液时，切削速度也要低些。另外，也可通过观察切屑颜色变化判断车削速度选择是否合适。例如，用高速钢车刀切削钢料时，如果切屑呈白色或黄色，说明切削速度合适。采取用硬质合金车刀，如果切屑呈蓝色，说明切削速度合适；如果切屑呈现火花，说明切削速度太高；如果切屑呈白色，说明切削速度偏低。

2. 车端面和台阶的方法与步骤

(1) 车端面

1) 车端面的常见方法　图 3-1-36 所示为车端面的常用方法。用 45°弯头车刀车端面 [见图 3-1-36 (b)、(c)]，特点是刀尖强度高，适用于车大平面，并能倒角和车外圆。用 90°左偏刀车端面 [见图 3-1-36 (a)]，特点是轻快顺利，适用于有台阶面平面车削。用 60°～

75°车刀车端面〔见图 3-1-36（d）〕，刀尖强度好，适用于大切削量车大平面。用 90°右偏刀车端面，车刀由外向中心进给〔见图 3-1-36（e）〕，副切削刃进行切削，切削不顺利，容易产生凹面；由中心向外进给〔见图 3-1-36（f）〕，主切削刃进行切削，切削顺利，适合精切平面；可在副切削刃上磨出前角〔见图 3-1-36（g）〕，由外向中心进给。

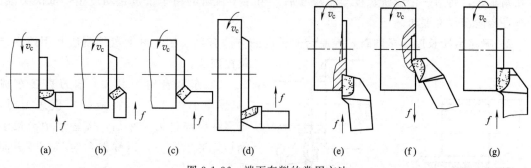

图 3-1-36　端面车削的常用方法

2）工件的装夹　装夹工件时，工件的伸出长度应尽可能短，并且应同时校正外圆与端面的跳动。车较长工件的端面时，由于端面圆跳动大，应选用较低的转速。

3）确定端面的车削余量　车削前，应测量毛坯的长度，确定端面的车削余量。例如，工件两端均需车削，一般先车的一端应尽量少切，将大部分余量留在另一端。

4）车刀的安装　车端面时，要求车刀刀尖严格对准工件中心，如果高于或低于工件中心，都会使工件端面中心处留有凸台，并损坏刀尖，如图 3-1-37 所示。

5）车端面前，应先倒角　毛坯表面的冷硬层，尤其是铸件表面的一层硬皮，很容易损伤车刀刀尖，先倒角再车端面，可防止刀尖损坏，如图 3-1-38 所示。车端面和车外圆一样，第一刀背吃刀量一定要超过工件硬皮层厚度，否则即使已倒角，但车削时刀尖仍在硬皮层，极易磨损。

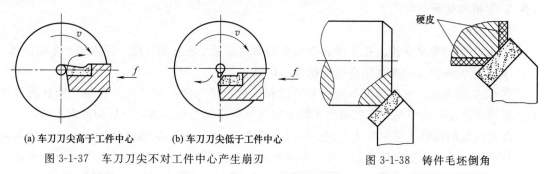

(a) 车刀刀尖高于工件中心　　(b) 车刀刀尖低于工件中心

图 3-1-37　车刀刀尖不对工件中心产生崩刃　　　图 3-1-38　铸件毛坯倒角

6）车削用量选择

① 背吃刀量 a_p：粗车时，$a_p=2\sim5$mm；精车时，$a_p=0.2\sim1$mm。

② 进给量 f：粗车时，$f=0.3\sim0.7$mm/r；精车时，$f=0.08\sim0.3$mm/r。

③ 切削速度 v_c：端面的直径从外到中心是变化的，切削速度也在改变，在计算切削速度时必须按端面的最大直径计算。

7）操作要领　手动进给速度应均匀；当刀尖车至端面中心附近时，应停止自动进给改用手动进给，车到中心后，车刀应迅速退回；精车端面，应防止车刀横向退回时划伤表面；背吃刀量的控制，可用大滑板或小滑板刻度来调整。

（2）车台阶

1）车刀的选用 车台阶通常先用 75°强力车刀粗车外圆，切除台阶的大部分余量，留 0.5～1mm 余量，然后用 90°偏刀精车外圆、台阶，偏刀的主偏角 κ_r 应略大于 90°，通常为 91°～93°。粗车时，只需为第一个台阶留出精车余量，其余各段可按图样上的尺寸车削，这样在精车时，将第一个台阶长度车至尺寸后，第二个台阶的精车余量自动产生，依次类推，精车各台阶至尺寸要求。

2）确定台阶长度 车削时，控制台阶长度的方法有刻线法、刻度盘控制法和用挡铁定位控制法。

3）车低台阶 用 90°偏刀直接车成 [见图 3-1-39（a）]，在最后一次进刀时，车刀在纵向进刀结束后，需摇动中滑板手柄均匀退出车刀，以确保台阶与外圆表面垂直。

4）车高台阶 通常采用分层切削 [见图 3-1-39（b）]，先用 75°车刀粗车，再用 90°偏刀精车。当车刀刀尖距离台阶位置 1～2mm 时，停止机动进给，改用手动进

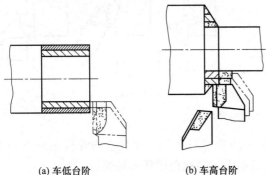

(a) 车低台阶　　　　(b) 车高台阶

图 3-1-39　车台阶

给。当车至台阶位置时，车刀从横向慢慢退出，将台阶面精车一次。

（3）车倒角

车倒角用的车刀有 45°弯头车刀或 90°偏刀。当平面、外面、台阶车削完毕后，转动刀架用 45°弯头车刀进行倒角。若使用 90°偏刀倒角，应使切削刃与外圆形成 45°夹角。

移动床鞍至工件外圆与平面相交处进行倒角。所谓 C1，是指倒角在外圆上的轴向长度为 1mm，角度是 45°。

3. 切槽与切断

（1）切槽

① 车沟槽的常见方法。在工件表面上车沟槽的常见方法有车外槽、车内槽和车端面槽。

② 切槽的选择。一般选用高速钢切槽刀切槽。

③ 切槽的方法。车削精度不高的和宽度较窄的矩形沟槽，可以用刀宽等于槽宽的切槽刀，采用直进法一次车出。车削精度不高的和宽度较窄的矩形沟槽，一般分两次车成。

车削较宽的沟槽，可用多次直进法切削（见图 3-1-40），并在槽的两侧留一定的精车余量，然后根据槽深、槽宽精车至尺寸。车削较小的圆弧形槽，一般用成形车刀车削；车削较

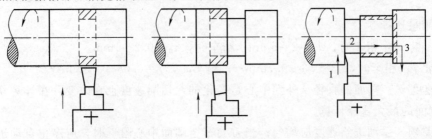

(a) 第一次横向进给　　　　(b) 第二次横向进给　　　(c) 末一次横向进给后再以纵向送进精车槽底

图 3-1-40　切宽槽

大的圆弧槽，可用双手联动车削，用样板检查修整。车削较小的梯形槽，一般用成形车刀完成；车削较大的梯形槽，通常先车直槽，然后用梯形刀直进法或左右切削法完成。

④ 矩形槽的检查和测量。精度要求低的沟槽，一般采用钢直尺和卡钳测量。精度要求较高的沟槽，可用千分尺、样板、塞规和游标卡尺等检查测量。

（2）切断

切断要用切断刀，切断刀的形状与切槽刀相似，但因刀头窄而长，很容易折断。切断刀有高速钢切断刀、硬质合金切断刀、弹性切断刀、反切刀等类型。

高速钢切断刀主切削刃的宽度 $a \approx (0.5 \sim 0.6)\sqrt{d}$，其中 d 为被切工件的外径。

刀头长度 $L = h + (2 \sim 3)$，其中 h 为切入深度（mm），如图 3-1-41 所示。

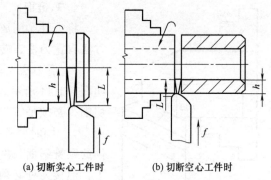

(a) 切断实心工件时　　　(b) 切断空心工件时

图 3-1-41　切断刀刀头

例 3-1-1　切断外径为 $\phi 36$mm、孔径为 $\phi 16$mm 的空心工件，试计算切断刀的主切削刃宽度和刀头宽度。

解：主切削刃的宽度 $a \approx (0.5 \sim 0.6)\sqrt{d} = (0.5 \sim 0.6)\sqrt{36} = 3 \sim 3.6$mm。

刀头长度 $L = h + (2 \sim 3) = [(36/2 - 16/2) + (2 \sim 3)] = 12 \sim 13$mm。

在切断工件时，为使带孔工件不留边缘，实心工件的端面不留小凸头，可将切断刀的切削刃略磨斜些，如图 3-1-42 所示。

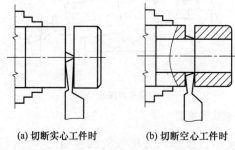

(a) 切断实心工件时　　(b) 切断空心工件时

图 3-1-42　斜面刃切断刀及其应用

切断方法有以下几种：

① 直进法。切断刀垂直于工件轴线方向进给切断［见图 3-1-43（a）］。该方法效率高，但对车床、切断刀的刃磨、装夹都有较高的要求，否则易造成刀头折断。

② 左右借刀法。在刀具、工件、车床刚性不足的情况下，可采用借刀法切断工件，如图 3-1-43（b）所示。这种方法是指切断刀在轴线方向做反复往返移动，随之两侧径向进给，直至工件切断。

③ 反切法。反切法是指工件翻转，车刀反向装夹，如图 3-1-43（c）所示。这种切断方

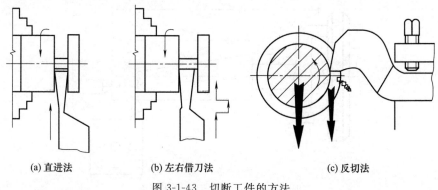

(a) 直进法　　　　　(b) 左右借刀法　　　　　(c) 反切法

图 3-1-43　切断工件的方法

法适用于切断直径较大的工件。其优点是：由于作用在工件上的切削力和与主轴重力方向一致（向下），主轴不容易产生上下跳动，切断工件时比较平稳；并且切屑朝下排出，不会堵塞在切削槽中，排屑顺利。

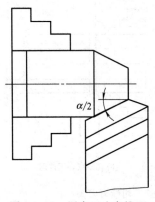

图 3-1-44　用宽刀法车锥面

4. 车锥面

将工件车削成圆锥表面的方法称为车锥面。常用车锥面的方法有宽刀法、转动小刀架法、尾座偏移法、靠模法等几种。

1）宽刀法　车削较短的圆锥时，可以用宽刀法直接车出，如图 3-1-44 所示。其工作原理实质上是属于成形法，所以要求切削刃必须平直，切削刃与主轴轴线的夹角应等于工件圆锥半角 $\alpha/2$。同时要求车床有较好的刚性，否则易引起振动。当工件的圆锥斜面长度大于切削刃长度时，可以用多次接刀方法加工，但接刀处必须平整。

2）转动小刀架法　当加工锥面不长的工件时，可用转动小刀架法车削。车削时，将小滑板下面的转盘上螺母松开，把转盘转至所需要的圆锥半角 $\alpha/2$ 的刻线上，与基准零线对齐，然后固定转盘上的螺母，如果锥角不是整数，可在锥角附近估计一个值，试车后逐步找正，如图 3-1-45 所示。

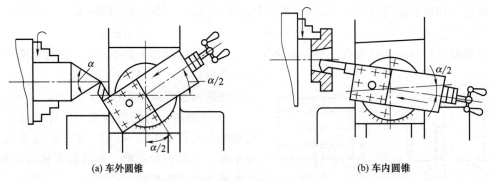

(a) 车外圆锥　　　　　　　　　　　　(b) 车内圆锥

图 3-1-45　用转动小刀架法车锥面

3）尾座偏移法　如图 3-1-46 所示，当车削锥度小、锥形部分较长的圆锥面时，可以用尾座偏移法。此方法可以自动走刀，缺点是不能车削整圆锥和内锥体以及锥度较大的工件。将尾座上滑板横向偏移一个距离 S，使偏位后两顶尖连线与原来两顶尖中心线相交一个 $\alpha/2$ 角度，尾座的偏向取决于工件大小头在两顶尖间的加工位置。

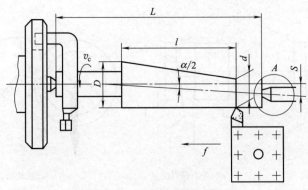

图 3-1-46　用尾座偏移法车锥面

尾座的偏移量与工件的总长有关，尾座偏移量可用下列公式计算为

$$S=\frac{D-d}{2l}\times L$$

式中　　S——尾座偏移量；

　　　　l——零件锥体部分长度；

　　　　L——工件总长度；

　　D、d——锥体大头直径和锥体小头直径。

床尾的偏移方向，由工件的锥体方向决定。当工件的小端靠近床尾处，床尾应向里移动；反之，床尾应向外移动。

4）靠模法　如图 3-1-47 所示，靠模板装置是车床加工圆锥面的附件。当较长的外圆锥和圆锥孔的其精度要求较高而批量又较大时，常采用靠模法。

这种方法是利用锥度靠模装置，使车刀在纵向进给的同时，相应地产生横向运动。两个方向进给运动合成，使刀尖轨迹与工件轴线的所成夹角，正好等于圆锥半角 $\alpha/2$，从而车出内、外圆锥面。

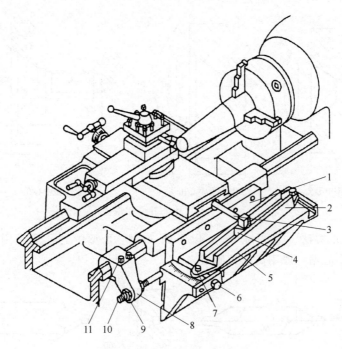

图 3-1-47　用靠模板车锥面

1—基座；2—靠模板（靠尺）；3—横向丝杠和上滑块；4—下滑块；5—靠模台；6—螺钉；

7—调整螺钉；8—夹紧装置；9—螺母；10—拉杆；11—紧固螺钉

基座 1 用螺钉固定在床鞍的后侧面上随之移动。靠模台 5 的侧面有燕尾形导轨与基座配合，工作时拉杆 10 和夹紧装置 8 相连而固定不动。它的上面装有可转动的靠模板 2，其倾斜角度可按工件圆锥半角 $\alpha/2$ 调整。中溜板丝杠在靠近手柄的一头，分成用键连接可自由伸缩的两段。因此当床鞍做纵向进给时，下滑块 4 便沿靠模板 2 滑动，而上滑块则连同丝杠与中溜板做横向进给运动，从而实现圆锥面的加工。若转动手柄使丝杠旋转，仍能使中溜板移动以调节背吃刀量。当不需要使用靠模时，只要将螺钉 11 旋松，在纵向进给时，大溜板便会带动整个附件一起移动，使靠模装置失去作用。

　　靠模法的优点是：内、外、长、短圆锥面都可车削，且可自动进给，靠板校准工作也很简便，经过校准，一批工件的锥度误差可稳定在较小的公差范围。其缺点是：工件的圆锥半角一般应小于12°，否则滑块在靠板上就因阻力太大而不能滑动自如，影响整个装置的正常工作。因此，一般适宜于小锥度工件的成批或大量生产。

　　检验圆锥面的锥度或锥角时，对于配合的圆锥面可用锥形量规。对于非配合的圆锥面可用游标量角器。

5. 孔加工

　　车床上可以用中心钻、钻头、镗刀、扩孔钻头、铰刀进行钻孔、车孔、扩孔和铰孔加工。钻孔、扩孔适用于粗加工；车孔用于半精加工和精加工；铰孔通常只用于精加工。

　　（1）钻中心孔

　　1）中心孔的形式与选用　中心孔是保证轴类零件安装、定位的重要工艺结构，和顶尖配合从而保证轴类零件的加工精度。常用形式有 A 型（不带保护锥）、B 型（带保护锥）和 C 型（带保护锥及螺纹），如图 3-1-48 所示。中心孔的尺寸由工件直径与质量大小决定，使用时可查阅 GB/T 145—2001 确定。

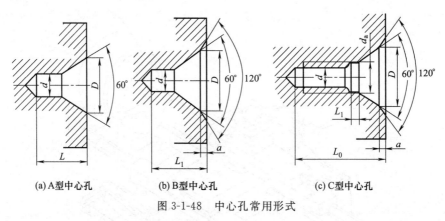

(a) A型中心孔　　　　　(b) B型中心孔　　　　　(c) C型中心孔

图 3-1-48　中心孔常用形式

　　2）钻中心孔的方法　直径在 6mm 以下的 A 型、B 型中心孔通常用中心钻直接钻出（见图 3-1-49），中心钻一般用高速钢制成。

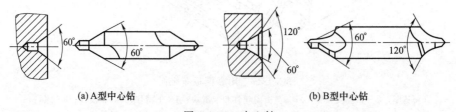

(a) A型中心钻　　　　　　　　　　(b) B型中心钻

图 3-1-49　中心钻

　　（2）钻孔

　　在车床上对实心坯料上的孔加工，首先要用钻头钻孔。在车床上还可以进行扩孔和铰孔。钻孔的公差等级为 IT10 以下，表面粗糙度 Ra 值为 $12.5\mu m$，多用于粗加工孔。在车床上加工直径较小而精度和表面粗糙度要求较高的孔，通常采用钻、扩、铰的方法。

　　在车床上钻孔如图 3-1-50 所示，工件装夹在卡盘上，麻花钻安装在尾座套筒锥孔内。转动尾座上的手柄使钻头沿工件轴线进给，工件旋转，这一点与钻床上钻孔是不同的。钻孔前，先车平端面并车出一个中心坑或先用中心钻钻中心孔作为引导。钻孔时，摇动尾座手轮使钻头缓慢进给，注意经常退出钻头排屑。钻孔进给不能过猛，以免折断钻头。使用高速钢钻头钻削钢料时必须加注切削液，钻削铸铁等脆性材料时，一般可加少量的煤油；使用硬质合金钻头可不使用切削液。

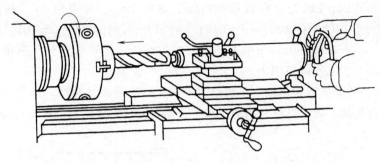

图 3-1-50 车床上钻孔

（3）车孔

在车床上对工件的孔进行车削的方法称车孔（又称镗孔），车孔是对锻出、铸出或钻出的孔的进一步加工。车孔可以部分地纠正原来孔轴线的偏斜，可以作为粗加工，也可以作为精加工。车孔的表面粗糙度 Ra 值为 $3.2 \sim 1.6 \mu m$。

1）内孔车刀　车孔分为车通孔和车不通孔，如图 3-1-51 所示，内孔车刀也分为通孔车刀和不通孔车两种。通孔车刀的主偏角为 $45° \sim 75°$，副偏角为 $10° \sim 20°$；不通孔或台阶孔车刀主偏角大于 $90°$，常取 $92° \sim 95°$；另外，刀尖至刀杆背面的距离必须小于孔径 R 的一半，否则无法车平孔底平面。

当车刀纵向进给至孔底时，需做横向进给车平孔底平面，以保证孔底平面与孔轴线垂直。选择内孔车刀时，车刀杆应尽可能粗一些；安装车刀时，伸出刀架的长度应尽量小，一般取大于工件孔长 $4 \sim 10mm$ 即可；内孔车刀后角应略大些，取 $8° \sim 12°$，为避免刀杆后刀面与孔壁相碰，一般可磨成双重后角；前刀面上需刃磨断屑槽。

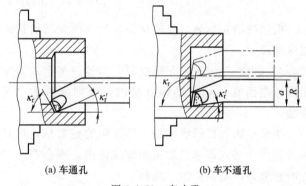

(a) 车通孔　　　　(b) 车不通孔

图 3-1-51 车内孔

2）车刀的装夹　装夹内孔车刀，原则上刀尖高度应与工件中心等高，实际加工时要适当调整。精加工时，刀尖装得要略高于主轴中心，使工作后角增大，以免颤动和扎刀；粗加工时，刀尖略低于工件中心，以增加前角。

3）车削用量选择　车孔时，因刀杆细、刀头散热体积小，且不加切削液，所以进给量 f 和背吃刀量 a_p 应比车外圆时小些，需进行多次走刀，生产率较低。粗车通孔时，当孔快要车通时，应停止机动进给，改用手动进给，以防崩刃。

6. 车螺纹

螺纹按牙型分为三角形螺纹、梯形螺纹、矩形螺纹等。其中普通米制三角形螺纹应用最广。螺纹的加工方法很多，在专业生产中，广泛采用滚螺纹、轧螺纹及搓螺纹等一系列先进工艺；但在一般机械厂，尤其是在机修工作中，通常采用车削方法加工，以三角形螺纹的车削最为常见。

1）尺寸计算　车螺纹时的主要尺寸计算，对正确选择、刃磨刀具，确定车削用量，测量、控制几何尺寸有着重要作用。

例如，M30×2-6g-LH 为公称直径 $\phi30$mm、螺距 2mm、牙型角 60°、螺纹公差带代号 6g 的左旋外螺纹。螺纹中径为 $d_2 = d - 0.6495p = 30 - 0.6495 \times 2 = 28.701$（mm），查有关手册得上偏差 es＝－0.038mm，下偏差 ei＝－0.318mm，用螺纹千分尺测量螺纹中径时读数应在 28.383～28.663mm 范围内。

2）车螺纹的传动链及其调整　车螺纹时，为了获得准确的螺距，必须用丝杠杆带动刀架进给，使工件每转一周，刀具移动的距离（进给量）等于螺纹的导程，传动链如图 3-1-52 所示。

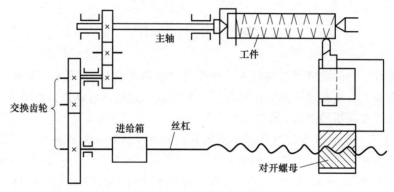

图 3-1-52　车螺纹传动链

根据进给箱标牌，更换交接齿轮与改变进给箱的进给手柄位置，即可得到各种不同的螺距或导程。

3）避免"乱扣"　车螺纹时，需经过多次走刀才能切成。在多次切削过程中，必须保证车刀总是落在已切出的螺纹槽内，否则就称为"乱扣"。如果产生"乱扣"，工件即成为废品。

如果车床丝杠的螺距是工件螺距的整数倍，可任意打开开合螺母，当合上开合螺母时，车刀仍然会切入原来已切出的螺纹槽内，不会产生"乱扣"；若车床丝杠的螺距不是工件螺距的整数倍，则会产生"乱扣"。

车螺纹过程中，为了避免乱扣，需注意以下几点：

① 调整中小刀架的间隙（调镶条），不要过松或过紧，以移动均匀、平稳为好。

② 如从顶尖上取下工件度量，不能松开卡箍。在重新安装工件时，要使卡箍与拨盘（或卡盘）的相对位置保持与原来的一样。

③ 在切削过程中，如果换刀，则应重新对刀。对刀的方法是：闭合对开螺母，移动小刀架，使车刀落入原来的螺纹槽中。由于传动系统有间隙，对刀过程必须在车刀沿切削方向走一段距离后，停车再进行。

4）螺纹车刀及安装　车刀的刀尖角等于螺纹牙型角，即 $\alpha = 60°$；螺纹车刀的前角对牙型角影响较大，如果车刀的前角大于或小于 0°时，所车出螺纹牙型角会大于车刀的刀尖角，精度要求较高的螺纹，常取前角为 0°。只有粗加工时或螺纹精度要求不高时，为改善切削条件，其前角可取 $\gamma_o = 5°\sim20°$。安装螺纹车刀时，刀尖对准工件中心与工件轴线等高，并用样板对刀，如图 3-1-53 所示。

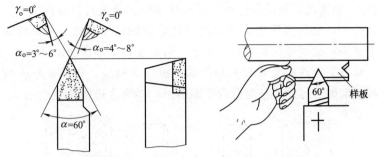

图 3-1-53　螺纹车刀几何角度与样板对刀

5）车削前的准备　首先把工件的螺纹外圆直径按要求车好（比规定要求应小 0.1～0.2mm），然后在螺纹的长度上车一条标记，作为退刀标记，最后将端面处倒角，装夹好螺纹刀。车床调整好后，选择较低的主轴转速，开动车床，合上开合螺母，开正反车数次后，检查丝杆与开合螺母的工作状态是否正常，为使刀具移动较平稳，需消除车床各拖板间隙及丝杆螺母的间隙。

6）车螺纹的方法和步骤　车螺纹的方法和步骤如图 3-1-54 所示。

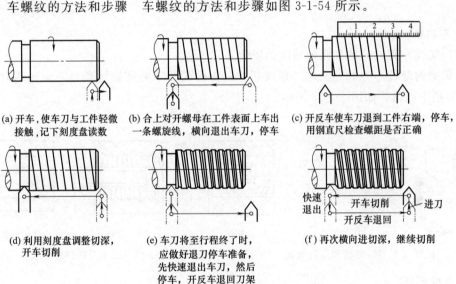

(a) 开车，使车刀与工件轻微接触，记下刻度盘读数

(b) 合上对开螺母在工件表面上车出一条螺旋线，横向退出车刀，停车

(c) 开反车使车刀退到工件右端，停车，用钢直尺检查螺距是否正确

(d) 利用刻度盘调整切深，开车切削

(e) 车刀将至行程终了时，应做好退刀停车准备，先快速退出车刀，然后停车，开反车退回刀架

(f) 再次横向进切深，继续切削

图 3-1-54　车螺纹的方法和步骤

7）车螺纹的进刀方法　在螺纹的进刀方法通常有直进法、斜进法和左右借刀法 3 种，如图 3-1-55 所示。

低速车普通螺纹时，直进法只用中滑板进给，用于螺距小于 3mm 的三角形螺纹粗精车；左右借刀法，除中滑板横向进给外，小滑板向左或向右微量进给，用于各类螺纹粗精车（除梯形螺纹外）；斜进法，除中滑板横向进给外，小滑板只向一个方向微量进给，用于粗车螺纹，每边留 0.2mm 精车余量。

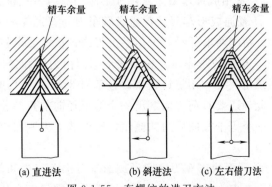

(a) 直进法　　(b) 斜进法　　(c) 左右借刀法

图 3-1-55　车螺纹的进刀方法

8）综合测量　用螺纹环规综合检查三角形外螺纹。首先对螺纹的大径、螺距、牙型和表面粗糙度进行检查，然后再用螺纹环规测量外螺纹的尺寸精度。如果环规通端正好拧进去，而止端拧不进去，说明螺纹精度符合要求。对精度要求不高的螺纹也可用标准螺母检查（生产中常用），以拧上工件时是否顺利和松动的感觉来确定，如图 3-1-56 所示。检查有退刀槽的螺纹，环规能够通过退刀槽与台阶平面靠平，即为合格螺纹。

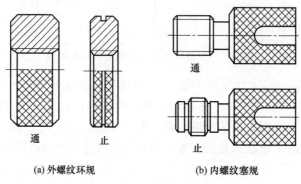

(a) 外螺纹环规　　　　　　　　(b) 内螺纹塞规

图 3-1-56　螺纹量规

9）车内螺纹

① 内螺纹车刀的形状和几何角度如图 3-1-57 所示。

② 刃磨内螺纹车刀的方法与外螺纹相似，不同的是，要使螺纹车刀刀尖角的对称中心线垂直刀柄中心线，如图 3-1-58 所示。

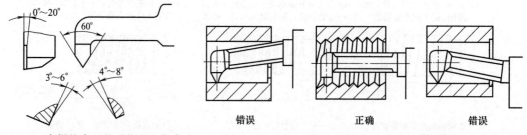

图 3-1-57　内螺纹车刀的形状和几何角度　　　　　图 3-1-58　内螺纹车刀的刃磨要求

7. 车成形面

1）成形原理　把车刀刃磨成与工件成形面轮廓相同，即得到成形车刀或称样板车刀，用成形车刀只需一次横向进给即可车出成形面。

2）常用成形车刀　常用成形车刀有以下三种：

① 普通成形车刀。普通成形车刀与普通车刀相似，只是磨成成形切削刃［见图 3-1-59 (a)］。精度要求低时，可用手工刃磨；精度要求较高时，应在工具磨床上刃磨。

② 棱形成形车刀。棱形成形车刀由刀头和弹性刀体两部分组成［见图 3-1-59 (b)］，两者用燕尾装夹，用螺钉紧固。按工件形状在工具磨床上用成形砂轮将刀头的成形切削刃磨出，此外还要将前刀面磨出一个等于径向前角与径向后角之和的角度。刀体上的燕尾槽做成具有一个等于径向后角的倾角，这样装上刀头后就有了径向后角，同时使前刀面也恢复到径向前角。

③ 圆形成形车刀。圆形成形车刀也由刀头和刀体组成［见图 3-1-59 (c)］，两者用螺柱紧固。在刀头与刀体的贴合侧面都做出端面齿，这样可防止刀头转动。刀头是一个开有缺口

的圆轮，在缺口上磨出成形切削刃，缺口面即前刀面，在此面上磨出合适的前角。当成形切削刃低于圆轮的中心，在切削时自然就产生了径向后角。因此，可按所需的径向后角 α_o（一般为 $6°\sim10°$）求出成形切削刃低于圆轮中心的距离 $H=D/(2\sin\alpha_o)$。其中，D 是圆轮直径。

棱形和圆形成形车刀精度高，使用寿命长，但是制造较复杂。

用成形车刀车削成形面时［见图 3-1-59（d）］，由于切削刃与工件接触面积大，容易引起振动，所以应采取一定的防振措施。

特点：由于成形车刀的形状质量对工件的质量影响较大，因此对成形车刀要求较高，需要在专用工具磨床上刃磨，生产效率较高，工件质量有保证，用于批量生产。

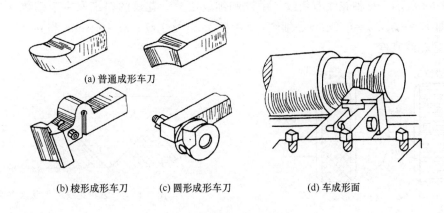

(a) 普通成形车刀　(b) 棱形成形车刀　(c) 圆形成形车刀　(d) 车成形面

图 3-1-59　成形车刀及车成形面

3）靠模法车成形面　尾座靠模和靠板靠模是两种主要的靠模成形法。

① 尾座靠模是将一个标准样件（即靠模 3）装在尾座套筒中，在刀架上装一把长刀夹，刀夹上装有车刀 2 和靠模板 4。车削时用双手操纵中、小滑板（如同双手进给控制法），使靠模板 4 始终贴在靠模 3 上并沿其表面移动，车刀 2 就可车出与靠模 3 相同形状的工件，如图 3-1-60 所示。

② 靠板靠模与靠模法车锥面相似，只是将锥度靠模换成了具有曲面槽的靠模，并将滑块改为滚柱。

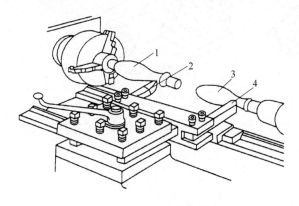

图 3-1-60　尾座靠模
1—工件；2—车刀；3—靠模；
4—靠模板

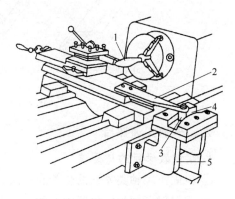

图 3-1-61　靠板靠模
1—工件；2—拉杆；3—滚柱；
4—靠模板；5—靠模支架

如果没有靠模车床，也可利用卧式车床进行靠模车削，如图 3-1-61 所示。在床身扣面装上靠模支架 5 和靠模板 4，脱开中滑板与丝杠的连接，而使滚柱 3 通过拉杆 2 与中滑板连接。将小滑板转过 90°，以代替中滑板做车刀横向位置调整控制背吃刀量。车削时，当床鞍纵向进给时，滚柱 3 就沿靠模板 4 的曲槽移动，并通过拉杆 2 使车刀随之做相应移动，于是在工件 1 上车出了成形面。

8. 表面修饰加工

工具和机器上的手柄捏手部分，需要滚花以增强摩擦力或增加零件表面美观。滚花是一种表面修饰加工方法，在车床上用滚花刀滚压而成。

1）花纹的种类　花纹有直纹和网纹两种形式，如图 3-1-62 所示。滚花花纹的形状及参数如图 3-1-63 所示。每种花纹有粗纹、中纹和细纹之分。花纹的粗细取决于模数 m 和节距的关系，即 $P=\pi m$。$m=0.2\text{mm}$ 是细纹；$m=0.3\text{mm}$ 是中纹；$m=0.4\text{mm}$ 和 $m=0.5\text{mm}$ 是粗纹；$2h$ 是花纹高度。

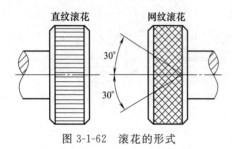

图 3-1-62　滚花的形式　　　　　　　　　　图 3-1-63　滚花花纹的形状及参数

2）滚花刀　滚花刀由滚轮与刀体组成，滚轮的直径为 20～25mm。滚花刀有单轮、双轮和六轮，如图 3-1-64 所示。单轮滚花刀用于滚直纹；双轮滚花刀有左旋和右旋滚轮各 1个，用于滚网纹；六轮滚花刀是在同一把刀体上装有三组粗细不等的滚花刀，使用时根据需要选用。

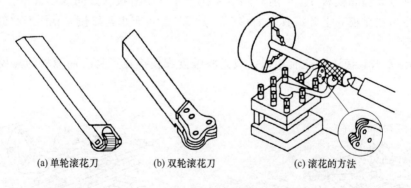

(a) 单轮滚花刀　　　　(b) 双轮滚花刀　　　　(c) 滚花的方法

图 3-1-64　滚花刀及滚花方法

九、车削实训课目

1. 实训教学目的与要求

① 巩固车削轴类零件的步骤和方法。

② 掌握保证轴类零件同轴度的加工方法。

③ 根据零件精度要求，正确选择、使用不同的量具。

④ 了解车削轴类零件产生废品的原因和防止方法。

2. 车削轴类工件的技能训练

(1) 台阶轴的车削方法与步骤

1) 图样分析

台阶轴如图 3-1-65 所示。毛坯直径 $\phi45$mm，需要车出 $\phi32^{0}_{-0.039}$mm×(20±0.2)mm，表面粗糙度 $Ra3.2\mu$m；$\phi40^{0}_{-0.039}$mm×35mm，表面粗糙度 $Ra3.2\mu$m，右端面表面粗糙度 $Ra3.2\mu$m，其余加工面表面粗糙度 $Ra6.3\mu$m。

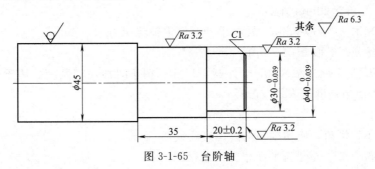

图 3-1-65 台阶轴

2) 准备工作

① 装刀对中。将硬质合金车刀装在刀架上，并对准工件旋转中心。

② 装夹工件。用三爪自定心卡盘装夹工件外圆并进行校正，毛坯伸出长度为 60mm。

③ 选择主轴转速。若切削速度 v_c=70m/min，则主轴转速为

$$n=1000\times v_c/\pi d=1000\times70/(3.14\times45)(\text{r/min})\approx495\text{r/min}$$

主轴计算转速与机床转速表 530r/min 接近，转换手柄调整主轴转速到 530r/min。

④ 选择进给量。f 取 0.10～0.18mm/r（实际工作时，可查车工手册确定 f）。

3) 车端面

① 开动车床，将车刀刀尖靠近工件端面并沿轴向切入。均匀转动中滑板手柄横向进刀车削端面。

② 当车刀车到中心时，停止进刀，不能留凸台。表面粗糙度达到 $Ra3.2\mu$m。

4) 粗车 $\phi40$mm×(20mm+35mm) 外圆

① 选择主轴转速。切削速度 v_c 取 50m/min，则主轴转速为

$n=1000\times v_c/\pi d=1000\times50/(3.14\times45)(\text{r/min})=353\text{r/min}$，转换手柄调整主轴转速为 360r/min。

② 选择进给量。f 取 0.10～0.18mm/r。

③ 用粗车刀车 $\phi45$mm 外圆，第一刀车至 $\phi42$mm，长度到刻线处；第二刀车至 $\phi40.5$mm，留精车余量 0.5mm。

5) 精车 $\phi40$mm×55mm 外圆

① 选择主轴转速。切削速度取 v_c 取 70m/min，则主轴转速为

$n=1000\times v_c/\pi d=1000\times70/(3.14\times40)(\text{r/min})=557\text{r/min}$，通过转换手柄调整主轴转速到 530r/min。

② 选择进给量。f 取 0.06～0.10mm/r。

③ 用精车刀车 $\phi40$mm×55mm 外圆至尺寸，用千分尺和游标卡尺测量尺寸，精车时加注切削液。目测或用表面粗糙度样板检测表面粗糙度 $Ra3.2\mu$m。

6) 粗车 $\phi32$mm×20mm 外圆

① 选择主轴转速。$n=1000 \times v_c/\pi d=1000 \times 50/(3.14 \times 32)(\text{r/min})=497\text{r/min}$，转换手柄调整主轴转速为 530r/min。

② 选择进给量。f 取 $0.1 \sim 0.18$mm/r。

③ 在 ϕ40mm 外圆上从右至左长度 20mm 处用车刀刻线。

④ 粗车 ϕ32mm 外圆，第一刀车至 ϕ35mm，长度至刻线处；第二刀车至 ϕ32.5mm 留精车余量 0.5mm。

7）精车 ϕ32mm×20mm 外圆

① 主轴转速取 $n=530$r/min，转换手柄调整主轴转速为 530r/min。

② 选择进给量。f 取 $0.06 \sim 0.10$mm/r。

③ 用精车刀精车 ϕ32mm×20mm 外圆至尺寸；精车时加注切削液。用千分尺和游标卡尺测量尺寸，表面粗糙度达 $Ra3.2\mu$m。

8）倒角 $C1$

① 用外圆车刀倒角，使切削刃与外圆轴心线呈 45°。

② 移动床鞍至工件外圆与平面相交处进行倒角 $C1$。

9）检测工件　检测工件质量合格后卸下工件。

10）注意事项

① 台阶平面和外圆相交处要清角，防止产生凹坑和出现小台阶。

② 台阶平面出现凹凸，其原因可能是车刀没有从里到外横向切削或车刀装夹主偏角小于 90°，或是刀架、车刀、滑板等发生了移位。

③ 多台阶工件的长度测量，应从一个基准面量起，防止累积误差。

④ 为了保证工件质量，调头装夹时要求垫铜皮，并校正。

11）实作成绩　车削台阶轴实作成绩评定见下表。

序号	检 测 项 目	配分	评分标准	检测结果	得分
1	检测尺寸 $\phi40_{-0.039}^{0}$mm	30	每超差 0.01mm 扣 5 分		
2	检测表面粗糙度 $Ra3.2\mu$m	10	超差一级扣 5 分		
3	检测尺寸 $\phi32_{-0.039}^{0}$mm	30	每超差 0.01mm 扣 5 分		
4	检测表面粗糙度 $Ra3.2\mu$m	10	超差一级扣 5 分		
5	检测长度尺寸 35mm	2	超差 1mm 不得分		
6	检测长度尺寸 20mm±0.2mm	8	超差 0.05mm 不得分		
7	检测倒角 $C1$	2	不符合要求不得分		
8	检测端面表面粗糙度 $Ra3.2\mu$m	4	超差 1 级扣 2 分		
9	检测台阶平面与轴线是否垂直及是否清角	4	一处台阶不清扣 2 分		
10	安全文明生产		酌情扣分		
	总分				

（2）车削轴类零件综合练习

1）分析图 3-1-66 所示工件的形状和技术要求。

2）三爪自定心卡盘装夹毛坯外圆，伸出 45mm 左右，校正夹紧；车平端面；钻 A 型中心孔。

3）一夹一顶装夹工件

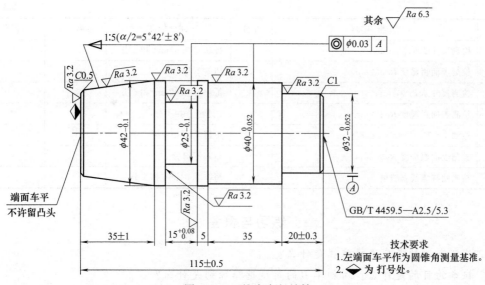

图 3-1-66 锥度变径销轴

① 粗车各台阶外圆及长度，留精车余量并把产生的锥度校正。

② 精车各台阶外圆及长度至尺寸、表面粗糙度合格。

③ 粗车外圆槽两侧及槽底，留精车余量。

④ 精车槽宽，底径。保证尺寸和表面粗糙度。

⑤ 检测工件各尺寸。

4）零件调头，三爪自定心卡盘装夹外圆（包铜皮），用百分表校正外圆，圆跳动误差在合格范围以内，并夹紧。

① 车平端面，不留凸头。

② 逆时针转动小滑板车圆锥面，控制圆锥长度和表面粗糙度。

③ 检测工件锥度。

5）工件质量分析与注意事项

① 为保证外圆的同轴度，要求一次装夹完成车削。

② 车槽时，槽侧、槽底要平整、清角。

③ 车圆锥时，车刀尖必须对准工件轴线。

6）实作工件成绩评定 轴类工件实作成绩评定见下表。

实作工件成绩评定表

序号	检测项目	配分	评分标准	检测结果	得分
1	检测尺寸 $\phi 42_{-0.10}^{0}$ mm	5	超差不得分		
2	检测表面粗糙度 $Ra3.2\mu$m	4	超差不得分		
3	检测尺寸 $\phi 40_{-0.052}^{0}$ mm	10	每超差 0.01mm 扣 5 分		
4	检测表面粗糙度 $Ra3.2\mu$m	4	超差不得分		
5	检测尺寸 $\phi 32_{-0.052}^{0}$ mm	10	每超差 0.01mm 扣 5 分		
6	检测表面粗糙度 $Ra3.2\mu$m	4	超差不得分		

序号	检 测 项 目	配分	评分标准	检测结果	得分
7	检测尺寸 $\phi25_{-0.10}^{\ 0}$ mm	8	每超差 0.01mm 扣 2 分		
8	检测表面粗糙度 $Ra3.2\mu$m	4	超差不得分		
9	检测尺寸 $\phi15_{0}^{+0.08}$ mm	10	每超差 0.02mm 扣 5 分		
10	检测表面粗糙度 $Ra3.2\mu$m	8	1 处超差扣 4 分		
11	检测 $1:5(\alpha/2=5°42'\pm8'')$	10	每超差 2′ 扣 4 分		
12	检测表面粗糙度 $Ra3.2\mu$m	4	超差不得分		
13	检测圆柱素线直线度	4	超差 0.01mm 扣 2 分		

练习与思考

1. 外圆车刀的角度选择依据是什么？

2. 粗车的目的是什么？对粗车刀的角度选择原则是什么？

3. 精车的目的是什么？对精车刀的角度选择原则是什么？

4. 为什么车削钢类塑性金属时要进行断屑措施？

5. 断屑槽的深度和宽度与断屑有什么关系？进给量和切削速度与断屑有什么关系？

6. 刃磨外圆车刀时要注意哪些？

7. 在车削重要的轴类零件时，为什么轴上的主要项目在精车时安排在最后工序进行？

8. 轴类零件用两顶尖装夹的特点是什么？

9. 为什么在批量生产时粗车安排在三爪自定心卡盘上车削，而精车在两顶尖装夹下车削？

10. 造成切断刀折断的原因有哪些？切断刀装夹时，刀尖与工件中心不等高被切断的工件端面会出现什么情况？

11. 常用刀具材料有哪几种？它们的性能如何？刀具材料必须满足哪些要求？

12. 90°外圆车刀有哪几个主要角度？它们的作用是什么？

13. 常用的磨刀砂轮材料有哪几种？它们的用途有何不同？

14. 刃磨车刀时主要是刃磨哪几个面？如何磨出前角、主后角、副后角、主偏角、副偏角和刃倾角？

15. 断屑槽有何作用？如何修磨断屑槽？

16. 简述车刀的装夹步骤和要求。

单元二　　零件的铣削加工

⚡》学习目标及要求

- 熟悉铣床、铣刀的种类及用途，铣削加工的特点。
- 掌握铣床的基本操作方法和加工应用范围。
- 能够调整铣床，选择合适的铣刀、铣削方式和铣削用量等，对零件表面进行铣削加工。

- 能对零件加工质量进行分析与评估。
- 熟悉铣床的维护、保养和安全操作常识，安全、文明生产。

一、基础工作准备

① 工作前，必须穿好工作服，女生需戴好工作帽，发辫不得外露，在执行磨刀操作时，必须戴防护眼镜。

② 工作前认真查看机床有无异常，在规定部位加注润滑油和切削液。

③ 开始加工前先安装好刀具，再装夹好工件。装夹必须牢固可靠，严禁用开动机床的动力装夹刀杆、拉杆。

④ 主轴变速必须停机。变速时，先打开变速操作手柄，再选择转速，最后以适当快慢的速度将操作手柄复位。复位时，速度过快，冲动开关难动作；速度太慢则易达启动状态，但易损坏啮合中的齿轮。

⑤ 开始铣削加工前，刀具必须离开工件，并应查看铣刀的旋转方向与工件的相对位置（是顺铣还是逆铣），通常不采用顺铣，而采用逆铣。若有必要采用顺铣，则应事先调整工作台的丝杠螺母间隙到合适程度方可铣削加工，否则将引起"扎刀"或"打刀"现象。

⑥ 在加工中，若采用自动进给，必须注意行程的极限位置；必须严密注意铣刀与工件夹具间的相对位置，以防发生过铣、撞铣夹具而损坏刀具和夹具。

⑦ 在加工中，严禁将工件、夹具、刀具、量具等摆在工作台上，以防碰撞跌落，发生人身、设备事故。

⑧ 机床在运行时，操作人员不得擅离岗位或委托他人看管。不准闲谈、打闹和开玩笑。

⑨ 两人或多人共同操作一台机床时，必须严格分工，分段操作，严禁同时操作一台机床。

⑩ 中途停机测量工件时，不得用手强行刹住惯性转动着的铣刀主轴。

⑪ 铣后的工件取出后，应及时去毛刺，防止碰伤手指或划伤堆放的其他工件。

⑫ 发生事故时，应立即切断电源，保护现场，参加事故分析，承担事故应负的责任。

⑬ 工作结束后应认真清扫机床、加油，并将工作台移向立柱附近。

⑭ 打扫工作场地，将切屑倒入规定地点。

⑮ 收拾好所用的工、夹、量具，摆放于工具箱中，工件交检。

二、铣削加工工作内容

1. 铣削加工范围

铣削加工就是以铣刀的旋转运动作主运动，与工件或铣刀的进给运动相配合，切去工件上多余材料的一种切削加工。铣床就是用铣刀进行切削加工的机床。

铣削加工之所以在金属切削加工中占有较大的比重，主要是因为在铣床上配以不同的配件及各种各样的刀具，可以加工形状各异、大小不同的多种表面，如平面、斜面、台阶面、垂直面、特形面、沟槽（直槽、T形槽、燕尾槽、V形槽）、键槽、螺旋槽、齿形以及成形面等，此外，利用分度装置还可加工需周向等分的花键、齿轮、螺旋槽等。在铣床上还可以进行钻孔、铰孔和铣孔等工作。

铣削加工时，铣刀旋转为主运动，工件或铣刀的直线移动为进给运动。铣削加工的典型表面如图 3-2-1 所示。

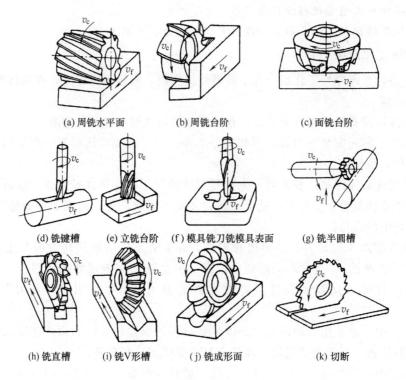

(a) 周铣水平面　　　(b) 周铣台阶　　　(c) 面铣台阶

(d) 铣键槽　　(e) 立铣台阶　　(f) 模具铣刀铣模具表面　　(g) 铣半圆槽

(h) 铣直槽　　(i) 铣V形槽　　(j) 铣成形面　　(k) 切断

图 3-2-1　铣削加工的典型表面

2. 铣削加工能达到的精度和工艺特点

1）多刀多刃切削　铣刀是一种多刃刀具，加工时，同时切削刀齿较多，既可以采用阶梯铣削，又可以采用高速铣削，故铣削加工的生产效率较高。但铣刀也存在下述两个方面的问题：一是刀齿容易出现径向圆跳动，这将造成刀齿负荷不等，磨损不均匀，影响已加工表面质量；二是刀齿的容屑空间必须足够，否则会损坏刀齿。

2）断续切削　铣削时每个刀齿都在断续切削，尤其是面铣，铣削力波动大，故振动是不可避免的。当振动的频率与机床的固有频率相同或成倍数时，振动最为严重，从而使加工表面的表面粗糙度值增大。另外，当高速铣削时，刀齿还要经受周期性的冷、热冲击，容易出裂纹和崩刃，使刀具寿命下降。

3）加工精度　铣削加工可以针对多种形面，尺寸计算较多，主要用于零件的粗加工和半精加工，其精度范围一般在 IT11～IT8 之间，表面粗糙度值 Ra 在 12.5～0.4μm 之间。

4）刀具　铣削时，每个刀齿都是短时间的周期性切削，虽然有利于刀齿散热和冷却，但周期性的热变形将会引起切削刃的热疲劳裂纹，造成切削刃剥落和崩碎。另外，各种刀杆使铣刀装刀复杂。

5）切屑　铣刀每个刀齿的切削都是断续的，切屑比较碎小，加之刀齿之间又有足够的容屑空间，故铣削加工排屑容易。

三、铣削方式

采用合适的铣削方式可以减少振动，使铣削过程平稳，并可提高工件的表面质量、铣刀寿命及铣削生产率。

1. 周铣和端铣

在铣削加工中，由于使用的刀具不同，我们将铣削加工分为周铣和端铣两种铣削方式。

1）周铣　图 3-2-2 所示即为用圆柱铣刀周铣平面的例子，周铣是利用铣刀圆周齿切削的一种铣削方式。如图 3-2-2 所示，周铣时只有圆周刃进行切削，已加工表面实际上是由许多圆弧所组成，加工表面残留面积多，故周铣后的表面粗糙度 Ra 值比端铣大。

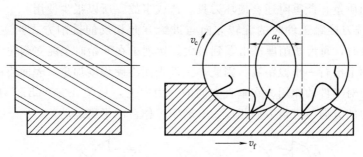

图 3-2-2　周铣时示意图

周铣用的铣刀多用高速钢制成，切削时刀轴要承受较大的弯曲力，其刚性又差，切削用量受到一定的限制，切削速度 $v_c < 30\text{m/min}$。周铣的适应性强，能铣平面、沟槽、齿轮和成形面等。

2）端铣　是利用铣刀端部齿切削的一种铣削方式。端铣的表面粗糙度 Ra 值比周铣小，能获得较光洁的表面。

端铣的生产率高于周铣。因为端铣刀大多可以采用硬质合金刀头，刀杆受力情况好，不易产生变形，因此，可以采用大的切削用量，其中切削速度 v_c 可达 150m/min。

端铣的适应性差，一般仅用来铣削平面，特别适合铣削大平面。

2. 顺铣和逆铣

在采用周铣平面的铣削方式中，根据铣刀旋转方向与工件进给方向的不同，铣削又可分为顺铣和逆铣两种方式。

1）顺铣　周铣时，铣刀接触工件时的旋转方向和工件的进给方向相同的铣削方式叫顺铣，如图 3-2-3（b）所示。顺铣时，每齿的切削厚度由最大到零，刀齿和工件之间没有相对滑动，容易切削，加工表面的粗糙度值小，刀具的寿命也较长。顺铣时，铣刀对工件的作用

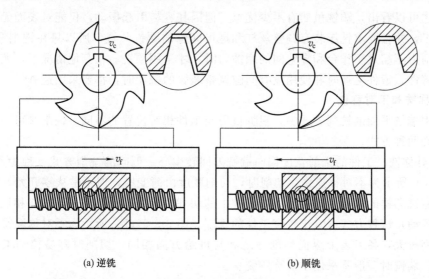

(a) 逆铣　　　　　(b) 顺铣

图 3-2-3　顺铣和逆铣

力在垂直方向的分力始终向下，有利于工件的夹紧和铣削的顺利进行。但刀齿作用在工件上的水平分力与进给方向相同，如图 3-2-4（a）所示，当其大于工作台和导轨之间的摩擦力时，就会把工作台连同丝杠向前拉动一段距离，这段距离等于丝杠和螺母间的间隙，因而将影响工件的表面质量，严重时还会损坏刀具，造成事故，所以很少使用。

　　2）逆铣　铣刀接触工件时的旋转方向与进给方向相反的铣削方式叫逆铣，如图 3-2-3（a）所示，逆铣时，每齿切削厚度由零到最大。切削刃在开始时不能立刻切入工件，而要在工件已加工表面上滑行一小段距离，因此，工件表面冷硬程度加重，表面粗糙度变粗，刀具磨损加剧。铣刀对工件的作用力在垂直方向的分力向上，见图 3-2-4（b），不利于工件的夹紧。但水平分力的方向与进给方向相反，有利于工作台的平稳运动。

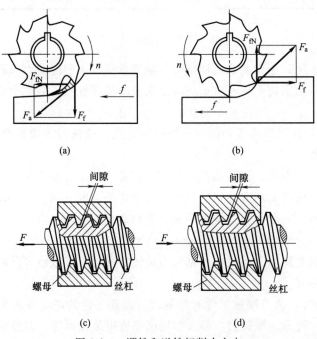

图 3-2-4　顺铣和逆铣切削力方向

　　由上述可以看出，顺铣虽然有不少优点，但因其容易引起振动，仅能对表面无硬皮的工件进行加工，并且要求铣床装有调整丝杠和螺母间隙的顺铣装置，所以只在铣削余量较小、产生的切削力不超过工作台和导轨间的摩擦力时，才采用顺铣。在其他情况下，尤其加工具有硬皮的铸件、锻件毛坯时和使用没有间隙调整装置的铣床时，都要采用逆铣。

　　3. 对称铣和不对称铣

　　在采用端铣平面的铣削方式中，根据铣刀与工件相对位置的不同，铣削又可分为对称铣和不对称铣两种方式。

　　1）不对称铣　工件的铣削宽度偏向端铣刀回转中心一侧时的铣削方式，称为不对称铣。图 3-2-5（a）所示为不对称逆铣，切削时，切削厚度由薄变厚，但不是从零开始，所以，没有周铣时逆铣那样的缺点。刀齿作用在工件上的切削力的纵向分力和进给方向相反，可以防止工作台窜动，这种方式适宜于较窄工件的铣削。图 3-2-5（b）所示为不对称顺铣，顺铣部分所占比例较大，各刀齿上纵向切削力之和与进给方向相同，切削时容易拉动工作台和丝杠，所以，端铣时一般不采用不对称顺铣。

　　2）对称铣　铣刀处于工件对称位置的铣削，称为对称铣，如图 3-2-5（c）所示。工件的前半部分为顺铣，后半部分为逆铣，当纵向进给铣削时，前、后两刀齿对工件的作用力在水平方向的分力有一部分抵消，不会出现拉动工作台窜动现象。对称铣适用于工件宽度接近于铣刀直径，且铣刀齿数较多的情况下。

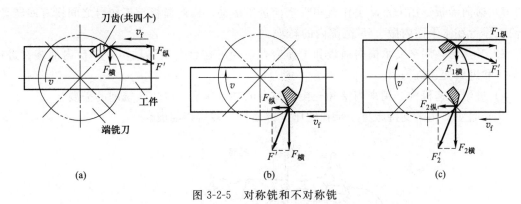

图 3-2-5　对称铣和不对称铣

四、铣床

1. 常用铣床

1）卧式升降台铣床　卧式升降台铣床有沿床身垂直导轨运动的升降台，工作台可随升降台做上下垂直运动、在升降台上可做纵向和横向运动；铣床主轴与工作台台面平行。这种铣床使用方便，适用于加工中小型零件。典型卧式升降台铣床的型号为 X6132。

2）立式升降台铣床　立式升降台铣床与卧式升降台铣床主要的差异是铣床主轴与工作台台面垂直。典型立式升降台铣床的型号为 X5032。

3）万能工具铣床　万能工具铣床有水平主轴和垂直主轴，工作台做纵向和垂直方向运动，横向运动由主轴实现。这种铣床能完成多种铣削工作，用途广泛，特别适合于加工各种夹具、刀具、工具、模具和小型复杂零件。典型万能工具铣床的型号为 X8126。

4）龙门铣床　龙门铣床属大型铣床，铣削动力安装在龙门导轨上，有垂直主轴箱和水平主轴箱，可做横向和升降运动。工作台直接安置在床身上，载重量大，可加工重型零件，但只能做纵向运动。典型龙门铣床型号为 X2010。

除上述四种常用铣床外，使用较广泛的还有仿形铣床、数控铣床、专用铣床等。

2. X6132 型卧式万能升降台铣床的主要部件及其功用

X6132 型卧式万能升降台铣床（见图 3-2-6）功率大，转速高，变速范围大，刚性好，操作方便，通用性强。它可以将横梁移到床身后面，在主轴端部装上万能立铣头进行立铣加工，铣刀可回转任意角度，扩大加工范围，可以加工中小型平面、特形表面、各种沟槽和小型箱体上的孔等。

1）主轴变速机构　主轴变速机构安装在床身内，其功用是将电动机的转速通过齿轮变速，变换成 18 种不同转速，传递给主轴，以适应各种转速的铣削要求。

2）床身　床身是机床的主体，用来安装和连接机床其他部件。床身正面有垂直导轨，工作台可沿导轨上下移动。床身顶部有燕尾形水平导轨，横梁可沿床身顶部燕尾形导轨水平移动。床身内部装有主轴机构和主轴变速机构等。

3）横梁　横梁上可安装挂架，并沿床身顶部燕尾形导轨移动。

4）主轴　主轴用来实现主运动，是前端带锥孔的空心轴，孔的锥度为 7：24，用来安装刀杆和铣刀，由变速机构驱动主轴连同铣刀一起旋转。

5）挂架　铣刀杆一端安装在主轴锥孔内，外端安装在挂架上，以增强刀杆的刚性。

6）工作台　用来安装工件或铣床夹具，带动工件实现纵向进给运动。

7）横向溜板　用来带动工作台实现横向进给运动。横向溜板与工作台之间设有回转盘，可使工作台在水平面内做±45°范围内的转动。

8）升降台　用来支承横向溜板和工作台，带动工作台上下移动。升降台内部装有进给电动机和进给变速机构。

9）进给变速机构　用来调整和变换工作台的进给速度，以适应铣削的需要。

10）底座　用来支持床身，承托铣床全部质量，装盛切削液。

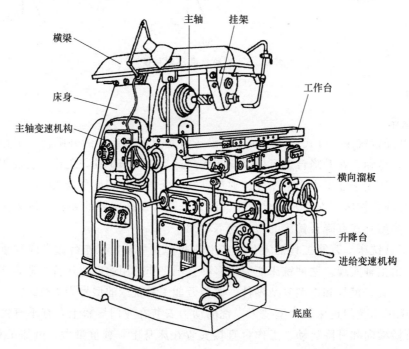

图 3-2-6　X6132 型卧式万能升降台铣床

3. X6132 型铣床的操作规范

（1）工作台纵向、横向和垂直方向的手动进给操作

垂直（上、下）手动进给手柄如图 3-2-7（a）所示，纵向、横向手动进给手柄外形如图 3-2-7（b）所示。操作时，将手柄分别接通其手动进给离合器，摇动手柄，带动工作台分别做各方向的手动进给运动。顺时针方向摇动手柄，工作台前进（或上升）；反之，则后退（或下降）。纵向、横向刻度盘的圆周刻线 120 格，每摇 1 转，工作台移动 6mm，所以每摇过 1 格，工作台移动 0.05mm；垂直方向刻度盘的圆周刻线 40 格，每摇 1 转，工作台上升（或下降）2mm，因此，每摇 1 格，工作台上升（或下降）也是 0.05mm。摇动各手柄，通过刻度盘控制工作台在各进给方向的移动距离。

当摇动手柄使工作台在某一方向按要求的距离移动时，若将手柄摇过头，则不能直接退回到刻线处，必须将手柄反转大半圈，再重新摇到要求的数值。不使用手动进给时应将手柄与离合器脱开。

（2）主轴变速操作步骤（见图 3-2-8）

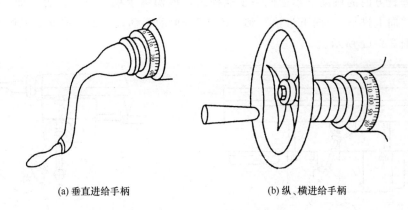

(a) 垂直进给手柄   (b) 纵、横进给手柄

图 3-2-7 手动进给手柄和刻度盘

①将变速手柄 1 下压,使手柄的榫块从固定环 2 的槽内脱出,再将手柄外拉,使榫块落入固定环 2 的槽内,手柄处于脱开位置 Ⅰ。②然后转动转速盘 3,使所选择转速值对准指针 4。③将手柄下压并快速推到位置 Ⅱ,使冲动开关 6 瞬时接通,电动机瞬时转动,以利于变速齿轮顺利啮合,再由位置 Ⅱ 慢速将手柄推至 Ⅲ,使手柄的榫块落入固定环的槽内,变速操作完毕。

转速盘上有 30～1500r/min 的转速 18 挡。主轴变速操作时,连续变换速度不许超过 3 次。如果必须进行变速,则应间隔 5min,以免因启动电流过大,烧坏电动机。

（3）进给变速操作

进给变速操作见图 3-2-9,先向外拉出进给变速手柄 1,然后转动手柄,带动进给速度盘 2 旋转,当所需要的进给速度值对准指针 3 后,将进给变速手柄推进,工作台就按选定的进给速度做自动进给运动,共有 18 级速度。

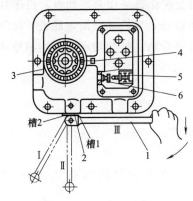

图 3-2-8 主轴变速操作

1—变速手柄；2—固定环；3—转速盘；
4—指针；5—螺钉；6—开关

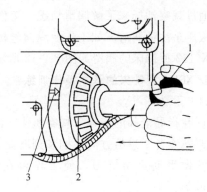

图 3-2-9 进给变速操作

1—变速手柄；2—转速盘；3—指针

（4）工作台纵、横、垂直方向的机动进给操作

工作台的纵向、横向、垂直方向的机动进给操纵手柄都有两副,是联动的复式操纵机构。纵向机动进给操纵手柄有三个位置,即"向右进给""向左进给"和"停止",扳动手柄,手柄指向就是工作台的机动进给方向,如图 3-2-10 所示。

横向和垂直方向的机动进给由同一手柄操纵，该操纵手柄有五个位置，即"向里进给""向外进给""向上进给""向下进给"和"停止"。扳动手柄，手柄指向就是工作台的机动进给方向，如图 3-2-11 所示。

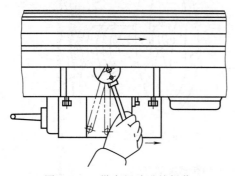

图 3-2-10　纵向机动进给操作

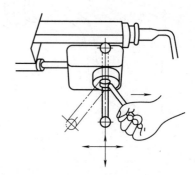

图 3-2-11　横向、垂直方向机动进给操作

工作台的上下、左右、前后的机动进给运动，是靠各操纵手柄接通电动机的电气开关，使电动机正转或反转获得的。因此，操作时一次只能操纵实现一个方向的机动进给运动。为了保证机床设备的安全，X6132 型铣床的纵向与横向机动进给控制系统，装有电气保护互锁装置，而横向与垂直方向机动进给之间的互锁是由单手柄操纵的机械动作保证。铣削时，为了减少振动，保证工件的加工精度，避免因铣削力的作用使工作台在某一进给方向产生位置变动，应对不使用的进给机构予以固定。例如，纵向进给铣削时，除工作台纵向紧固螺钉松开外，横向溜板紧固手柄和垂直进给紧固手柄应旋紧。工作完毕，将其松开。在纵向、横向和垂直三个进给方向，各有两块机动进给停止挡铁，其作用是停止工作台的机动进给运动。挡铁应安装在限位柱范围内，不准随意拆掉，以防止出现机床事故。

（5）X6132 型铣床的润滑

X6132 型卧式万能升降台铣床的主轴变速箱、进给变速箱都采用自动润滑，机床开动后可以通过观察油标来了解润滑情况。工作台纵向丝杠和螺母，导轨面和横向溜板导轨等采用手动液压泵注油润滑。如工作台纵向丝杠两端轴承、垂直导轨、挂架轴承等采用油枪注油润滑。X6132 型铣床的润滑如图 3-2-12 所示。

4. X6132 型铣床的基本操作训练

（1）手动练习

① 在指导老师的指导下检查机床，给铣床加注润滑油。

② 熟悉各个进给方向手柄和刻度盘。

③ 做手动进给练习，使工作台在纵向、横向、垂直方向分别移动 3.5mm、6mm、7.5mm 等。

④ 学会消除工作台丝杠和螺母之间的传动间隙。

⑤ 每分钟均匀地手动进给 30mm、45mm、60mm、75mm、95mm 等。

（2）铣床主轴变速和空运转练习

① 将铣床电源开关转动到"通"的位置，接通电源。

② 练习变换主轴转速 1～3 次（控制在低速，如 30r/min、95r/min、150r/min）。

③ 按"启动"按钮，使主轴回转 3～5min。检查油窗，有甩油现象证明液压泵工作正常。

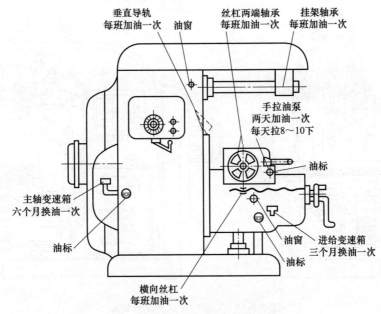

图 3-2-12　X6132 型铣床的润滑

④ 停止主轴回转。重复以上练习。

（3）工作台机动进给操作练习

1）检查铣床

① 检查各进给方向的紧固螺钉、紧固手柄是否松开。

② 检查机动进给限位挡铁是否安装牢固、位置是否正确。

③ 检查工作台在各进给方向是否处于中间位置。

2）进给变速练习　在低速下进行 1～3 次进给速度练习（低速为 30～118r/min）。

3）机动进给操作练习

① 按下主轴"启动"按钮，使主轴旋转；观察进给箱油窗是否甩油。

② 使工作台先后分别做纵向、横向、垂直方向的机动进给。

③ 先停止工作台进给，后停止主轴旋转。

（4）训练时注意事项

① 严格遵守安全操作规程。

② 操作结束后，把工作台停在中间位置，各手柄恢复到原位，关闭机床电源开关。

5. X5032 型立式升降台铣床

X5032 型铣床是一种常见的立式升降台铣床，如图 3-2-13 所示。其规格、操纵机构、传动变速机构等与 X6132 型铣床基本相同，主要有以下不同：

① X5032 型铣床主轴回转轴线与工作台面垂直，安装在可以回转的铣头壳体内，可以旋转±45°。

② X5032 型铣床工作台在水平面内不能旋转。

③ 主轴套筒带动主轴做垂直运动，移动范围 70mm。

④ X5032 立式铣床的润滑如图 3-2-14 所示。

6. X5032 立式铣床的操作练习

（1）铣床的手动进给操作练习

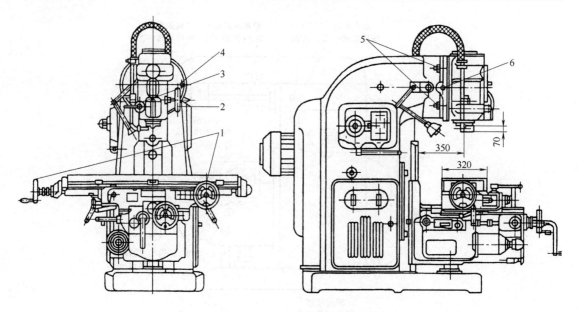

图 3-2-13　X5032 立式升降台铣床

1—纵向手动进给手柄；2—主轴套筒升降手柄；3—主轴套筒锁紧手柄

4—定位销；5—铣头紧固螺钉；6—调转角度转动手柄

① 在指导老师的指导下检查机床。

② 给铣床加注润滑油（图 3-2-14）。

③ 熟悉各个进给方向刻度盘。

④ 做手动进给练习。

⑤ 使工作台在纵向、横向、垂直方向分别移动 2.5mm、4mm、7.5mm 等。

⑥ 学会消除工作台丝杠和螺母间的传动间隙。

⑦ 每分钟均匀地手动进给 30mm、45mm、60mm、75mm、95mm 等。

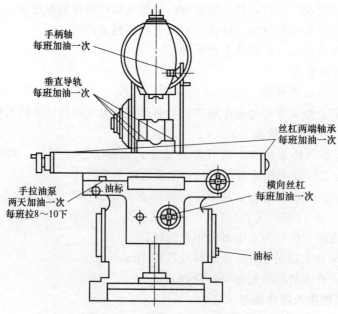

图 3-2-14　X5032 立式铣床的润滑

（2）铣床主轴的空运转操作练习

① 将电源开关转至"通"的位置。

② 练习在低速下变换主轴转速 1～3 次（在低速下练习）。

③ 按"启动"按钮，使主轴旋转 3～5min。

④ 检查油窗，有甩油现象则说明油泵、润滑系统工作正常。

⑤ 停止主轴旋转，重复以上练习。

（3）工作台自动进给操作练习

① 检查各进给方向紧固手柄是否松开。

② 检查各进给方向自动进给停止挡铁是否在限位柱范围内。

③ 使工作台在各进给辨认向处于中间位置。

④ 在低速下变换进给速度。

⑤ 按下主轴"启动"按钮，使主轴旋转。

⑥ 使工作台先纵向、后横向、再垂直方向自动进给。

⑦ 停止工作台进给，再停止主轴旋转。

⑧ 重复以上练习。

7. 铣床安全操作规程及注意事项

（1）铣床安全操作规程

① 操作前应对所使用机床做如下检查：

a. 各手柄的原始位置是否正常。

b. 用手摇动各手柄，检查进给运动和方向是否正常。

c. 检查自动进给停止挡铁是否在限位柱范围内，是否紧牢。

d. 让主轴和工作台由低速到高速运动，检查运动和变速是否正常。

e. 开动机床使主轴回转，观察油窗是否甩油。

f. 上述各项检查完毕，若无异常，对机床各部分加注润滑油。

② 不准戴手套操作机床、测量工件、更换刀具、擦拭机床。

③ 装卸工件、刀具，变换转速和进给量，测量工件，安装配换齿轮等，必须在停车状态下进行。

④ 操作机床时，严禁离开岗位，不准做与操作内容无关的其他事情。

⑤ 工作台自动进给时，应脱开手动进给离合器，以防手柄随轴旋转伤人。

⑥ 不准两个进给方向同时启动自动进给。自动进给时，不准突然变换进给速度、自动进给完毕，应先停止进给，再停止主轴（刀具）旋转。

⑦ 高速铣削或刃磨刀具时，必须戴防护眼镜。

⑧ 操作中出现异常现象应及时停车检查，出现故障、事故应立即切断电源，及时报告指导教师，请专业维修人员检修，未修复好的机床不得使用。

⑨ 机床不使用时，各手柄应置于空挡位置，各方向进给紧固手柄应松开，工作台应处于各方向进给的中间位置，导轨面应适当涂刷润滑油。

（2）注意事项

① 严格遵守安全操作规程；操作时按步骤进行。

② 不允许两个进给方向同时自动进给；自动进给时，进给方向紧固手柄应松开。

③ 各个进给方向的自动进给停止挡铁应在限位柱范围内。

④ 练习完毕认真擦拭机床，并使工作台处于中间位置，各手柄恢复原位。

8. 铣床的保养

铣床运转 500h 左右要进行一次一级保养。铣床一级保养的部位、内容与要求见表 3-2-1。

表 3-2-1　铣床一级保养的部位、内容与要求

序号	部　　位	内容与要求
1	床身及表面	(1)清洗机床表面及死角，直到漆见本色、铁见光 (2)消除导轨面的毛刺
2	主变速箱	各定位手柄应无松动
3	进给箱	(1)各变速手柄应无松动 (2)调整摩擦片间隙(由机修工进行)
4	工作台	(1)各部应清洗。台面应无毛刺，凸起处应刮平 (2)调整导轨斜铁的间隙在 0.04mm 左右 (3)调整丝杠、丝母间隙，消除轴向窜动量
5	润滑	(1)清洗各油管、液压泵、油网。要求油路畅通，液压泵有效，油标及油窗醒目 (2)按规定加油
6	冷却系统	(1)冷却槽应无杂物和铁屑 (2)擦拭冷却泵的外表面
7	电气部分	(1)清理电气箱、电气盒内的积油和灰尘(由电工进行) (2)检查各电气触点和接线(由电工进行)

一级保养应在切断电源状态下进行，具体操作步骤如下：

① 擦净床身上部，包括横梁、挂架、挂架轴承、横梁燕尾槽、主轴孔、主轴的前端和尾部以及垂直导轨上部。

② 拆卸铣床工作台：首先快速向右进给到极限位置，拆下左撞块；拆卸左端手柄、刻度环、离合器、螺母及推力球轴承；拆卸左端的轴承架和塞铁。接着拆卸右端螺母、圆锥销、推力球轴承和轴承架。然后用手旋动丝杠，并取下丝杠，在取下丝杠时，要注意丝杠键槽向下，否则会碰落平键。最后取下工作台。

③ 清洗拆下的各零件、部件，并修去毛刺。

④ 检查和清洗工作台底座内的各零件，并检查手动油泵及油管是否正常。

⑤ 安装工作台，安装步骤与拆卸顺序相反。

⑥ 调整塞铁及推力球轴承的间隙。

⑦ 调整丝杠与螺母之间的间隙。

⑧ 拆卸横向工作台的油毡、夹板和塞铁，并清洗好。

⑨ 摇动手柄，使横向工作台前后移动，擦净并检查横向导轨和横向丝杠，修光毛刺后，装上塞铁、油毡等。

⑩ 工作台上下移动，清洗并检查垂向进给丝杠、导轨等，并相应调整好。同时还要检查润滑油的质量。

⑪ 拆洗电动机罩，擦净电动机，清扫电气箱，并进行检查。

⑫ 清洁整台铣床外表，检查润滑系统，清洗冷却系统。

五、铣刀及其安装

1. 铣刀材料

① 高速工具钢具有较好的切削性能，其适宜的切削速度为 16~35m/min。用于制造形状较复杂的铣刀，常用牌号有 W18Cr4V、W6Mo5Cr4V2 等。

② 硬质合金钢耐磨性好，低速时切削性能差；工艺性较差。切削速度比高速工具钢高 4~7 倍，可用作高速切削和硬材料切削的刀具。通常是将硬质合金刀片以焊接或机械夹固的方法固定在铣刀刀体上。

常用的硬质合金有钨钴（YG）类，牌号有 YG8、YG6、YG3、YG8C，可切削铸铁、青铜等；钨钛钴（YT）类，牌号有 YT5、YT15、YT30 等，可切削碳钢等；钨钛钽（铌）钴类，常用牌号有 YW1、YW2 等，可切削高强度合金钢、不锈钢、耐热钢，也可切削一般钢材等。

2. 铣刀的种类

铣刀的分类方法很多，根据铣刀安装方法的不同可分为两大类，即带孔铣刀和带柄铣刀。带孔铣刀多用在卧式铣床上，带柄铣刀多用在立式铣床上。带柄铣刀又分为直柄铣刀和锥柄铣刀。

（1）常用的带孔铣刀（如图 3-2-15）

1）圆柱铣刀 其刀齿分布在圆柱表面上，通常分为直齿和斜齿两种，主要用于铣削平面。由于斜齿圆柱铣刀的每个刀齿是逐渐切入和切离工件的，故工作较平稳，加工表面的粗糙度数值小，但有轴向切削力产生。

2）圆盘铣刀 即三面刃铣刀、锯片铣刀等。三面刃铣刀主要用于加工不同宽度的直角沟槽及小平面、台阶面等。锯片铣刀用于铣窄槽和切断。

3）角度铣刀 具有各种不同的角度，用于加工各种角度的沟槽及斜面等。

4）成形铣刀 其切削刃呈凸圆弧、凹圆弧、齿槽形等。用于加工与切刃形状对应的成形面。

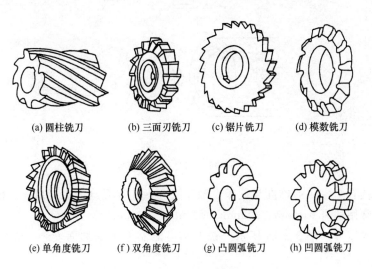

(a) 圆柱铣刀   (b) 三面刃铣刀   (c) 锯片铣刀   (d) 模数铣刀

(e) 单角度铣刀   (f) 双角度铣刀   (g) 凸圆弧铣刀   (h) 凹圆弧铣刀

图 3-2-15 带孔铣刀

（2）常用的带柄铣刀（如图 3-2-16）

1）立铣刀 立铣刀有直柄和锥柄两种，多用于加工沟槽、小平面、台阶面等。

2）键槽铣刀　专门用于加工封闭式键槽。

3）T 形槽铣刀　专门用于加工 T 形槽。

4）镶齿面铣刀　一般刀盘上装有硬质合金刀片，加工平面时可以进行高速铣削，以提高工作效率。

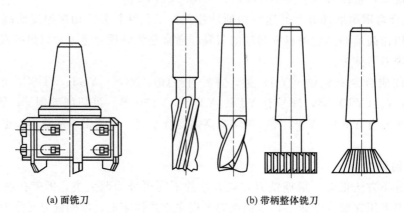

(a) 面铣刀　　　　　　　　　　(b) 带柄整体铣刀

图 3-2-16　带柄铣刀

3. 铣刀的安装

通常，在卧式铣床上安装带孔铣刀，在立式铣床上安装带柄铣刀。

（1）带孔铣刀的安装

① 带孔铣刀中的圆柱形、圆盘形铣刀多用长刀杆安装，铣刀杆结构如图 3-2-17 所示。

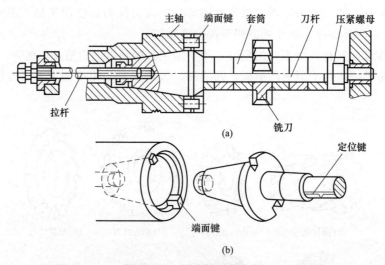

图 3-2-17　圆盘铣刀的安装

长刀杆一端有 7：24 的锥度与铣床主轴孔配合，安装刀具的刀杆部分。根据刀孔的大小分几种型号，常用的有 $\phi16mm$、$\phi22mm$、$\phi27mm$、$\phi32mm$ 等。

安装铣刀的过程如图 3-2-18 所示。铣刀尽可能靠近主轴端面安装，以增加工艺系统刚性，减少振动。

安装时，先擦净定位套筒和铣刀，以减小安装后铣刀的端面跳动；将刀杆插入主轴锥孔中，并使刀杆上的键槽与主轴的键配合。拉杆与刀杆柄部螺纹旋合至少 5～6 个螺距；在拧紧刀杆上的压紧螺母前，需先装好挂架，最后使刀杆与主轴、铣刀与刀杆紧密配合。

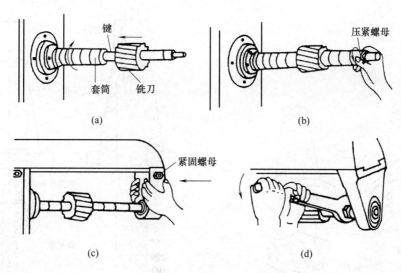

图 3-2-18 安装铣刀的过程

用长刀杆安装带孔铣刀时要注意：

a. 铣刀应尽可能地靠近主轴或吊架，以保证铣刀有足够的刚性；套筒的端面与铣刀的端面必须擦干净，以减小铣刀的端跳；拧紧刀杆的压紧螺母时，必须先装上吊架，以防刀杆受力弯曲。

b. 斜齿圆柱铣刀所产生的轴向切削力应指向主轴轴承，主轴转向与斜齿圆柱铣刀旋向的选择见表 3-2-2。

表 3-2-2 主轴转向与斜齿圆柱铣刀旋向的选择

情况	铣刀安装简图	螺旋线方向	主旋转方向	轴向力的方向	说明
1		左旋	逆时针方向旋转	向着主轴轴承	正确
2		左旋	顺时针方向旋转	离开主轴轴承	不正确

② 带孔铣刀中的面铣刀多用短刀杆安装，如图 3-2-19 所示。

（2）带柄铣刀的安装

① 锥柄铣刀有整体式和组装式两种。组装式主要安装铣刀头或硬质合金可转位刀片；锥柄铣刀安装时，先选用合适的过渡锥套，再用拉杆将铣刀及过渡锥套一起拉紧在主轴端部的锥孔内，如图 3-2-20（a）所示。

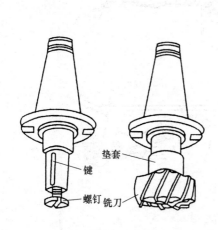

图 3-2-19　面铣刀的安装

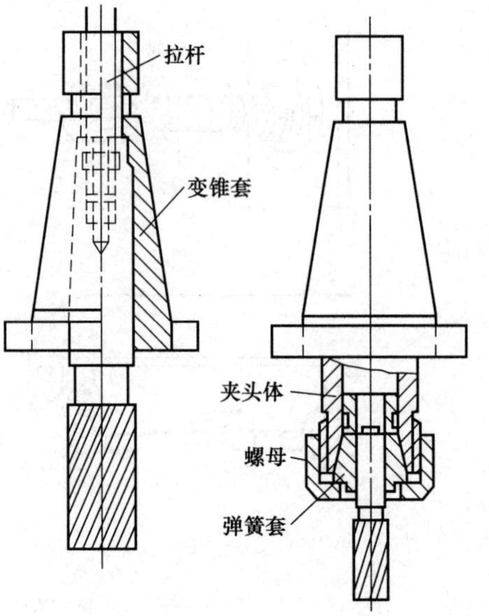

(a) 锥柄铣刀的安装　　　(b) 直柄立铣刀的安装

图 3-2-20　带柄铣刀的安装

② 直柄铣刀通常为整体式，且多为小直径铣刀，一般不超过 ϕ20mm，多用弹簧夹头进行安装，如图 3-2-20（b）所示。铣刀的柱柄插入弹簧套的孔中，用螺母弹簧套的端面，使弹簧套的外锥面受压而孔径缩小，即可将铣刀抱紧。弹簧套上有三个开口，故受力时能收缩。弹簧套有多种孔径，以适应各种尺寸的铣刀。

（3）铣刀装卸中的注意事项

① 安装圆柱形铣刀或其他带孔铣刀时，应先紧固挂架，后紧固铣刀。拆卸时应先松开铣刀，再松开挂架。

② 装卸铣刀时，圆柱形铣刀用手持两端面；装卸立铣刀时手上垫上棉纱握住圆周。

③ 安装铣刀时应擦净各接触表面，以防止接触面上附有脏物而影响安装精度。

④ 拉紧螺杆上的螺纹长度应与铣刀杆或铣刀上的螺孔有足够的旋合长度。

⑤ 挂架轴承孔与铣刀杆支承轴颈应保持足够的配合长度。

⑥ 铣刀安装后应检查安装情况是否正确。

六、铣削加工方法

1. 工件的安装

（1）在铣床工作台上用螺栓、压板装夹

尺寸较大或形状特殊的工件通常采用螺栓、压板装夹，如图 3-2-21、图 3-2-22 所示。螺栓要尽量靠近工件；压板垫块的高度应保证压板不发生倾斜；压板在工件上的夹压点应尽量靠近加工部位；所用压板的数目不少于两块。

（2）用机用平口钳装夹

机用平口钳装夹适用于外形尺寸不大的工件。装夹工件时，工件的被加工面需高出钳口，否则要用平行垫铁垫高工件，工件放置的位置要适当，一般置于钳口中间，用机用平口钳装夹工件可铣削平面、平行面、垂直面和斜面，其加工示意如图 3-2-23（a）、图 3-2-23（b）所示；加工斜面时，还可以使用可倾平口钳装夹工件，如图 3-2-23（c）所示。机用平

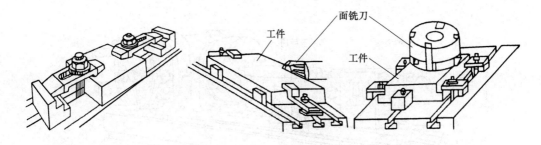

图 3-2-21　在铣床工作台面上用螺栓、压板装夹工件铣削平面

口钳可用于装夹矩形工件，也可以装夹圆柱形工件，是铣床常用的通用夹具。

（3）用分度头装夹

用分度头装夹工件可完成铣削多边形、花键、齿轮和刻线等工作。FW250 型万能分度头及其附件在铣床工作台上的放置如图 3-2-24 所示。

利用分度头，工件的装夹方式通常有以下几种：

① 用三爪自定心卡盘和后顶尖装夹工件，如图 3-2-25（a）所示。

② 用前、后顶尖夹紧工件，如图 3-2-25（b）所示。

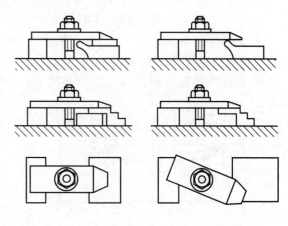

(a) 正确　　　　　(b) 错误

图 3-2-22　用压板装夹工件

③ 工件套装在心轴上用螺母压紧，然后同心轴一起被顶持在分度头和后顶尖之间，如图 3-2-25（c）所示。

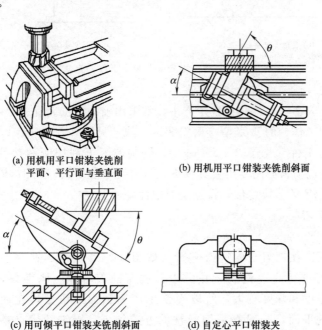

(a) 用机用平口钳装夹铣削
平面、平行面与垂直面

(b) 用机用平口钳装夹铣削斜面

(c) 用可倾平口钳装夹铣削斜面

(d) 自定心平口钳装夹

图 3-2-23　用机用平口钳装夹工件

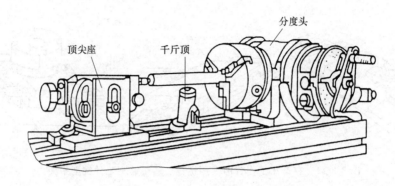

图 3-2-24 FW250 型万能分度头及其附件工作示意图

④ 工件套装在心轴上，心轴装夹在分度头的主轴锥孔内，并可按需要使主轴倾斜一定角度，如图 3-2-25（d）所示。

⑤ 工件直接装夹在三爪自定心卡盘上，并可使主轴倾斜一定角度，如图 3-2-25（e）所示。

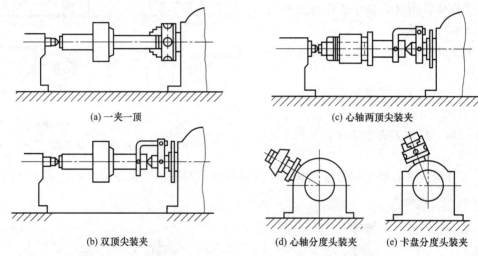

(a) 一夹一顶　　　　　　　　　　(c) 心轴两顶尖装夹

(b) 双顶尖装夹　　(d) 心轴分度头装夹　　(e) 卡盘分度头装夹

图 3-2-25 用分度头装夹工件的方法

（4）用专用夹具或辅助定位装置装夹

在连接面数量较多的工件和批量生产中，常采用辅助定位装置或专用夹具装夹工件。如铣削平行面可利用工作台的 T 形槽直槽安装定位块 ［见图 3-2-26（a）］；铣削垂直面常利用角铁（弯板）装夹工件 ［见图 3-2-26（b）］；铣削斜面可利用倾斜垫块定位 ［见图 3-2-26（c）］；批量生产中铣削斜面用专用夹具装夹工件 ［见图 3-2-26（d）］；铣削圆柱面上的小平面或键槽时，可使用 V 形块定位，特点是对中性好 ［见图 3-2-26（e）］等。

2. 铣削基本工艺

（1）铣平面

铣平面可以用圆柱铣刀或面铣刀进行，如图 3-2-27 所示。在一般情况下，面铣刀可以采用硬质合金刀进行高速铣削，并由于面铣刀的刀杆短、刚性好，故不易产生振动，可切除切削层的厚度和深度较大，所以面铣生产率和加工质量均比周铣高，目前加工平面，尤其是较大的平面，一般都采用面铣的方式加工。周铣的优点是一次能切除较大的铣削层深度。

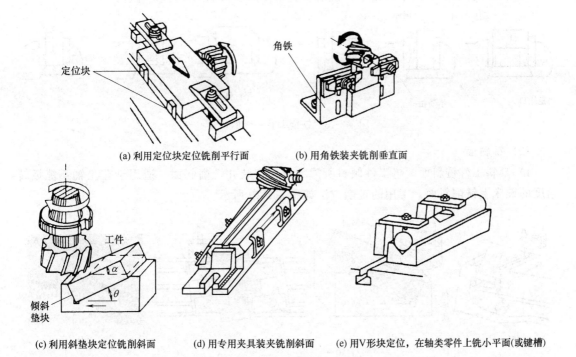

(a) 利用定位块定位铣削平行面　　(b) 用角铁装夹铣削垂直面

(c) 利用斜垫块定位铣削斜面　　(d) 用专用夹具装夹铣削斜面　　(e) 用V形块定位，在轴类零件上铣小平面(或键槽)

图 3-2-26　用专用夹具或辅助定位装置装夹工件

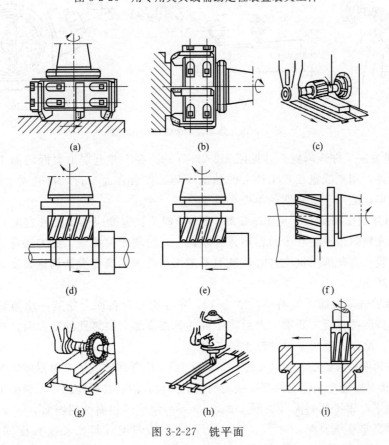

(a)　　　　(b)　　　　(c)

(d)　　　　(e)　　　　(f)

(g)　　　　(h)　　　　(i)

图 3-2-27　铣平面

六面体工件装在机用平口钳中，铣削垂直平面的步骤如图 3-2-28 所示。

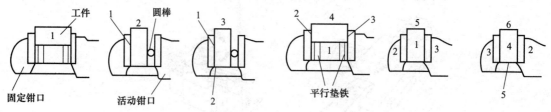

图 3-2-28　铣削垂直平面的步骤

（2）铣斜面

1）倾斜工件铣斜面　将工件倾斜所需的角度安装并铣削斜面，适用于在主轴不能扳转角度的铣床上铣削斜面，常用的铣削方法如图 3-2-29 所示。

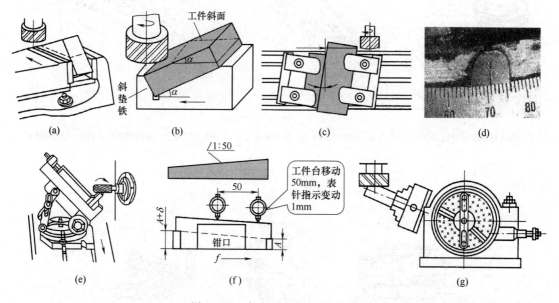

图 3-2-29　倾斜工件铣斜面的方法

①　按划线装夹工件铣削斜面［见图 3-2-29（a）］。在工件上划出斜面的加工线后，在平口钳上装夹工件，用划线盘校正工件上的加工线与工作台台面平行，再夹紧工件即可加工。此方法操作简单，适用于低精度的单件小批生产。

②　采用斜垫铁铣削斜面［见图 3-2-29（b）］。斜垫铁宽度应小于工件宽度，斜度应与工件斜度相同。先将斜垫铁垫在平口钳钳体导轨面上，再将工件夹紧。此方法可一次完成对工件的校正和夹紧；在铣削一批工件时，铣刀不需因工件的更换而重新调整高度，大大提高了批量生产的生产率。

③　利用靠铁铣削斜面［见图 3-2-29（c）］。先在工作台台面上安装一块倾斜的靠铁，用百分表校正其斜度符合规定要求，然后将工件的基准面靠向斜靠铁的定位面，再将压板将工件压紧后铣削。此方法适用于尺寸较大的工件。

④　偏转平口钳钳体铣削斜面［见图 3-2-29（d）］。松开回转式平口钳钳体的紧定螺钉，将钳身上的零线相对回转盘底座上的刻线扳转所需的角度，然后将钳体固定，装夹工件铣斜面。

⑤　用可倾平口钳铣削斜面［见图 3-2-29（e）］。调整倾斜面铣削斜面。

⑥　垫不等高垫铁铣斜面［见图 3-2-29（f）］。先按斜度计算出相应长度间的高度差 δ，

然后在相应长度间反向垫不等高垫铁，夹紧后加工。此方法适合铣削很小的斜面。

⑦ 倾斜分度头主轴铣斜面［见图 3-2-29（g）］。主轴跟着回转壳体在水平线以下 6°至水平线以上 90°范围以内调整倾斜角度，工件由安装在主轴上的卡盘夹持。

2）倾斜铣刀铣斜面　在可扳转角度主轴的立式铣床上或安装了万能立铣头的卧式铣床上，将安装的铣刀倾斜一个角度，就可按照要求铣斜面。

① 采用立铣刀圆周刃铣斜面［见图 3-2-30（a）］。当标注角度 θ 为锐角，基准面与工作台面平行时，主轴所扳角度 α 为标注角度的余角 $\alpha=90°-\theta$。

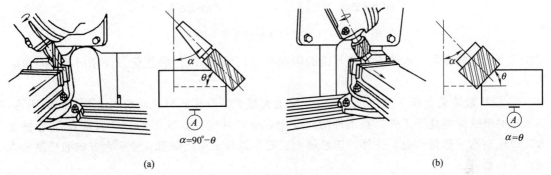

(a)　　　　　　　　　(b)

图 3-2-30　倾斜铣刀铣斜面的方法

② 采用面铣刀端面刃铣斜面［见图 3-2-30（b）］。当标注角度 θ 为锐角，基准面与工作台面平行时，主轴所扳角度 α 与标注角度 θ 相同。

3）角度铣刀铣斜面　对于批量生产的窄长的斜面工件，比较适合使用角度铣刀进行铣削，如图 3-2-31 所示。

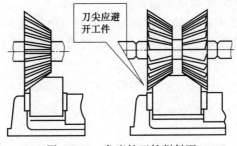

刀尖应避开工件

图 3-2-31　角度铣刀铣削斜面

（3）工件的切断

1）刀具的选用和安装　工件的切断用的铣刀是锯片铣刀。如图 3-2-32 所示，为增加刀杆的刚性，锯片铣刀应尽量靠近主轴或挂架安装；不要在铣刀与刀杆之间安装键，依靠刀杆垫圈与铣刀两侧端面间的摩擦力带动铣刀旋转，可在靠近进刀螺母的垫圈内装键，以有效防止铣刀松动；铣刀安装后应保证刀齿的径向和端面圆跳动不超过规定值才可使用。

2）工件的装夹

① 用平口钳装夹。工件在钳口上的夹紧力

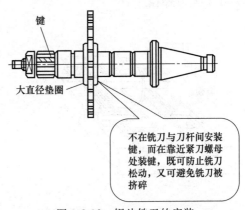

键

大直径垫圈

不在铣刀与刀杆间安装键，而在靠近紧刀螺母处装键，既可防止铣刀松动，又可避免铣刀被挤碎

图 3-2-32　锯片铣刀的安装

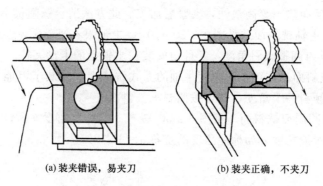

(a) 装夹错误，易夹刀　　　　　(b) 装夹正确，不夹刀

图 3-2-33　工件进行切断时夹紧力的方向

方向应平行于槽侧面（夹紧力方向与槽的纵向平行），避免工件夹住铣刀，如图 3-2-33（b）所示。

② 用压板装夹切断工件。此方法适合加工大型工件及其板料的切断。如图 3-2-34 所示，压板下的垫铁应略高于工件，有条件的应使用定位靠铁定位。工件的切缝应选在 T 形槽上方，以免损伤工作台台面。另外，切断薄而长的工件时多采用顺铣，使垂直方向的铣削分力指向工作台面。

3）切断铣削工艺　切断时应尽量采用手动进给，进给速度要均匀。若需采用机动进给时，切入或切出还是需要手动进给，进给速度不宜太快，并将不使用的进给机构锁紧。切削钢件时，应充分浇注切削液。

（4）铣台阶面

1）铣刀的选择　台阶面由两个互相垂直的平面组成，这两个平面是同一把铣刀的不同切削刃同时加工出来的，两平面是否垂直主要由刀具保证。

① 在卧式铣床上用三面刃铣刀铣台阶面时，因铣刀单侧受力，会出现让刀现象。应将铣刀靠近主轴安装，并使用吊架支承刀杆另一端，以提高工艺系统刚性。铣刀外径 D 应符合以下条件，即

$$D > 2t + d$$

式中　t——台阶深度，mm；

　　　d——套筒外直径，mm。

如图 3-2-35 所示，尽可能使铣刀的宽度 B 大于台阶宽度 E。如上述条件均满足，选择尽量小的铣刀外径。

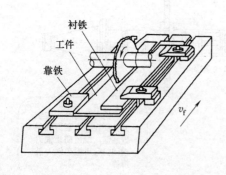

图 3-2-34　用压板装夹工件

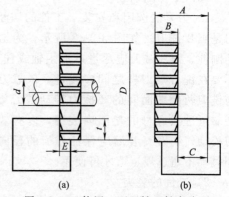

图 3-2-35　使用三面刃铣刀铣台阶面

② 铣削垂直面较宽而水平面较窄的台阶面时，可采用立式铣刀在立式铣床上铣削（见图 3-2-36），也可采用在卧式铣床上安装万能立铣头的方法铣削；铣削垂直面较窄而水平面较宽的台阶面时，可采用面铣刀铣削（见图 3-2-37）。

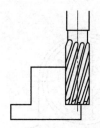

图 3-2-36　用立铣刀铣台阶面

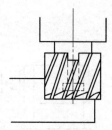

图 3-2-37　用面铣刀铣台阶面

2）铣台阶的操作步骤　如铣削单件双台阶时，工件安装好后，可先开动铣床使铣刀旋转，移动工作台使工件靠近铣刀，使铣刀端面切削刃微擦到工件侧面，记下刻度读数，纵向退出工件，利用刻度盘将工作台横向移动距离 E，如图 3-2-35（a）所示，并调整高低尺寸 t，开始铣削一侧的台阶。铣完一侧台阶后，利用刻度盘将横向工作台移动一个距离 A（$A=B+C$），铣削另一侧台阶。如果台阶较深，应沿着靠近台阶的侧面分层铣削（见图 3-2-38）。若是批量铣削两侧对称的台阶，可采用两把三面刃铣刀联合加工（见图 3-2-39）。

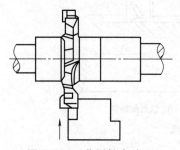

图 3-2-38　分层铣台阶面

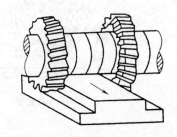

图 3-2-39　使用组合铣刀铣台阶面

（5）铣键槽和其他沟槽

1）铣轴上键槽

① 平键槽的类型。平键槽的类型包括通键槽、半通键槽和封闭键槽。通键槽通常用盘形铣刀铣削，封闭键槽多采用键槽铣刀铣削。

② 轴类工件的装夹方法。轴类工件的装夹方法有四种：用平口钳装夹，适合单件生产；用 V 形架装夹，轴的中心高度会变化；用分度头定中心装夹，适合精度较高的加工；直接放在工作台中间的 T 形槽上装夹。前三种方法如图 3-2-40 所示。

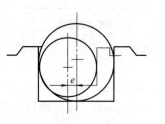

(a) 用机床用平口钳装夹

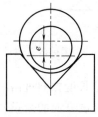

(b) 用V形架装夹

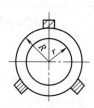

(c) 用分度头定中心装夹

图 3-2-40　工件装夹方法对中心位置的影响

③ 铣键槽的方法。通键槽可采用三面刃铣刀铣削，在卧式或立式铣床上均可，如图 3-2-41 所示。封闭键槽通常使用立式铣床和键槽铣刀直接加工，如图 3-2-42 所示。如果用立铣刀加工，必须首先在槽的一端钻一个落刀孔，原因是立铣刀主切削刃在其圆柱表面上，不能做轴向进给。

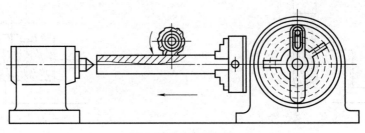

图 3-2-41　铣通键槽

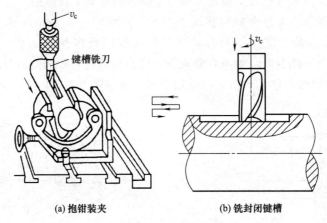

(a) 抱钳装夹　　　　　　　　(b) 铣封闭键槽

图 3-2-42　铣封闭键槽

用键槽铣刀铣键槽时，有分层铣削法和扩刀铣削法两种，如图 3-2-43 所示。

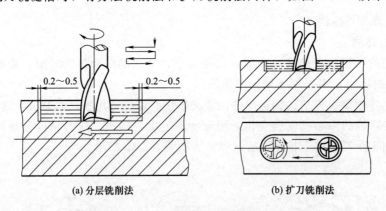

(a) 分层铣削法　　　　　　　　(b) 扩刀铣削法

图 3-2-43　用键槽铣刀铣键槽的方法

分层铣削法是指每次手动沿键槽长度方向进给时，取背吃刀量 $a_p = 0.5 \sim 1.0$ mm，多次重复铣削，注意在键槽两端要各留长度方向的余量 $0.2 \sim 0.5$ mm，在键槽深度铣到位后，最后铣去两端余量。此法适合键槽长度尺寸较短、批量较小的铣削，如图 3-2-43 (a) 所示。

扩刀铣削法是指先用直径比槽宽尺寸略小的铣刀分层往复粗铣至槽深，槽深留余量

0.1～0.3mm；槽长两端各留余量 0.2～0.5mm，最后用符合键槽宽度的键槽铣刀进行精铣，如图 3-2-43（b）所示。

键槽对称度的检测：先将一块厚度与键槽尺寸相同的平行塞块塞入键槽内，用百分表校正塞块的 B 平面，使之与平板（或工作台）平行并记下百分表的读数。然后将工件转过 $180°$ 再校正塞块的 A 平面与平板（或工作台）平行，并记下百分表的读数。两次读数的差值即为键槽的对称度误差，如图 3-2-44 所示。

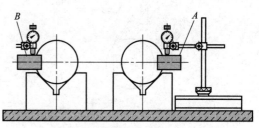

图 3-2-44　对称度的检测

2）铣 V 形槽　通常先选用锯片铣刀加工出底部的窄槽，然后可以用双角铣刀、立铣刀、三面刃铣刀或单角铣刀完成 V 形槽的加工，如图 3-2-45 所示。

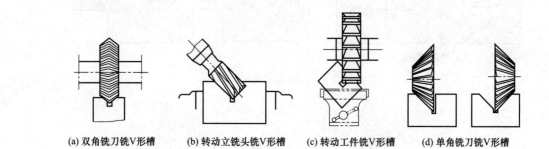

(a) 双角铣刀铣V形槽　(b) 转动立铣头铣V形槽　(c) 转动工件铣V形槽　(d) 单角铣刀铣V形槽

图 3-2-45　铣 V 形槽

3）铣 T 形槽　先用立铣刀或三面刃铣刀铣出直角槽，然后再用 T 形槽铣刀铣 T 形槽，此时铣削用量应选得小一些，而且要注意充分冷却，最后用角度铣刀铣倒角，如图 3-2-46 所示。

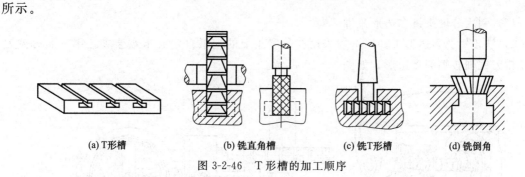

(a) T形槽　　　　　(b) 铣直角槽　　　　　(c) 铣T形槽　　　　　(d) 铣倒角

图 3-2-46　T 形槽的加工顺序

4）铣半圆形键槽　半圆形键槽可在立式铣床或卧式铣床上用专用的半圆形键槽铣刀进行铣削，如图 3-2-47 所示。

半圆形键槽的宽度用塞规或塞块检验；深度用直径为 d（小于半圆形键槽直径）的样柱配合游标卡尺或千分尺进行间接测量，如图 3-2-48 所示。

5）铣燕尾槽

① 先铣出直槽或台阶，再用燕尾槽铣刀铣削燕尾槽或燕尾，如图 3-2-49 所示。

② 单件生产时，若没有合适的燕尾槽铣刀，可用廓形角与燕尾槽槽角 α 相等的单角铣刀铣削，如图 3-2-50 所示，在立式铣床上用短刀杆安装单角铣刀，通过倾斜立铣头一个角度 $\beta = \alpha$ 进行铣削。

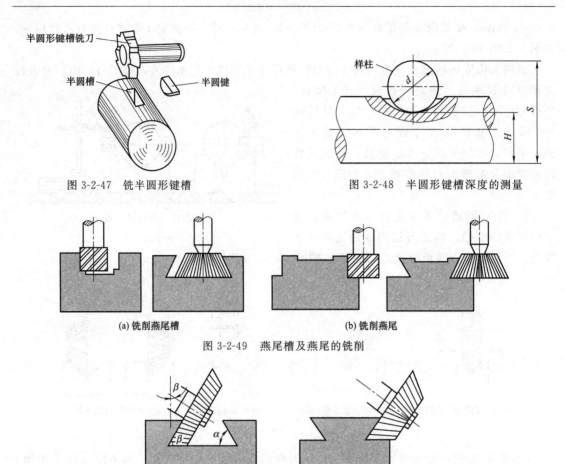

图 3-2-47 铣半圆形键槽

图 3-2-48 半圆形键槽深度的测量

(a) 铣削燕尾槽

(b) 铣削燕尾

图 3-2-49 燕尾槽及燕尾的铣削

图 3-2-50 用单角铣刀铣削燕尾槽和燕尾

（6）利用分度头铣多边形工件

1）铣较短的多边形工件　一般采用在分度头上的三爪自定心卡盘装夹，用三面刃铣刀或立铣刀铣削较短的多边形，如图 3-2-51 所示。

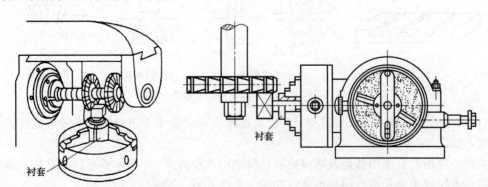

图 3-2-51 铣较短的多边形工件

2）铣较长的多边形工件　可用分度头配以尾座装夹，用立铣刀或面铣刀铣削较长的多边形，如图 3-2-52 所示。

（7）孔加工

1）钻孔　用钻夹头将标准麻花钻直接夹紧在铣床主轴上。

2）铰孔　采用乳化液作为铰孔时的切削液。

3）镗孔　在立式铣床和卧式铣床上均可镗孔，可镗单孔（见图3-2-53）；也可利用回转工作台或分度头镗工件表面的等分多孔，如图3-2-54所示。

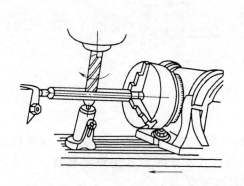

图 3-2-52　铣较长的多边形工件

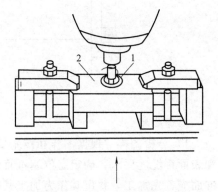

图 3-2-53　在立式铣床上镗孔
1—镗刀；2—工件

如图 3-2-55 所示，工件直接安装在工作台上，镗刀杆柄部的外锥面可直接装入主轴孔内，镗刀杆若悬伸过长，可用吊架支承。

最简单的镗刀杆如图 3-2-56（a）所示，刀尖伸长度调整不精确；改进的镗刀杆如图3-2-56（b）所示，刀头后面有螺钉可精确调整刀头伸出的长度。

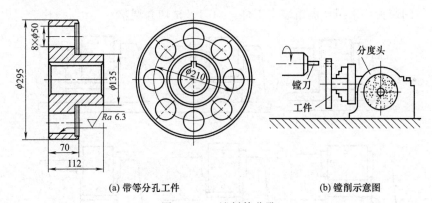

(a) 带等分孔工件　　　　　　　　(b) 镗削示意图

图 3-2-54　镗削等分孔

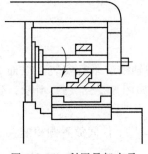

图 3-2-55　利用吊架支承

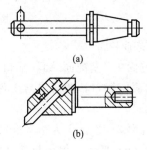

图 3-2-56　镗刀杆

3. 铣削矩形块技能训练

铣削如图 3-2-57 所示的矩形块零件。

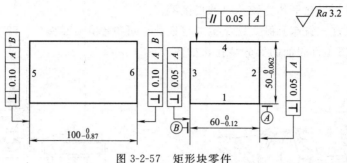

图 3-2-57　矩形块零件

操作步骤：

1）分析图样　根据图样和技术要求，了解图样上有关加工部位的尺寸精度、位置精度和表面粗糙度要求。确定定位基准面，选择零件上的设计基准面 A 作定位基准面。这个基准面应首先加工，并用其作为加工其余各面时的定位基准面。

2）刀具选择与安装　选择并安装面铣刀盘（选用 150mm 普通机械夹固面铣刀盘），刃磨并安装硬质合金刀头。

3）台虎钳的安装　台虎钳底面必须与工作台台面紧密贴合，并目测校正钳口与纵向工作台平行。

4）切削用量的选用　主轴转速为 600r/min，进给量为 95mm/min，背吃刀量为 2～4mm。

5）工件的装夹　采用台虎钳装夹工件，对刀、试切并调整。

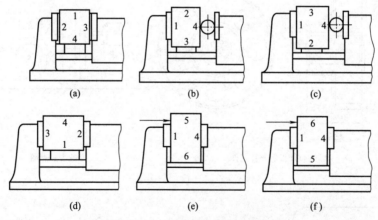

图 3-2-58　铣矩形块零件的顺序

6）铣削平面

① 铣面 1（基准面 A）。平口虎钳固定钳口与铣床主轴轴线应平行安装。以面 2 为粗基准，靠向固定钳口，两钳口与工件间垫铜皮以装平工件，如图 3-2-58（a）所示；铣平基准面，留余量。

② 铣面 2。以面 1 为精基准贴紧固定钳口，在活动钳口与工件间放置圆棒装夹工件，如图 3-2-58（b）所示，保证与基准面的垂直度，留余量。

③ 铣面 3（基准面 B）。仍以面 1 为基准装夹工件，如图 3-2-58（c）所示，保证与基准面的垂直度、与面 2 的平行度和尺寸 60mm，精度要控制在公差范围之内。

④ 铣面 4。面 1 应贴紧平行垫铁，面 3 贴紧固定钳口装夹工件，如图 3-2-58（d）所示，

保证与基准面的平行度，与面 2、面 3 的垂直度和尺寸 50mm，精度要控制在公差范围之内。

⑤ 铣面 5。仍以面 1 贴紧固定钳口，用 90°角尺校正工件面 2 与钳体导轨面垂直，装夹工件，如图 3-2-58（e）所示，保证与基准面 A、B 的垂直度，精度要控制在公差范围之内，留余量。

⑥ 铣面 6。仍以面 1 贴紧固定钳口，面 5 贴紧平行垫铁装夹工件，如图 3-2-58（f）所示，保证与基准面 A、B 的垂直度，与面 5 的尺寸 100mm，精度要控制在公差范围之内。

7）工件的检测　工件铣削完成后，必须按照工件的技术要求对工件进行检测。

① 面 2、3 与面 A 的垂直度误差不得大于 0.05mm。

② 面 5、6 与面 A、B 的垂直度误差不得大于 0.10mm。

③ 面 4 与面 A 的平行度误差不得大于 0.05mm。

④ 各相对表面间的尺寸精度。

⑤ 各表面的表面粗糙度 Ra 值都在 3.2μm 以内。

七、铣削加工实训课目

铣工实训综合考件一如图 3-2-59 所示。制定的零件加工工艺及加工方法，经指导老师审核、同意后方可进行加工。其评分标准见表 3-2-3。

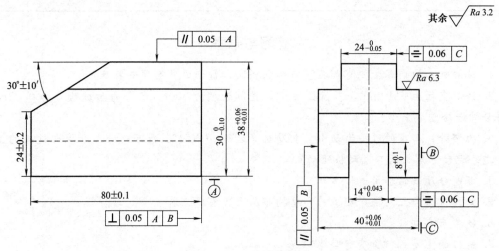

图 3-2-59　综合考件一

表 3-2-3　综合考件一评分标准表

项目	技 术 要 求	评分标准	配分	实测值	实得分
六面体	(80±0.10)mm	超差 0.05mm 扣 1 分	5		
	40$^{+0.06}_{+0.01}$mm	超差 0.01mm 扣 1 分	6		
	38$^{+0.06}_{+0.01}$mm	超差 0.01mm 扣 1 分	6		
	∥ 0.05 A	超差 0.01mm 扣 1 分	5		
	∥ 0.05 B	超差 0.01mm 扣 1 分	5		
	⊥ 0.05 A B	超差 0.01mm 扣 1 分	8		
斜面	30°±10′	超差 2′ 扣 1 分	5		
	(24±0.2)mm	超差 0.04mm 扣 1 分	4		

续表

项目	技术要求	评分标准	配分	实测值	实得分
直槽	$14^{+0.043}_{0}$ mm	超差 0.01mm 扣 1 分	8		
	$8^{+0.1}_{0}$ mm	超差 0.02mm 扣 1 分	4		
	⌰ 0.06 C	超差 0.01mm 扣 1 分	6		
凸面	$24^{-0}_{0.05}$ mm	超差 0.01mm 扣 1 分	7		
	$30^{-0}_{0.10}$ mm	超差 0.02mm 扣 1 分	4		
	⌰ 0.06 C	超差 0.01mm 扣 1 分	6		
表面粗糙度	$Ra6.3\mu m$	每面超差一级扣 1 分	3		
	$Ra3.2\mu m$	每面超差一级扣 1 分	10		
安全文明生产	学生必须独立安装和调整工、夹、刀具,合理整齐摆放工、量具,穿戴好劳保用品,违反上述者视情节扣 2~4 分,发生设备、人身事故者视情节扣 3~6 分		8		
说明	1. 工件尺寸若超差 0.50mm 以上者扣总分 5 分 2. 工件有严重损伤者(伤痕在 0.50mm 以上)扣总分 5 分				

练习与思考

1. 铣削加工的内容主要有哪些? 与车削相比,铣削过程有哪些特点?

2. 铣刀直径为 ϕ110mm,刀齿数为 14,铣削速度为 600r/min,每齿进给量为 0.05mm,则每分钟进给量为多少?

3. 为何卧式车床的进给运动由主电动机带动,而 X6132 型万能卧式升降台铣床的主运动和进给运动分别由两台电动机驱动?

4. 万能分度头的作用是什么?

5. 卧式铣床和立式铣床在工艺和结构布局上各有什么特点?

6. 铣刀有哪些特点?

7. 铣刀的主要几何角度有哪些?

8. 铣平面时为什么面铣比周铣优越?

9. 试比较圆柱铣削时顺铣和逆铣的主要优缺点。

10. 对称铣和不对称铣各有哪些切削特点? 分别适用于什么场合?

11. 键槽铣刀磨损后,刃磨什么部位? 为什么?

12. 简述铣削加工时,轴类工件的装夹方式及其各自的特点。

13. 简述常见直角沟槽和特形沟槽的种类及其特点。

单元三　零件的刨削加工

▶》 学习目标及要求

• 熟悉刨床、刨刀的种类及用途,刨削加工的特点。

• 掌握牛头刨床的基本操作方法和加工应用范围。

• 能够调整刨床，选择合适的刨刀、刨削方式和刨削用量等，对零件表面进行刨削加工。

• 能对零件加工质量进行分析与评估。

• 熟悉刨床的维护、保养和安全操作常识，安全、文明生产。

一、基础工作准备

1. 工作前

① 检查操作手柄开关、旋钮是否在正确位置，操纵是否灵活，安全装置是否齐全、可靠。

② 检查油箱、油杯中油量是否符合要求，擦净导轨面灰尘，按照润滑图表的规定做好润滑工作，然后接通电源。

③ 停车 8h 以上，应先低速空车运转 3～5min，确认运转正常后，方可开始工作。

2. 工作中

① 严禁超性能使用机床。

② 禁止在机床导轨面和油漆面上放置物品。

③ 装夹工件必须正确、牢固、可靠、装夹时应轻拿轻放，严禁在工作台面上随意敲打或校整工件。

④ 更换刀具或检查测量工件必须停机后进行。

⑤ 机床运行中，任何人不得站在刨头往复运动方向上，防止刨头冲出伤人。

⑥ 不准用磨钝的刀具进行刨削。

⑦ 机床运行中，操作者不准擅自离开工作岗位或托人看管。

⑧ 机床运行中，出现异常现象，应立即停机，查明原因，并及时处理。

3. 工作后

① 将工作台移至中间位置，各操纵手柄置于"停机"位置，切断电源。

② 进行日常维护保养。

二、刨削加工工作内容

1. 刨削加工范围

在刨床上用刨刀加工工件的工艺方法称为刨削。刨削主要适于加工平面（如水平平面、垂直平面、斜面等）、各种沟槽（如 T 形槽、V 形槽、燕尾槽等）和成形面等，见表 3-3-1。

2. 刨削加工的运动及精度

（1）刨削加工的运动

如图 3-3-1 所示，刨削加工的主运动是刨刀（或工件）的往复直线运动，进给运动是由工件（或刨刀）做垂直于主运动方向的间歇送进运动来完成的。

表 3-3-1　刨削加工范围

刨平面 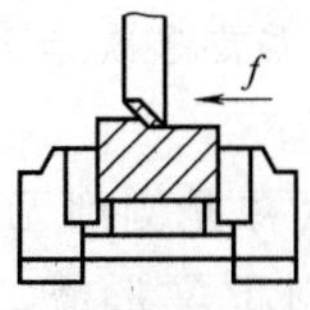	刨垂直面 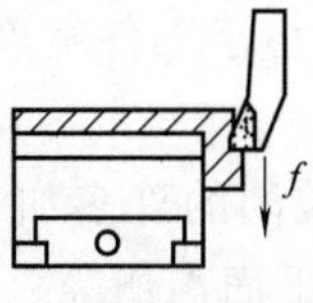	刨台阶 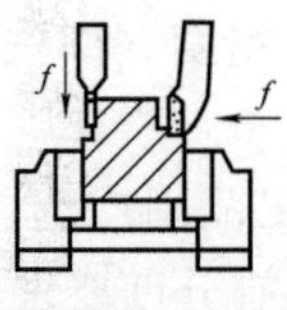	刨直槽 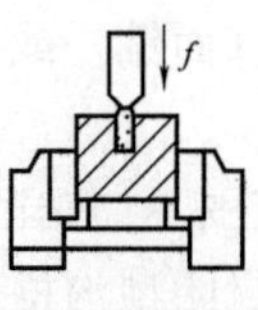	刨斜面 	刨燕尾槽 

续表

刨 T 形槽	刨 V 形槽	刨曲面	刨孔内键槽	刨齿条	刨复合表面

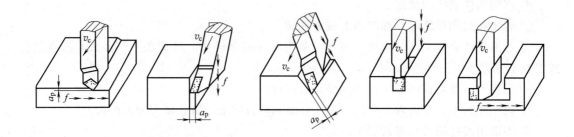

刨削的主要特点是断续切削。因为主运动是往复直线运动，切削过程只是在刀具前进时进行，称为工作行程；刀具后退时不进行切削，称为空行程，此时刨刀要被抬起，以便让刀，避免损伤已加工表面并减少刀具磨损。进给运动是在空行程结束后、工作行程开始前之间的短时间内完成，因而是一种间歇运动。

图 3-3-1　在牛头刨上加工平面和沟槽的切削用量

（2）刨削加工的工艺特点

1）生产率低　刨削生产率一般低于铣削，刨削加工为单刃切削，往复直线运动换向时受惯性力的影响，且刀具切入切出时会产生冲击，故限制了主运动的速度，即刨削的切削速度不宜太高。另外，刨刀返程不切削，从而增加了辅助时间，造成了时间的损失。而铣削多为多刃刀具的连续切削，无空程损失，硬质合金面铣刀还可以采用高速切削。因此，刨削在多数加工中生产率低。

但对于加工窄长平面，刨削的生产率则高于铣削，这是由于铣削不会因为工件较窄而改变铣削进给的长度，而刨削却因工件较窄减少进给次数，因此窄长平面如机床导轨面等的加工多采用刨削。为提高生产率，可采用多件同时刨削的方法，使生产率不低于铣削，且能保证较高的平面度。

2）加工质量中等　刨削过程中由于惯性及冲击振动的影响使刨削加工质量不如铣削。刨削与铣削的加工精度与表面粗糙度大致相当。但刨削主运动为往复运动，只能采用中低速切削。当用中等切削速度刨削钢件时，易出现积屑瘤，影响表面粗糙度值。而硬质合金镶齿铣刀可采用高速切削，表面粗糙度值较小。加工大平面时，刨削进给运动可不停地进行，刀痕均匀。而铣削时若铣刀直径（面铣）或铣刀宽度（周铣）小于工件宽度，需要多次走刀，会有明显的接刀痕。

3）加工范围　刨削加工范围不如铣削加工范围广泛，铣削的许多加工对象是刨削无法代替的，例如加工内凹平面、封闭型沟槽以及有分度要求的平面沟槽等。但对于 V 形槽、T

形槽和燕尾槽的加工，铣削由于受定尺寸的限制，一般适宜加工小型的工件，而刨削可以加工大型的工件。

4）人工成本　刨床结构比铣床简单且廉价，调整操作方便。刨刀结构简单，制造、刃磨及安装均比铣刀方便。一般刨削的成本也比铣削低。

5）实际应用　基于上述特点，牛头刨床刨削，多用于单件小批生产和维修车间里的修配工作中。在中型和重型机械的生产中，龙门刨床则使用较多。

（3）刨削精度

刨削加工精度一般为IT9～IT7，牛头刨床上表面粗糙度值 Ra 为 12.5～3.2μm，平面度为 0.04mm/500mm。龙门刨床上因刚性好和冲击小可以达到较高的精度和平面度，表面粗糙度值 Ra 为 3.2～0.4μm，平面度达到 0.02mm/1000mm。

三、刨床

刨床是继车床之后发展起来的一种工作母机，并逐渐形成完整的机床体系，刨床属于直线运动机床，利用工作台与刀架间的相对运动完成切削加工。

就刀具与工件之间的相对运动来讲，刨削加工是最简单的机械加工方法，进行刨削加工的机床是所有机床中最简单的之一。

常用的刨床为牛头刨床、龙门刨床。牛头刨床主要用于加工中小型零件，龙门刨床则用于加工大型零件或同时加工多个中型零件。

1. 牛头刨床

牛头刨床是刨削类机床中应用最为广泛的一种，它适宜刨削长度不超过 1000mm 的中小型零件，主参数是最大刨削长度。牛头刨床的生产率较低，一般只适用于单件小批量生产或机修车间。

牛头刨床分为大、中、小三种形式。小型的刨削长度在 400mm 内，中型的刨削长度为 400～600mm，大型的刨削长度超过 600～1000mm。

（1）牛头刨床的主要部件及其作用

牛头刨床因其滑枕刀架形似"牛头"而得名。图 3-3-2 所示为应用最广泛的 B665 型牛头刨床，其最大刨削长度为 650mm，主要由床身、滑枕、刀架、工作台、横梁、底座等部分组成。

1）床身　床身 4 用来支撑和连接刨床的各部件，其顶面导轨供滑枕做往复运动用，侧面导轨供工作台升降用，床身的内部有变速机构和摆杆机构。

2）滑枕　滑枕 3 用来带动刨刀沿床身 4 的水平导轨做直线往复运动（即主运动）。其前端装有刀架 1。

3）工作台　工作台 6 用来通过平口钳或螺栓压板安装工件。可随横梁做上下调整，并可沿着横梁做移动或垂直于主运动方向的间歇进给运动。工作台位置的高低，是指工件装夹后，其最高处与滑枕导轨底面间的距离，一般两者距离调整为 40～70mm。

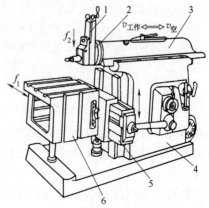

图 3-3-2　B665 型牛头刨床外形
1—刀架；2—转盘；3—滑枕；4—床身；
5—横梁；6—工作台

4）横梁　横梁5能沿着床身前侧导轨在垂直方向移动，以适应不同高度工件的加工需要。

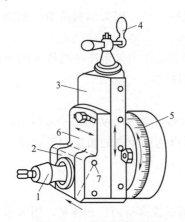

图 3-3-3　牛头刨床刀架

1—刀夹；2—抬刀板；3—滑板；4—刀架手柄；

5—转盘；6—刀座；7—转销

5）刀架　刀架1用以夹持刨刀，并带动刨刀做上下移动、斜向送进以及在返回行程时抬起以减少与工件的摩擦。它的结构如图 3-3-3 所示，刨刀通过刀夹1压紧在抬刀板2上，抬刀板可绕刀座上的转销7向前上方向抬起，便于在回程时抬起刨刀，以防擦伤工件表面。刀座6可在滑板3上做±15°范围内的回转，使刨刀倾斜安置，以便加工侧面和斜面。摇动刀架手柄4可使刀架沿转盘上的导轨移动，使刨刀垂直间歇进给或调整背吃刀量。调整转盘5，可使刀架左右回转60°，用以加工斜面或斜槽。松开转盘两边的螺母，将转盘转动一定角度，可使刨刀做斜向间歇进给。

（2）B665型牛头刨床传动系统简介

1）主运动　主运动的传动方式有机械传动和液压传动两种。在机械传动方式中，曲柄摇杆机构最为常见。

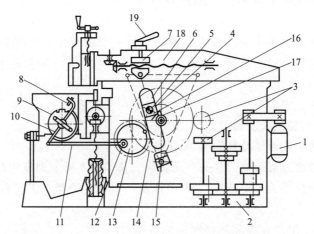

图 3-3-4　B665型牛头刨床的传动系统

1—电动机；2—变速机构；3—传动齿轮；4、12—偏心销；5—滑块；6—摆杆；7—螺母；8—棘爪；

9—棘轮；10—摇杆；11—连杆；13—齿轮（曲柄）；14—大齿轮；15—下支点；

16—丝杠；17—锥齿轮；18—滑枕丝杠；19—锁紧手柄

图 3-3-4 所示为采用曲柄摇杆机构的 B665 型牛头刨床的传动系统。电动机1的旋转运动通过带轮，经过变速机构2由齿轮3传给大齿轮14，大齿轮上的偏心销4带动滑块5在摇杆的滑槽中移动，并使摆杆6绕与之铰接的下支点15摆动，摆杆6的上端与滑枕螺母7铰接，大齿轮每转一圈，滑枕做一次往复直线运动。

滑枕行程长度的调整方法是：滑枕行程长度是其在运动过程中相对移动的距离，必须根据被加工工件长度做相应调整。大齿轮圆心处伸出轴有滚花紧螺母，调整前应先松开，然后套上手柄摇转。借助调节手柄，旋转的大齿轮圆心处，摆杆中心的一对锥齿轮17旋转，带动丝杠16旋转，使曲柄销连同滑块移向大齿轮中心或远离中心，就可以改变滑枕行程的长短。调整后，取下手柄，旋紧螺母。根据工件长度确定行程长度是否符合。调整后检查方法：安装工件或测好工件在工作台上的安装位置，再将手柄安装在可使大齿轮旋转的传动轴方头上，旋转即可使滑枕移动（这时必须使变速手柄搬至空挡位置）。观察滑枕行程长短与工件加工要求是否符合。

　　滑枕起始位置的调整方法是：根据被加工工件装夹在工作台上的前后位置，调整滑枕的前后位置。调整时，首先松开锁紧手柄 19，通过扳手转动滑枕丝杠 18 左边锥齿轮上方的方头（图 3-3-4 中未示意），则由锥齿轮带动丝杠，可以使滑枕丝杠 18 转动并在螺母 7（螺母不动）中移动，并带动滑枕移至合适的位置，然后将手柄 19 锁紧。

　　滑枕移动速度的调整方法是：根据工件的加工要求、工件材料、刀具材料和滑枕行程长度确定滑枕的行程速度。变换行程速度必须在停机时进行，不允许开机调速，防止齿轮损坏。

　　用曲柄摇杆机构传动时，滑枕的工作行程速度 $v_{工作}$ 和空行程速度 $v_{空}$ 都是变量。如图 3-3-5 所示，曲柄摇杆机构的急回特性使滑枕回程速度比切削速度快，利于生产率的提高。其切削速度按工作行程速度平均值平均计算。这种机构由于结构简单、传动可靠、维修方便，因此应用较广。

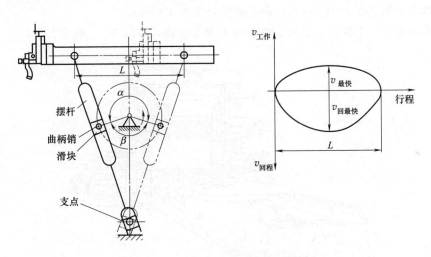

图 3-3-5　曲柄摇杆机构的急回特性

　　采用液压传动时，滑枕的工作行程速度 $v_{工作}$ 和空行程速度 $v_{空}$ 都是定值。液压传动能传递较大的力，可实现无级变速，运动平稳，且能得到较高的空行程速度，但其结构复杂，成本较高，一般用于较大规格的牛头刨床，如 B6090 型液压牛头刨床。

　　2）进给运动　牛头刨床工作台的横向进给运动也是间歇进行的，它可由机械或液压传动实现。

　　在机械传动的牛头刨床上，一般采用棘轮机构来实现进给运动。工作台的横向进给运动是间歇的，在滑枕每一次往复运动结束时，下一次工作行程开始前，工作台横向移动一小段距离（进给量）。横向进给可以手动，也可以机动。横向进给由棘轮、棘爪机构控制（见图 3-3-6）。通过这个机构可改变间歇进给的方向和进给量，或是停止机动进给，改用手动进给。

　　如图 3-3-4 所示，当滑枕每往复一次，与大齿轮 14 一体的小齿轮带动齿轮 13 以 1：1 的

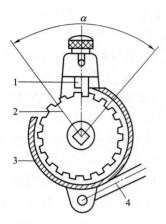

图 3-3-6　棘轮、棘爪机构

1—棘爪；2—棘轮；3—挡环；
4—连杆；α—棘爪摆动角

传动比顺时针转动一圈，齿轮 13 上的偏心销 12 带动连杆 11，使摇杆 10 摆动一次，棘爪 8 拨动棘轮 9 转过所需的齿数。棘轮 9 用键连接在横向进给丝杠上，因而可以带动工作台做间歇进给运动。

工作台进给量大小和方向的调整方法是：调整挡环 3（见图 3-3-6）的位置，来改变在角度 α 内拨动的棘轮齿数，从而得到不同的进给量。

根据加工材料、刀具材料及加工条件要求来决定进给量。如在 B6050 型牛头刨床上，进给量分为 16 级，横向水平进给量为 0.125～2mm/往复行程，垂向进给量为 0.08～1.28mm/往复行程。调整方法是用手柄控制棘爪拨动棘轮齿数的多少。

2. 龙门刨床

（1）龙门刨床的组成和工艺范围

龙门刨床属于大型机床，因有一个"龙门"式框架而得名，龙门刨床的主参数是最大刨削宽度，第二主参数是最大刨削长度。例如，B2012A 型龙门刨床的最大刨削宽度为 1250mm，最大刨削长度为 4000mm。

它主要由床身、工作台、立柱、横梁和刀架等组成，如图 3-3-7 所示。

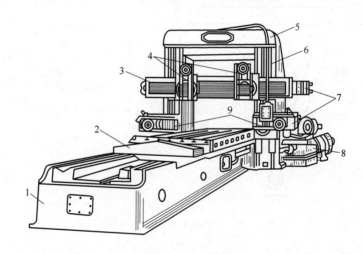

图 3-3-7　龙门刨床

1—床身；2—工作台；3—横梁；4—垂直刀架；5—顶梁；6—立柱；7—进给量；8—减速箱；9—侧刀架

龙门刨床在加工时，其主运动与牛头刨床不同，主运动是工作台 2 沿床身 1 水平导轨所做的是直线往复运动。进给运动是刀架的横向或垂直方向的直线运动。床身 1 的两侧固定有左右立柱 6，立柱顶部由顶梁 5 连接，形成结构刚性较好的龙门框架。横梁 3 上装有两个垂直刀架 4，可分别做横向或垂直方向的进给运动及快速移动。横梁 3 可沿着左右立柱的导轨做垂直升降，以调整垂直刀架位置，适应不同高度工件的加工需要。横梁升降位置确定后，由夹紧机构夹持在两个立柱上。左右立柱上分别装有左侧刀架及右侧刀架 9，可分别沿垂直方向做自动进给和快速移动。各刀架的自动进给运动是在工作台每完成一次直线往复运动后，由刀架沿水平或垂直方向移动一定距离，刀具能够逐次刨削出待加工表面。快速移动则用于调整刀架的位置。

　　龙门刨床的刚性好，功率大，适合在单件、小批生产中加工大型或重型零件上的各种平面、沟槽和各种导轨面，也可在工作台上一次装夹多个中小型零件同时加工。

　　(2) B2012A 型龙门刨床的传动系统简介

　　1) 主运动　在龙门刨床工作台传动时，通常采用齿轮齿条机构或蜗杆齿条机构将旋转运动转变为直线运动。

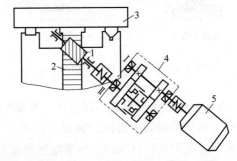

　　如图 3-3-8 所示，B2012A 型龙门刨床主运动是采用直流电动机为动力源，经减速器 4、蜗杆 1 带动齿条 2，使工作台 3 获得直线往复的主运动。主运动的变速是通过调节直流电动机的电压实现（简称调压调速），并通过减速器里的两级齿轮进行机电联合调速，扩大了无级调速的范围。

　　主运动方向的改变是通过直流电动机改变方向实现的。工作台的降速和变

图 3-3-8　B2012A 型龙门刨床工作台主运动传动简图
1—蜗杆；2—齿条；3—工作台；4—减速器；5—联轴器

向是由工作台侧面的挡铁压动床身上的行程开关，通过电气控制系统实现的。直流电动机传动可以传递较大的功率，能实现无级变速，且能简化机械传动机构；其不足之处是电气系统复杂，成本较高，且传动效率较低。

　　龙门刨床工作台也可采用液压传动，一般采用容积调速系统，它具有与直流电动机传动相同的优点；缺点是传动效率低，且工作液压缸较长，制造成本高，一般用于行程不大的工作台运动中。

　　2) 进给运动　龙门刨床刀架的进给运动有机械、液压等传动方式。机械传动的进给运动由两个垂直刀架和两个侧刀架来完成，常采用单独电动机驱动，可同时用于传动刀架的进给和快速移动，使传动路线大为缩短，简化了机械传动机构。为了刨斜面，各刀架均有可扳转角度的拖板，另外各刀架还有自动抬刀装置、避免回程时擦伤工件表面。

　　横梁上的两个垂直刀架由一单独的电动机驱动，使两刀架在水平与垂直方向均可实现自动进给运动或快速运动。两立柱上的两个侧刀架分别由两独立的电动机驱动，使侧刀架在垂直方向实现自动进给运动或快速运动，但水平方向只能手动。具体的传动系统图不在此赘述。

四、刨刀

1. 刨刀的种类及应用

　　1) 按形状和结构的不同分类　刨刀可分为直头刨刀和弯头刨刀（见图 3-3-9），左刨刀和右刨刀（见图 3-3-10）。

　　刀杆纵向是直的，称为直头刨刀 [见图 3-3-9 (a)]，一般用于粗加工；刨刀刀头后弯的刨刀，称为弯头刨刀 [见图 3-3-9 (b)] 一般用于各种表面的精加工和切断以及切槽加工。弯头刨刀在受到较大的切削阻力时，刀杆产生弯曲变形，刀尖向后上方弹起，因此刀尖不会啃入工件，从而避免直头刨刀折断刀杆或啃伤加工表面的缺点。所以，这种刨刀应用广泛。

　　根据主切削刃在工作时所处的左右位置不同，以及左右大拇指所指主切削刃的方向不同，可区分左右刨刀，如图 3-3-10 中的左图为左刨刀，右图为右刨刀。加工平面常用右刨刀。

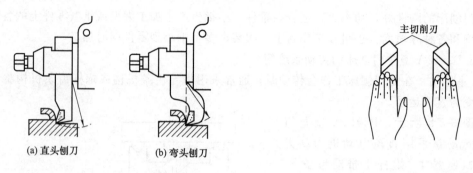

(a) 直头刨刀　　　　(b) 弯头刨刀

图 3-3-9　直头刨刀和弯头刨刀

图 3-3-10　左刨刀和右刨刀

2）按加工的形状和用途不同分类　平面刨刀［见图 3-3-11（a）］包括直头刨刀和弯头刨刀，用于粗、精刨削平面用；偏刀［见图 3-3-11（b）］用于刨削垂直面、台阶面和外斜面等；角度刀［见图 3-3-11（c）］用于刨削角度形工件，如燕尾槽和内斜面等；直槽刨刀［见图 3-3-11（d）］也称为切刀，用于切直槽、切断、刨削台阶等；弯头刨槽刀［见图 3-3-11（e）］也称为弯头切刀，用于加工 T 形槽、侧面槽等；内孔刨刀［见图 3-3-11（f）］用于加工内孔表面与内孔槽；成形刀［见图 3-3-11（g）］用于加工特殊形状表面。刨刀切削刃的形状与工件表面一致，一次成形；精刨刀［见图 3-3-11（h）］是精细加工用刨刀，多为宽刃形式，以获得较细的表面粗糙度。

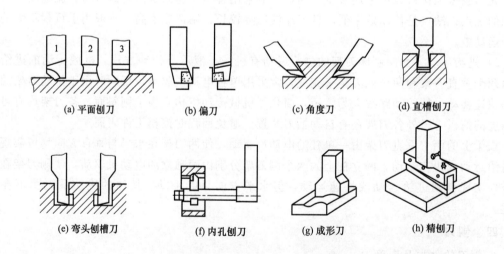

(a) 平面刨刀　　　(b) 偏刀　　　(c) 角度刀　　　(d) 直槽刨刀

(e) 弯头刨槽刀　　　(f) 内孔刨刀　　　(g) 成形刀　　　(h) 精刨刀

图 3-3-11　形状和用途不同的刨刀

1—尖头平面刨刀；2—平头精刨刀；3—圆头精刨刀

3）按刀头结构不同分类　焊接式刨刀是刀头与刀杆由两种材料焊接而成的。刀头一般为硬质合金刀片。机械夹固式的刀头与刀杆为不同的材料，用压板、螺栓把刀头紧固在刀杆上。

4）宽刃细刨刀简介　在龙门刨床上，用宽刃细刨刀可细刨大型工件的平面（如机床导轨面）。宽刃细刨主要用来代替手工刮削各种导轨平面，可使生产率提高几倍，应用较为广泛。

宽刃细刨在普通精刨的基础上，使用高精度的龙门刨和宽刃细刨刀，以低切速和大进给量在工件表面切去一层极薄的金属。由于切削力、切削热和工件变形均很小，从而可获得比普通精刨更高的加工质量。表面粗糙度值 Ra 可达 $1.6\sim0.8\mu m$，直线度可达 $0.02mm/m$。图 3-3-12 所示为宽刃细刨刀的一种形式。

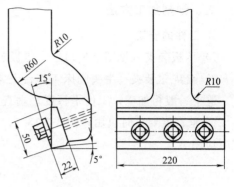

2. 刨刀的角度

刨刀的结构与车刀相似，其几何角度的选取也与车刀基本相同，如图 3-3-13 所示。但是由于刨削的过程有冲击，所以刨刀的前角比车刀要小（一般小于 $5°$），而且刨刀的刃倾角也应取较大的负值。

图 3-3-12　宽刃细刨刀

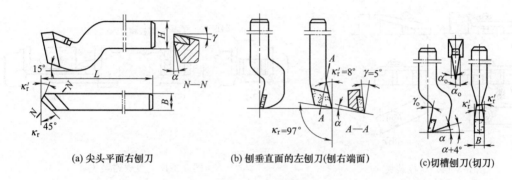

(a) 尖头平面右刨刀　　(b) 刨垂直面的左刨刀(刨右端面)　　(c)切槽刨刀(切刀)

图 3-3-13　刨刀切削部分的主要角度

刨刀在工作时承受较大的冲击载荷，为了保证刀杆具有足够的强度和刚度以及切削刃不致崩掉，刨刀的结构具有以下的特点：

① 刀杆的端面尺寸较大，通常为车刀的 $1.25\sim1.5$ 倍。

② 刃倾角较大，使刨刀切入工件时所产生的冲击力不是作用在刀尖上，而是作用在离刀尖稍远的切削刃上，以保护刀尖和提高切削的平稳性，如硬质合金刨刀的刃倾角可达 $10°\sim30°$。

③ 在工艺系统刚性允许的情况下，选择较大的刀尖圆弧半径和较小的主偏角。

3. 刨刀的安装

刨刀的正确安装与否直接影响工件的质量。刨刀的安装遵循以下几点原则：

① 刨刀在刀架上不宜伸出过长，以免在加工时发生振动和折断。直头刨刀的伸出长度一般为刀杆厚度的 $1.5\sim2$ 倍。弯头刨刀可以适当伸出稍长些，一般以弯曲部分不碰刀座为宜。

② 装卸刨刀时，必须一手扶住刨刀，另一手使用扳手，用力方向应自上而下，否则容易将抬刀板掀起，碰伤或夹伤手指。

③ 刨平面或切断时，刀架和刀座的中心线都应处在垂直于水平工作台的位置上。即刀架后面的刻度盘必须准确地对零刻线。在刨削垂直面和斜面时，刀座可偏转 $10°\sim15°$。以使刨刀在返回行程时离开加工表面，减少刀具磨损和避免擦伤已加工表面。

④ 安装带有修光刃或平头宽刃精刨刀时，要用透光法找正修光刃或宽切削刃的水平位置，夹紧刨刀后，需再次用透光法检查切削刃的水平位置准确与否。

五、刨削加工方法

1. 工件的安装

1）压板装夹（见图3-3-14）　压板装夹时应注意位置的正确性，使工件的装夹牢固。

2）台虎钳装夹　牛头刨床工作台上常用台虎钳装夹方法，如图3-3-15所示。图3-3-15（a）适于一般粗加工，工件平行度、垂直度要求不高时应用；图3-3-15（b）适用于工件面1、2有垂直度要求时应用；图3-3-15（c）用垫铁和撑板安装，适于工件面3、4有平行度要求时应用。

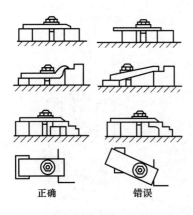

图 3-3-14　压板装夹

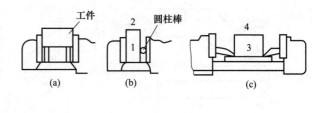

图 3-3-15　台虎钳装夹

3）薄板件装夹　当刨削较薄的工件时，在四周边缘无法采用压板，这时三边用挡块挡住，一边用薄钢板撑压，并用锤子轻敲工件待加工表面四周，使工件贴平、夹持牢固，如图3-3-16所示。

4）圆柱体工件装夹　如图3-3-17（a）所示，刨削圆柱体时，可以采用台虎钳装夹，也可以利用工作台上T形槽、斜铁和撑块装夹；如图3-3-17（b）所示，当刨削圆柱体端面槽时，还可以利用工作台侧面V形槽、压板装夹。

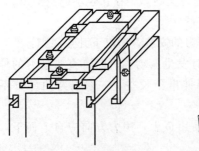

图 3-3-16　薄板件装夹

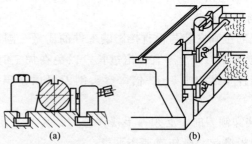

图 3-3-17　圆柱体工件装夹

5）弧形工件装夹（见图3-3-18）　刨削弧形工件时，可在圆弧内、外各用三个支承将工件夹紧。

6）薄壁工件装夹（见图3-3-19）　刨削薄壁工件时，由于工件刚性不足，会使工件产生夹紧变形或在刨削时产生振动，因此需将工件垫实后再进行夹紧，或在切削受力处用千斤顶支撑。

7）框形工件装夹（见图 3-3-20） 装夹部分刚性差的框形工件，应将薄弱部分预先垫实或用螺栓支撑。

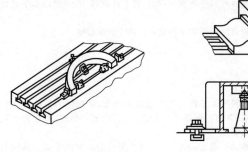
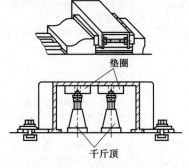
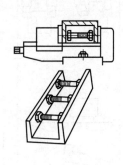

图 3-3-18 弧形工件装夹　　图 3-3-19 薄壁工件装夹　　图 3-3-20 框形工件装夹

8）侧面有孔工件装夹（见图 3-3-21） 普通压板无法装夹侧面有孔工件，可用圆头压板伸入孔中装夹。

9）用螺钉撑和挡铁装夹（见图 3-3-22） 该方法适用于装夹较薄工件，可加工整个上平面。

10）用挤压法装夹（见图 3-3-23） 该方法适用于装夹较厚工件，可加工整个上平面，两边的螺旋夹紧力通过压板传给撑板而挤压工件。

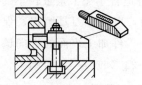
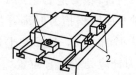
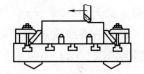

图 3-3-21 侧面有孔工件装夹　　图 3-3-22 用螺钉撑和挡铁装夹　　图 3-3-23 用挤压法装夹

2. 刨削基本工艺

（1）保证刨削平面位置精度的方法

保证刨削平面位置精度的方法见表 3-3-2。

表 3-3-2　保证刨削平面位置精度的方法

项目	刨削方法		说　明
	安装不变	安装改变	
保证垂直度	(a)	(b)	图(a)：工件以底平面为安装基准，加工顶平面时，用水平进给法刨削；加工两侧垂直平面时，用垂向进给法；刨台阶也用类似方法进行。垂直度取决于机床的精度 图(b)：在基面用水平进给法刨出后，将工件转 90°，紧贴定位元件或工作台侧面仍用水平进给法刨削，此时垂直度取决于定位元件的精度和机床精度

续表

项目	刨削方法		说　明
	安装不变	安装改变	
保证平行度	(a)	(b)	图(a)：工件的两侧面均用垂向进给法刨出 图(b)：先将底部平面刨出，然后将工件翻转180°，仍用水平进给法刨平面 以上两种方法所得到平行度都取决于机床精度
保证倾斜度	(a)	(b)	图(a)：上图所示是将刀架斜置所需角度，采用倾斜进给方法刨出倾斜平面；下图所示是将牛头刨床工作台转一角度，刨出的平面与基准面倾斜 图(b)：基面平面紧贴定位件，用水平进给法刨出平面。其倾斜度取决于刨床精度和定位元件支承面的加工精度

(2) 刨垂直面及台阶面的方法

1) 偏刀的使用及安装　普通偏刀 [见图 3-3-24 (a)] 比台阶偏刀刀尖角较大，刀尖强度高，散热性好，能承受较大的切削力；主偏角小于90°，切削力 F_n 将刀具推离加工表面，不会像台阶偏刀 [见图 3-3-24 (b)] 那样产生扎刀现象，而且加工的垂直面的表面粗糙度值较小。普通偏刀适合于加工垂直面；台阶偏刀适合于加工台阶，也适合于加工余量较小的垂直面 [见图 3-3-24 (c)]。为了使刨刀在回程抬刀时离开加工表面，以减少刀具磨损，保证加工表面的表面质量，刀架应扳转一个角度 α，使刀架上端向离开工件加工表面的方向偏转 [见图 3-3-24 (d)]。装夹偏刀时，刀杆应处于垂直位置 [见图 3-3-24 (e) 左]；否则主、副

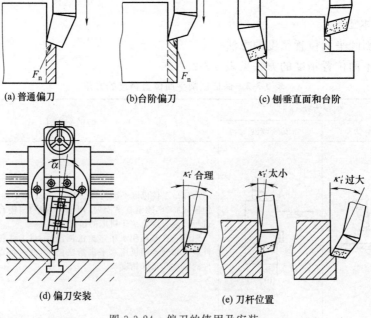

图 3-3-24　偏刀的使用及安装

偏角就要发生变化，图 3-3-24（e）中图所示位置，会使刀杆碰到加工面；如图 3-3-24（e）右所示位置会使加工表面粗糙度值增加。

2）台阶的刨削方法 粗刨台阶的方法如图 3-3-25 所示，图 3-3-25（a）所示用尖头平面刨刀刨削，适用于浅而宽的台阶；图 3-3-25（b）所示用右偏刀刨削，适用于窄而深的台阶。切刀精刨台阶的顺序如图 3-3-26 所示，适用于浅台阶的精刨。刨削时用正切刀按图（a）→图（b）→图（c）→图（d）的顺序进刀。精刨台阶的两种进给方法如图 3-3-27 所示，适用于深台阶的精刨，用偏刀水平进给时，背吃刀量应很小，一般粗刨要给精刨留 0.3～0.5mm 的加工余量。浅台阶的刨削方法如图 3-3-28 所示，浅台阶可用台阶刨刀采用水平进给直接刨出 [见图 3-3-28（a）]；双面浅台阶为保证平面等高，可用圆头平面刨刀刨出 [见图 3-3-28（b）]，然后用切刀或平头精刨刀刨台阶两垂直面，并接平 [见图 3-3-28（c）]。窄台阶的刨削方法如图 3-3-29 所示，窄台阶可用平头精刨刀或台阶偏刀采用垂向进给直接刨出 [见图 3-3-29（a）]；窄而浅的台阶，刀架可不扳转角度，用平头精刨刀刨出两个台阶面；回程时，用手抬起 [见图 3-3-29（b）]。

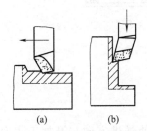

图 3-3-25　粗刨台阶的方法

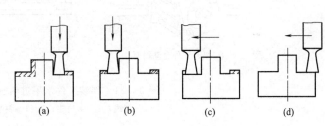

图 3-3-26　切刀精刨台阶的顺序

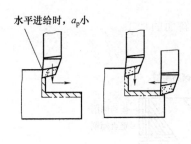

图 3-3-27　精刨台阶的两种进给方法

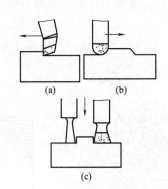

图 3-3-28　浅台阶的刨削方法

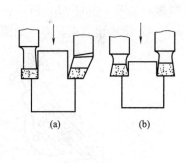

图 3-3-29　窄台阶的刨削方法

（3）刨斜面的方法

1）转动钳口垂向进给刨斜面 如图 3-3-30 所示，适用于刨削长工件的两端斜面。把工件 2 装夹在平口钳 1 上，然后根据图样要求，把平口钳钳身转动一定的角度，用刨垂直面的方法刨出斜面来。

2）斜装工件水平进给刨斜面 如图 3-3-31 所示，划线、找正工件 [见图 3-3-31（a）]，适用于斜面宽度较大时加工；用斜垫铁装工件 [见图 3-3-31（b）]，适用于批量生产，可用预先做好的两块符合零件图上斜度要求的斜垫铁，在平口钳内装夹工件，注意工件斜度不能太大，否则

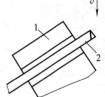

图 3-3-30　转动钳口垂向进给刨斜面
1—平口钳；2—工件

是无法装夹或装夹不稳；转动工作台刨斜面［见图 3-3-31 (c)］，适用于在有偏转工作台的牛头刨床上加工成批工件；夹具斜装工件［见图 3-3-31 (d)］适用于成批或大量生产时采用。

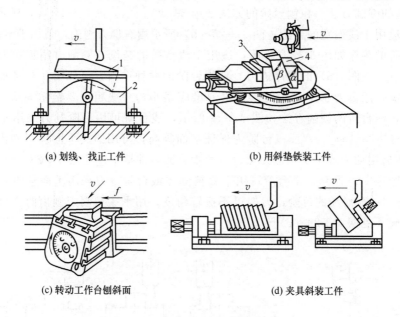

(a) 划线、找正工件   (b) 用斜垫铁装工件

(c) 转动工作台刨斜面   (d) 夹具斜装工件

图 3-3-31　斜装工件水平进给刨斜面
1—划线；2—平口钳；3、4—斜垫铁

3）斜装刨刀刨斜面　如图 3-3-32 (a) 所示，刀架转动角度 β 使送进方向与被加工表面互相平行；抬刀板要偏转，使其上端偏离工件加工表面方向，避免刀具在回程时与工件发生摩擦；如图 3-3-32 (b) 所示。

4）用成形刀刨斜面　如图 3-3-33 所示，该方法适用于窄斜面的加工。

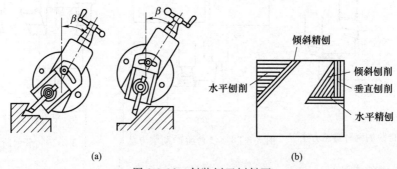

(a)   (b)

图 3-3-32　斜装刨刀刨斜面

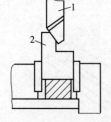

图 3-3-33　用成形刀刨斜面
1—刨刀；2—工件

（4）切断及刨槽

1）切断和刨轴上槽时的工件装夹　切断时可在平口钳内［见图 3-3-34 (a)］和工作台上［见图 3-3-34 (b)］装夹。在平口钳内装夹时，钳口须与刨削行程方向垂直，工件伸出不能太长，切断位置离钳口越短越好；在工作台上装夹时，切断处要对准 T 形槽口，防止损坏工作台。

刨削轴上槽时，如在轴端面上刨槽，可利用工作台侧面的 V 形槽装夹工件［见图 3-3-35 (a)］；在工作台上装夹工件时，为防止

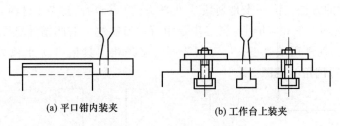

(a) 平口钳内装夹　　　　　　(b) 工作台上装夹

图 3-3-34　切断时的工件装夹

工件轴向位移，可在轴外端加设挡块［见图 3-3-35（b）］；在 V 形块上装夹工件时，图 3-3-35（c）用于刨缺口横槽，图 3-3-35（d）用于使用龙门刨床侧刀架刨轴上长键槽。

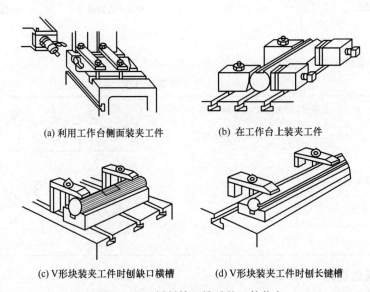

(a) 利用工作台侧面装夹工件　　　　　　(b) 在工作台上装夹工件

(c) V形块装夹工件时刨缺口横槽　　　　(d) V形块装夹工件时刨长键槽

图 3-3-35　刨削轴上槽时的工件装夹

2）刨直槽的方法　刨窄槽时，若一次进给完成，适用于槽精度不高的情况；若两次进给完成，第二把切槽刀主要起修光和控制尺寸作用。粗刨宽槽时，如图 3-3-36（a）所示，可按 1、2、3 顺序用切槽刀垂向进给，当槽宽而深度较浅时，按图 3-3-36（b）先用切槽刀刨两条直槽，然后用尖头刨刀以横向进给刨去中间的多余金属；精刨宽槽时，如图 3-3-37 所示，当精刨右侧面时，必须由上向下进给，当刨至槽底时，应注意选择较小的背吃刀量及接刀；刨宽深槽时，如图 3-3-38 所示，先粗刨一半槽深，以减少一次刨至槽深的困难，最后用精切槽刀刨至尺寸。

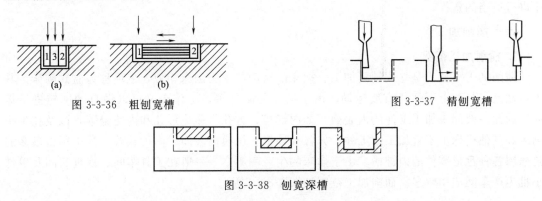

(a)　　　　　　　(b)

图 3-3-36　粗刨宽槽　　　　　　　　　　图 3-3-37　精刨宽槽

图 3-3-38　刨宽深槽

3）刨 T 形槽的方法　第一步是划线［见图 3-3-39（a）］，装夹工件时，按划线找正；第二步是刨直槽［见图 3-3-39（b）］；第三步是用弯切刀刨左、右凹槽［见图 3-3-39（c）］。注意，刨 T 形槽时，切削用量要小；刨刀回程时，必须将刀具抬出 T 形槽外，最后用偏角为 45°的角度刨刀进行倒角［见图 3-3-39（d）］。

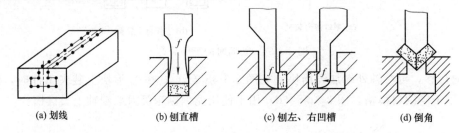

| (a) 划线 | (b) 刨直槽 | (c) 刨左、右凹槽 | (d) 倒角 |

图 3-3-39　刨 T 形槽的方法

4）刨 V 形槽的方法　刨 V 形槽的方法如表 3-3-3 所示。

表 3-3-3　刨 V 形槽的方法

图（a）：首先按尺寸在工件上划线，用水平走刀粗刨大部分余量	
图（b）：切空刀槽	
图（c）：用偏刀刨两斜面	
图（d）：如果 V 形槽的尺寸小，可用样板刀精刨	
图（e）：可用夹具刨 V 形槽	

3. 刨削用量的选择

（1）刨削用量的要素

刨削用量包括背吃刀量 a_p（mm）、进给量 f（mm/双行程）和刨削速度 v_c（m/min）。

1）背吃刀量 a_p　它是指工件上已加工表面之间的垂直距离。

2）进给量 f　它是指当刀具（或工件）做一次往返行程时，工件或刀具在垂直于主运动方向相对移动的距离。

3）刨削速度 v_c　它是指刀具或工件的主运动速度。

（2）刨削用量的选择

选择刨削用量时，同样要综合考虑表面质量、生产率和刀具寿命，按照 a_p、f、v_c 的顺序进行适当的选择。

六、插削加工

1. 插削加工范围

插削加工可认为是立式刨削加工。插床的运动与牛头刨床相似，也可称为立式刨床。其主运动是刀具的上下往复直线运动。由于插床的附件多，工作台又可以做自动回转进给运动，因此一般用来加工工件的内表面，如内键槽、方孔、多边形孔和内花键等，以及在牛头刨床和其他机床上不宜加工的工件，如各种冲模、压模内表面、内齿轮等。其中用得最多的是插削各种盘形零件的内键槽。由于插床的生产率不高，一般在工具车间、修理车间及单件小批生产车间应用较多。插削加工范围如图 3-3-40 所示。

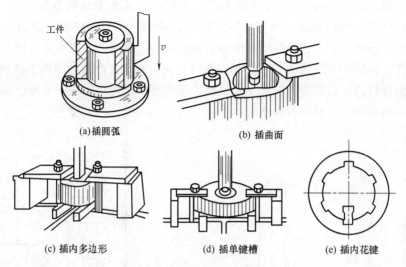

图 3-3-40　插削加工范围

2. 插床

　　插削是在插床上进行的，插床外形如图 3-3-41 所示。在插床上加工，工件安装在工作台上，插刀装在滑枕的刀架上。滑枕带动刀具在垂直方向的往复直线运动为主切削运动，工作台带动工件沿垂直于主运动方向的间歇运动为进给运动，圆工作台还可绕水平轴线在前后小范围内调整角度，以便加工倾斜的面和沟槽。图 3-3-42 所示为插削孔内键槽示意图。插削前需在工件端面上画出键槽加工线，以便对刀和加工。工件用三爪自定心卡盘或四爪单动卡盘夹持在工作台上。插削速度一般为 $20 \sim 40 \mathrm{m/min}$。

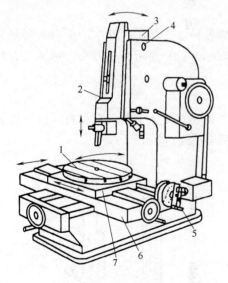

图 3-3-41　插床外形

1—圆工作台；2—滑枕；3—滑枕导轨座；4—轴；

5—分度装置；6—床鞍；7—溜板

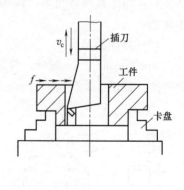

图 3-3-42　插削孔内键槽

3. 插刀

　　键槽插刀的种类如图 3-3-43 所示。图 3-3-43（a）为高速钢整体插刀，一般用于插削较大孔径内的键槽；图 3-3-43（b）为柱形刀杆，在径向方孔内安装高速钢刀头，刚性较好，可用于加工各种孔径的内键槽。插刀材料一般为高速钢，也有用硬质合金的。插刀在回程时，刀面与工件已加工表面会发生剧烈摩擦，将影响加工质量和刀具寿命。因此，插削时需采用活动刀杆，如图 3-3-44 所示。当刀杆回程时，夹刀板 3 在摩擦力作用下绕轴 2 的轴线沿逆时针方向稍许转动，刀具后面只在工件已加工表面轻轻擦过，可避免刀具损坏，回程终了时，靠弹簧 1 的作用力，使夹刀板恢复原位。

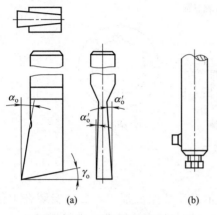

图 3-3-43　键槽插刀的种类

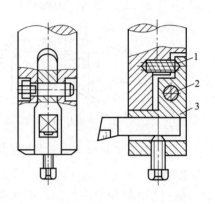

图 3-3-44　活动刀杆
1—弹簧；2—轴；3—夹刀板

（1）插刀的几何形状及角度

① 由于插刀的切削行程为垂直方向，所以其前、后角与刨刀正好相反。

② 前角 γ_o 一般不超过 15°，后角 α_o 一般为 4°～8°。

③ 插削钢料时，前刀面应磨出卷屑槽。

④ 图 3-3-45（a）所示为尖刀，可用于粗插或插削各种多边形孔；图 3-3-45（b）所示为切刀，可用于插削直角形、沟槽和各种多边形；图 3-3-45（c）所示为小刀头，可装入刀杆中使用。

（2）刀杆类型

如图 3-3-46（a）所示，横向装夹刀杆可减少刀具伸出长度，节约刀具材料，便于换刀和刃磨；如图 3-3-46（b）所示，垂直装夹刀杆，适用于小孔内加工。

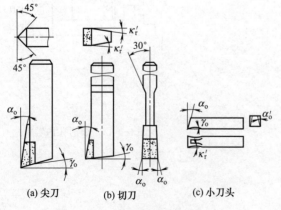

(a) 尖刀　　　(b) 切刀　　　(c) 小刀头

图 3-3-45　插刀的几何形状及角度

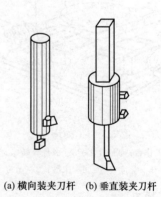

(a) 横向装夹刀杆　(b) 垂直装夹刀杆

图 3-3-46　插刀杆

七、刨削实训课目

1. 刨削加工实例

长方形垫铁刨削加工实施步骤如图 3-3-47 所示。

① 把毛坯的一个比较平整和较大的大平面作为粗基准，加工出一个比较光滑平整的平面 1 [见图 3-3-47（a）]，作为以后刨其他平面的精基准。

② 将已加工面 1 靠在固定钳口上，在活动钳口与工件之间用撑板夹紧，刨相邻平面 2 [见图 3-3-47（b）]。

③ 将已加工表面 1 靠在固定钳口上，平面 2 与平行垫铁贴紧，刨平面 3 [见图 3-3-47（c）]。

④ 加工平面时，工件的装夹可以采用图 3-3-47（a）所示的方法夹紧，锤子轻轻敲击被加工表面 4，使工件的底面 1 与垫铁贴实，刨平面 4 [见图 3-3-47（d）]。也可采用图 3-3-47（b）、（c）所示方法加工，其中图 3-3-47（e）所示方法最佳。

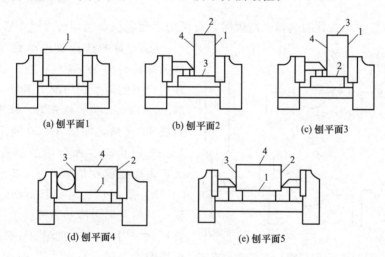

(a) 刨平面1　　　　(b) 刨平面2　　　　(c) 刨平面3

(d) 刨平面4　　　　(e) 刨平面5

图 3-3-47　长方形垫铁加工步骤

2. 刨削加工工艺分析

图 3-3-48、图 3-3-49 所示分别为某轴承盖和轴承座的零件图。下面分析其刨削加工过程：

1）零件图分析　两个零件的材料均为 HT200，切削性能较好，主要加工表面有平面和轴承支承孔，最高精度为 7 级，表面粗糙度值 Ra 为 $1.6\mu m$。轴承支承孔需两件合装后同时加工。由于尺寸较小，主要平面的加工可在牛头刨床上进行。

2）零件的主要加工过程　划出刨削工序各表面加工线→刨轴承盖上面、轴承座底面到加工线→粗刨轴承盖底面，精刨轴承盖止口尺寸 60f9 到达图样要求；粗刨轴承座上面，精刨轴承座止口尺寸 60H9 到达图样要求→划出轴承盖和轴承座尺寸 $2\times\phi13.5mm$ 和 $M14\times1.5mm$ 中心线→钻攻轴承盖和轴承座尺寸 $2\times\phi13.5mm$ 和 $M14\times1.5mm$→合装轴承盖和轴承座→镗 $\phi45H7$ 轴承支承孔及端面达图样要求。

3）刨削加工分析　从工艺过程中可以看出，对该两零件的刨削加工主要是在牛头刨床上刨止口。

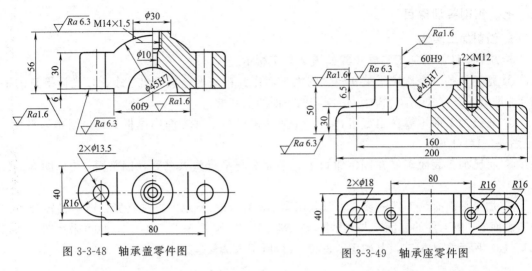

图 3-3-48 轴承盖零件图　　　　　　　图 3-3-49 轴承座零件图

① 零件的装夹及夹具的选择。刨削时，可采用平面定位，利用台虎钳夹紧。

② 刀具的选择及进给路线的确定。刀具选择材料为 W18Cr4V 的正切刀，它是在普通切刀的两个副切削刃靠近刀尖处，分别磨出 1~2mm 长的修光刃，修光刃与主切削刃成 90°夹角，如图 3-3-50 所示。进给路线为：先把止口右面台阶的垂直面刨到尺寸线，表面粗糙度值 Ra 为 1.6μm，如图 3-3-50 （a）所示；然后摇起刀架，再重新对刀刨止口的左面台阶垂直面，严格控制止口配合尺寸 60H9/f9，如图 3-3-50 （b）所示；再按图 3-3-50 （c）、（d）所示粗、精刨左、右两台阶水平面，达到图样尺寸。

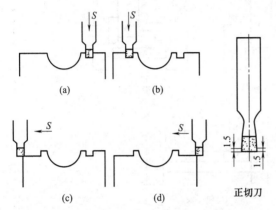

图 3-3-50 正切口及用正切口精刨止口的进给方法

③ 切削用量的选择。粗刨时，留精刨余量 0.3~0.5mm，进给量 f 为 0.33~0.66mm/双行程，刨削速度 v_c 为 0.25~0.41m/min；精刨时，加工表面达到尺寸要求，进给量 f 为 0.33~2.33mm/双行程，刨削速度 v_c 为 0.08~0.13 m/min。

练习与思考

1. 刨削的工作内容有哪些？刨削加工适用于什么场合？

2. 与车削相比，刨削运动有何特点？

3. 分别说明龙门刨床、牛头刨床、插床的主运动和进给运动。

4. 牛头刨床主要由哪几个部分组成？各有何功用？刨削前，刨床需做哪些方面的调整，如何调整？

5. 滑枕往复直线运动的速度是如何变化的？为什么？

6. 在 B2012A 型龙门刨床上能否同时加工相互垂直的平面？如何加工？

7. 为什么刨刀往往做成弯头的？

8. 刨刀的主要角度有哪几个？分别对刨刀及加工有什么样的影响？

9. 刨刀的种类有哪些？其结构有何特点？

10. 刨削时，工件装夹方法有哪些？

11. 常用刨削斜面的方法有哪几种？它们分别有什么特点与区别？

12. 刨削用量诸要素的定义是什么？

13. 什么是插削？插削与刨削有哪些方面不同？

单元四　零件的钻、扩、铰加工

⤵ **学习目标及要求**

• 熟悉钻床、钻削刀具的种类及用途，钻削加工的特点。

• 掌握钻床的基本操作方法和加工应用范围。

• 能够调整钻床，选择合适的钻削刀具、钻削方式和钻削用量等，对零件孔进行钻削加工。

• 能对零件加工质量进行分析与评估。

• 熟悉钻削机床的维护、保养和安全操作常识，安全、文明生产。

一、基础工作准备

1. 开机前准备

① 在使用机床前，必须详细参阅使用说明书，熟悉机床的结构、各手柄的功能、传动和润滑系统。

② 在开动机床前，按照润滑说明在机床各处加油，并检查主轴箱是否夹紧在主立柱上以及主轴套筒的升降和电气设备情况是否正常。如出现异常情况，先把（供）电源断开，再检查和修理机床。

2. 钻头或丝锥安装与拆卸

① 安装钻头或丝锥时，旋转钻夹头外壳使颚片有足够的张开度，把钻头或丝锥塞入钻夹头，并使钻头或丝锥处于中心位置，然后用钻夹头钥匙顺时针方向旋紧，使钻头或丝锥被夹紧在钻夹头内。

② 拆卸钻头或丝锥时，用钻夹头钥匙逆时针方向旋松钻夹头，可以卸下钻头或丝锥。

3. 操作过程及规范

① 检查控制面板电源指示灯正常，根据使用要求选择合适的钻头或丝锥，攻螺纹时要调整主轴转速，必须在停机状态下按台钻使用说明书操作；然后把钻头或丝锥固定在钻夹头上，必须使用专用的钥匙，不得用手锤等硬物敲打；

② 将待钻孔或攻螺纹的工件用钳子、夹具或台钳夹紧压牢，并调整好工件与钻头或丝锥作业位的中心点，钻薄片工件时，还需在工件下加垫木板；

③ 钻孔时将开关旋转至左边，台钻主轴开始运转，攻螺纹时将开关旋转至右边；

④ 在钻孔开始或工件将要被钻穿时，要轻轻用力，以防工件转动或被甩出；

⑤ 钻孔或攻螺纹工作中，要把工件放正，用力要均匀，以防折断钻头或丝锥；

⑥ 正常工作中可用脚控开关控制台钻开启或停止，用脚尖踩住脚控开关即开启，松开停止；

⑦ 在操作过程中，要认真观察台钻运转状态，视线不得离开工件；不允许两人同时操作钻床，禁止嬉戏打闹；

⑧ 钻床在运转时，禁止用棉纱擦机清除铁屑，也不许用嘴吹或手拉铁屑，避免钻头缠绕手指发生意外；

⑨ 紧急停机时，按下红色按键，台钻停止运转，若要恢复运转，要先将开关旋转至零位，然后按住红色紧急按键向右旋转至底位松开，红色紧急按键弹出即可重新开机工作。

4. 作业完成

① 工作完成后，将开关旋转至中间零位，台钻停止运转；

② 台钻停止运转后，取走已完成作业的工件，卸下钻头或丝锥；

③ 仔细清理台面上的铁屑和冷却液，把台钻和周边区域打扫干净，关闭总电源开关。

5. 安全注意事项

① 不要在台钻上或附近堆放杂物，以免发生伤害事故；

② 不要穿戴诸如宽松衣服、手套、领带、首饰品等之类易被机器运动件卷入的服饰；

③ 在台钻运行时，不要把手接近钻头，不要在工作台上操作其他工作，以免发生工伤事件；

④ 不要随意拆卸机器的出厂标准配置，如脚控开关、限位开关等配件；

⑤ 必须让机器保持原厂配置的完整性，禁止非法操作机器；

⑥ 机器运行中旁观者或其他作业员必须保持在安全距离以外。

二、钻、扩、铰的工作内容

孔是各种机器零件上出现最多的几何表面之一。钻削加工是孔加工工艺中最常用的方法，钻床是孔加工的主要机床，在钻床上主要用钻头加工精度不高的孔，也可以通过钻孔-扩孔-铰孔的工艺手段加工精度要求较高的孔，还可以利用夹具加工有一定位置要求的孔系。另外，钻床还可用于锪平面、锪孔、攻螺纹等工作，如图 3-4-1 所示。

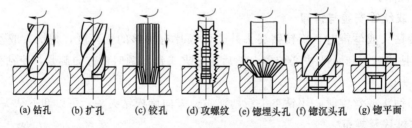

(a) 钻孔　(b) 扩孔　(c) 铰孔　(d) 攻螺纹　(e) 锪埋头孔　(f) 锪沉头孔　(g) 锪平面

图 3-4-1　钻床的主要加工表面

钻床在加工时，一般工件不动，刀具一面旋转做主运动，一面做轴向进给运动。故钻床适用于加工没有对称回转轴线的工件上的孔、尤其是多孔加工，如机体、机架等零件上的孔。

钻孔是在实体材料上一次钻成孔的工序，孔精度低，表面粗糙度值大；扩孔是对已有的孔进行扩大，已有的孔可以是铸孔、锻孔或前工序钻出的孔等，扩出的孔精度提高，表面粗糙度值降低；铰孔是利用铰刀对已有的孔进行半精加工和精加工的工序；锪孔是在钻孔孔口表面加工出倒棱、沉孔或平面工序，属于扩孔范围；另外，还有对孔用钢球或滚压头进行光整加工，校准孔的几何形状，降低表面粗糙度值，强化金属表面层。

孔的加工还分为与其他零件非配合或配合的孔加工，前者直接在毛坯上钻、扩出来；后者必须在钻、扩等粗加工之后，根据具体要求进行铰、镗等加工。

孔的加工难度比外圆大得多，在设计时经常把孔的公差等级定得比轴低一级。此外，如果内孔与外圆有较高的同轴度等位置精度要求时，一般先加工内孔，再以内孔为定位基准加工外圆。孔难加工的原因主要是：

① 大部分孔加工刀具为定尺寸刀具。刀具自身的尺寸和形状影响内孔的加工精度。

② 孔加工刀具的直径越小，深径比越大，刚性越差，容易偏离正确位置、变形和振动。

③ 孔加工过程是在封闭或半封闭的空间内进行的，断屑和排屑困难，散热困难，影响加工质量和刀具寿命。

④ 对加工情况的观察、测量和控制都比外圆和平面加工困难。

钻孔的加工精度通常为 IT10～IT11，表面粗糙度值 Ra 为 $50～6.3\mu m$，直径尺寸从小至 $\phi 0.01mm$ 的微细孔到超过 $\phi 1000mm$ 的大孔均有。

三、钻床

钻床根据用途和结构不同，主要有台式钻床、立式钻床、摇臂钻床、深孔钻床、铣钻床、中心钻床、手电钻等类型。下面主要介绍台式钻床、立式钻床和摇臂钻床。

1. 台式钻床

台式钻床简称台钻。它是放在台桌上使用的小型钻床，通常是手动进给，自动化程度较低，但结构小巧简单，使用方便灵活，多用于单件、小批量生产。它的结构如图 3-4-2 所示。

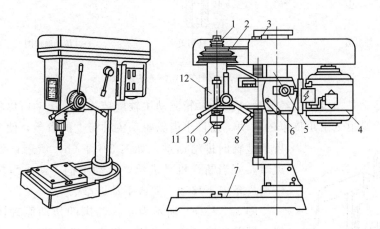

图 3-4-2　台式钻床的结构

1—塔轮；2—V 形带；3—丝杠架；4—发动机；5—立柱；6—锁紧手柄；
7—工作台；8—升降手柄；9—钻夹头；10—主轴；11—进给手柄；12—主轴架

钻孔时，钻头装在钻夹头 9 内，钻夹头装在主轴 10 的锥体上。发动机 4 通过一对五级塔轮 1 和 V 形带 2，使主轴获得 5 种转速。扳动进给手柄 11 可使主轴上下运动。工件安放在工作台 7 上，松开锁紧手柄 6，摇动升降手柄 8 就可以使主轴架 12 沿立柱 5 上升或下降，以适应不同高度工件的加工，调整好后扳动锁紧手柄 6 进行锁紧。

台钻的钻孔直径一般小于 $\phi 16mm$，最小可加工零点几毫米的小孔。由于加工的孔径小，台钻主轴的转速可以高达 $10\times 10^5 r/min$ 以上。

2. 立式钻床

立式钻床又分圆柱式立式钻床、方柱式立式钻床和可调式多轴立式钻床 3 个系列。立式钻床的主参数是最大钻孔直径。根据主参数不同,立式钻床(简称立钻)钻孔直径为 $\phi16\sim$ $\phi18$mm,有 18mm、25mm、35mm、40mm、50mm、63mm、80mm 等多种规格。

图 3-4-3 (a) 所示为最大钻孔直径为 $\phi35$mm 的 Z5135 型方柱式立式钻床的外形,机床由变速(主轴)箱、主轴、进给箱、立柱、工作台和底座组成,电动机通过主轴箱带动主轴回转,同时通过进给箱可获得轴向机动进给运动。工作台和进给箱可沿立柱上的导轨上下移动,调整其位置的高低,以适应在不同高度的工件上进行钻孔加工。

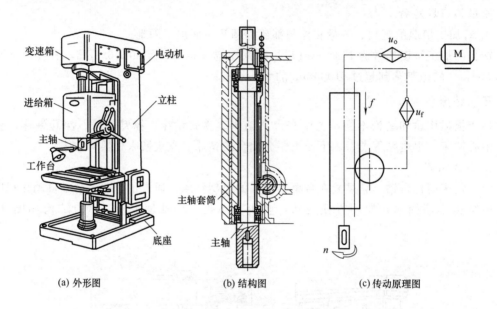

(a) 外形图　　　　(b) 结构图　　　　(c) 传动原理图

图 3-4-3　Z5135 型立式钻床

立钻的主运动是由电动机经变速(主轴)箱驱动主轴旋转,进给运动可以机动,也可以手动。机动进给是由进给箱传来的运动,通过小齿轮驱动主轴筒上的齿条,使主轴随着套筒齿条做轴向进给运动,如图 3-4-3 (b) 所示;如要进行手动进给,应当断开机动进给,扳动手柄,使小齿轮旋转,从而带动齿条上下移动,完成手动进给。

图 3-4-3 (c) 所示为立式钻床的传动原理图,主运动一般采用单速电动机经齿轮分级变速机构传动。

立钻也采用机械无级变速器传动;主轴旋转方向的改变靠电动机的正反转来实现。钻床的进给运动由主轴传出,与主运动共享一个电动机,属于内联系传动链(尤其攻螺纹时),进给运动链中的换置(变速)机构通常为滑移变速齿轮。进给量用主轴每转 1 转时,主轴的轴向位移量来表示,单位为 mm/r。

在立钻上加工多孔时,需要移动工件一个一个地加工孔,这对于大而重的工件很不方便。因此,立钻仅适合加工中小型零件。

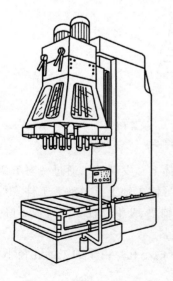

图 3-4-4　可调式多轴立钻

立钻除上面的基本品种外，还有一些变型品种，下面简单介绍一下较常用的可调式多轴立钻和排式多轴立钻。

可调式多轴立钻如图 3-4-4 所示，主轴箱上装有很多主轴，主轴轴心线位置可根据被加工孔的位置进行调整对准工件。加工时，主轴箱带着全部主轴对工件进行多孔同时加工，生产率较高。

排式多轴立钻相当于几台单轴立钻的组合，它的各个主轴可以安装不同的刀具，如钻头、扩孔钻、铰刀、攻螺纹的丝锥等，顺次地加工同一工件的不同孔径或分别进行各种类型的孔加工。由于这种机床加工时是一个孔一个地加工，而不是多孔同时加工。所以，它没有可调式多轴立钻的生产率高，但它与单轴立钻相比，可节省换刀时间，适用于单件小批生产。

3. 摇臂钻床

在大型零件上钻孔时，因工件移动不便，就希望工件不动，而钻床主轴能在空间调整到任意位置，这就产生了摇臂钻床。

（1）主要组成部件

图 3-4-5 所示为摇臂钻床的外形图，被加工工件和夹具安装在工作台 8 上，如工件较大，还可以卸掉工作台，直接安装在底座 1 上，或直接放在周围的地面上，这就为在各种批量的生产中加工大而重的工件上的孔带来了很大的方便。立柱为双层结构，内立柱 2 安装于底座上，外立柱 3 可绕内立柱 2 转动，并可带着夹紧在其上的摇臂 5 摆动。另外，摇臂 5 可沿外立柱 3 轴向上下移动，以调整主轴箱及刀具的高度。主轴箱 6 可在摇臂 5 的水平导轨上移动。通过摇臂和主轴箱的上述运动，可以方便地在一个扇形面内调整主轴 7 至被加工孔的位置。因此，主轴 7 的位置可在空间任意地调整。

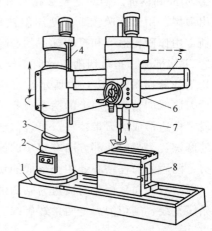

图 3-4-5 摇臂钻床的外形
1—底座；2—内立柱；3—外立柱；4—摇臂升降丝杠；
5—摇臂；6—主轴箱；7—主轴；8—工作台

当进行加工时，由特殊的夹紧装置将主轴箱紧固在摇臂导轨上，而外立柱 3 紧固在内立柱 2 上，摇臂 5 紧固在外立柱上，然后进行钻削加工。

（2）传动系统

摇臂钻床具有 5 个运动，即主运动（主轴旋转）、进给运动（主轴轴向进给）、3 个辅助运动（包括主轴箱沿摇臂水平导轨的移动、摇臂与外立柱一起绕内立柱的回转摆动和摇臂沿外立柱的垂直方向的升降运动）。前两个运动为表面成形运动。

4. 深孔钻床

深孔钻床是用特别的深孔钻头，专门加工深孔的钻床，如加工炮筒、枪管和机床主轴等零件中的深孔。为避免机床过高和便于排除切屑，深孔钻床一般采用卧式布局。为保证获得很好的冷却效果，在深孔钻床上配有周期退刀排屑装置及切削液输送装置，使切削液由刀具内部输入至切削部位。

四、钻、扩、铰刀具

孔加工的刀具结构形式很多，按用途可分为两大类：一类是从实心材料上加工出孔的刀具，如麻花钻、扁钻、中心钻和深孔钻等；另一类是对已有孔进行再加工的刀具，如扩孔钻、铰刀、锪钻和镗刀等。

1. 从实心材料上加工出孔的刀具

（1）麻花钻

麻花钻是最常用的孔加工刀具，一般用于实体材料上的粗加工。钻孔的尺寸精度为IT11～IT12，Ra 为 12.5～6.3μm。加工孔径范围为 0.1～80mm，ϕ30mm 以下最常用。麻花钻的特点是允许重磨次数多，使用方便、经济。

1）麻花钻的类型　按刀具材料的不同，麻花钻可分为高速钢钻头和硬质合金钻头，其中硬质合金钻头有整体式、镶片式和可转位式；按柄部结构不同，麻花钻可分为直柄（13mm 以下）和锥柄（13mm 以上），其中直柄一般用于小直径钻头，锥柄一般用于大直径钻头；按长度不同，麻花钻可分为基本型和短、长、加长、超长等类型。

2）麻花钻的结构　标准麻花钻由工作部分、颈部和柄部组成，如图 3-4-6（a）所示。

① 颈部和柄部。柄部是装夹钻头和传递动力的部分，图 3-4-6（b）所示为锥柄，其扣端做出扁尾，用于传递转矩和使用斜铁将钻头从钻套中取出。颈部是与工作部分的过渡部分，通常用作砂轮退刀和打印标记的部位。

② 工作部分。担负切削与导向工作，工作部分有切削和导向两个部分。

切削部分如图 3-4-6（c）所示，有两个前面（螺旋槽面，用于排屑和导入切削液）、两个主后刀面（即钻头端面上的两个刃瓣，为圆锥表面或其他表面）、副后刀面（钻头外缘上两小段窄棱边形成的刃带棱在，可近似认为是圆柱面，在钻孔时刃带起导向作用，为减小与孔壁的摩擦，刃带向柄部方向有较小的倒锥量，从而形成副偏角）。前、后刀面相交形成主切削刃；两后刀面在钻心处相交形成的切削刃为横刃，两条主切削刃通过横刃相连；前面与刃带（即副后刀面）相交的棱边为副切削刃。标准麻花钻的主切削刃是两条直线，横刃近似为一条短直线，副切削刃是两条螺旋线。

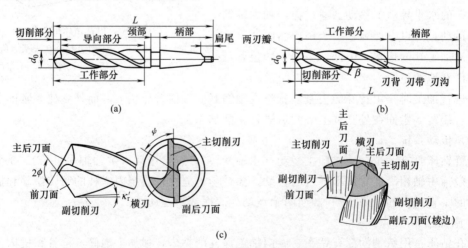

图 3-4-6　高速钢麻花钻结构

导向部分即钻头上的螺旋部分，是切削的后备部分，起导向和排屑作用。其中螺旋槽是流入切削液和排出切屑的通道，其前面的一部分即是前刀面。钻体中心部分有钻心，用于连接两刃瓣。外圆柱上的两条螺旋形棱面（即刃带），用于控制孔廓形，保持钻头进给方向。麻花钻为前大后小的正锥形。

3）麻花钻的几何角度

① 螺旋角 ω。螺旋角 ω 是钻头刃带棱边螺旋线展开成直线后与钻头轴线之间的夹角。如图 3-4-7 所示，在主切削刃上半径不同点的螺旋角不相等，钻头外缘处的螺旋角最大，越靠近中心，其螺旋角越小。螺旋角不仅影响排屑，而且影响切削刃强度。

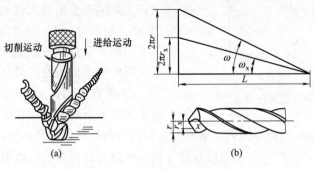

图 3-4-7　麻花钻的螺旋角

② 顶角 2ϕ。麻花钻的顶角 2ϕ 是两主切削刃在平行于两主切削刃的平面 P_c-P_c 中投影得到的夹角，如图 3-4-8 所示。顶角 2ϕ 的大小影响钻头尖端强度和进给力。顶角越小，主切削刃越长，单位切削刃上负荷便减轻，进给力小，定心作用也较好；但若顶角过小，则钻头强度减弱，钻头易折断。标准麻花钻的顶角一般为 $2\phi = 118°$。

③ 主偏角 κ_r。主偏角 κ_r 是在基面内测量的主切削刃在其上的投影与进给方向间的夹角。由于主切削刃上各点的基面不同，所以主偏角也就不同。

④ 前角 γ_o。如图 3-4-8 所示，主切削刃上选定点 X 的前角，是在正交平面 P_{ox}-P_{ox} 中测量的前刀面（螺旋面）与基面的夹角。麻花钻主切削刃上各点的前角随直径大小而变化，钻头外缘处的前角最大，一般为 30°；靠近横刃处的前角最小，约为 $-30°$。

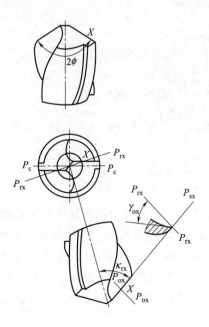

图 3-4-8　麻花钻的几何角度

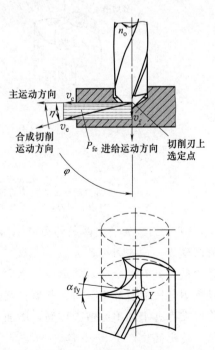

图 3-4-9　麻花钻的后角

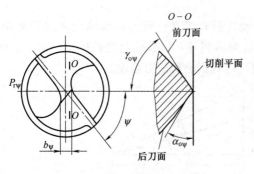

图 3-4-10　麻花钻的横刃角度

⑤ 后角 α_{fy}。如图 3-4-9 所示，麻花钻主切削刃上任意点的后角是以钻头轴线为中心的圆柱剖面上定义的后刀面与切削平面的夹角。之所以不像前角一样在正交平面内测量，原因在于，主切削刃上的各点都在绕轴线做圆周运动（忽略进给运动时），而过该选定点圆柱面的切平面内的后角最能反映钻头的后刀面与工件加工表面间的摩擦情况，而且便于测量。

⑥ 横刃角度 ϕ。如图 3-4-10 所示，横刃是两个主后刀面的交线，其长度为 b_ψ。

在垂直于钻头轴线的端平面内，横刃与主切削刃的投影线间的夹角称为横刃斜角，标准麻花钻的横刃斜角 $\psi = 50° \sim 55°$。当后角磨得偏大时横刃斜角减小，横刃长度增加。$\gamma_{o\psi}$ 是横刃前角，从横刃上任一点的正交平面可以看出，横刃前角 $\gamma_{o\psi}$ 均为负值，标准麻花钻的 $\gamma_{o\psi} = -54° \sim -60°$，横刃后角 $\alpha_{o\psi} = 30° \sim 36°$。

4）群钻　这是标准高速钢麻花钻切削部分的改进。群钻是我国工人群众发明出来的一套能适应加工各种材料的先进钻头，它比标准麻花钻钻孔效率高，加工质量好，使用寿命长。群钻是综合应用上述措施，用标准高速钢麻花钻修磨而成的。现以图 3-4-11 所示的中型标准群钻说明群钻的特点：

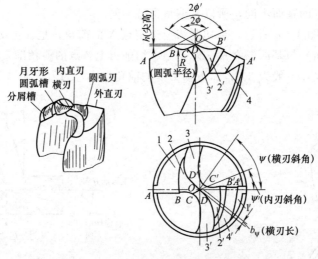

图 3-4-11　中型标准群钻

1—外刃后刀面；2—月牙形圆弧槽；3—内刃前刀面；4—分屑槽
1'—外刃后刀面；2'—月牙形圆弧槽；3'—内刃前刀面；4'—分屑槽

① 三尖七刃。先磨出两条外刃 AB，然后再在两个后刀面上分别磨出月牙形圆弧槽 BC，最后修磨横刃。两主刀刃各分成了三段，分别是外直刃 AB、圆弧刃 BC 和内直刃 CD，加上一条窄横刃共有七个刃，并形成三个尖（钻心尖 O 和两对应的刀尖 B）。这些结构的优点是主动削刃分段后有利于分屑、断屑；圆弧刃前角比原来平刃的大，使钻削轻便省力；圆弧刃工作时在底孔上划出一道圆环筋，增加了钻头的稳定性，有利于提高进给量和降低表面粗糙度值，可提高生产率 $3 \sim 5$ 倍。

② 横刃变短、变低、变尖，比原来的锋利，钻孔阻力下降 $35\% \sim 50\%$；新形成的内

直刃上副前角大为减少，使转矩下降 $10\% \sim 30\%$，钻削省力。

③ 对较大直径钻头，在一边外刃上可再磨出分屑槽，使切屑排出方便，且有利于切削液流入，既减少了切削力，又提高了钻头的寿命（刀具寿命提高 2～3 倍）。

（2）其他钻头

1）扁钻　扁钻是将切削部分磨成一个扁平体，轴向尺寸小，刚性好，便于制造和刃磨，使用优质刀具材料，在组合机床或数控机床上应用广泛。

2）中心钻　中心钻适用于轴类零件中心孔的加工，中心钻是标准化刀具。

3）深孔钻　在加工孔深 L 与孔径 D 之比 $L/D \geqslant 20 \sim 100$ 的特殊深孔（如枪管、液压管等）过程中，必须解决断屑、排屑、冷却润滑和导向等问题，因此要在深孔机床上用深孔钻加工。常用的深孔钻有外排屑深孔钻（枪钻）、内排屑深孔钻和喷吸钻，现介绍喷吸钻的工作原理。

喷吸钻是 20 世纪 60 年代以后出现的新型刀具，适用于中等直径的一般深孔加工。图 3-4-12 所示为喷吸钻的工作原理。

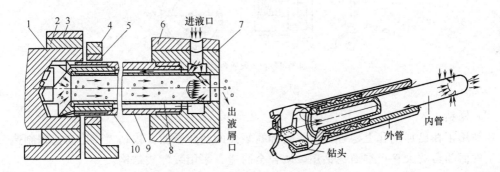

图 3-4-12　喷吸钻的工作原理

1—工件；2—卡爪；3—中心架；4—引导架；5—导向套；
6—支撑座；7—连接套；8—内管；9—外管；10—钻头

工作时，压力切削液从进液口流入连接套。其中，1/3 的切削液从内钻管四周月牙形喷嘴喷入内管。由于月牙槽缝隙很窄，切削喷入时产生喷射效应，能使内管里形成负压区；另外 2/3 的切削液流入内、外管壁间隙到切削区，会同切屑被吸入内管，并迅速向后排出，压力切削液流速快，到达切削区时呈雾状喷出，有利于冷却，经喷口流入内管的切削液流速增大，加强"吸"的作用，提高排屑效果。

2. 对已有孔进行再加工的刀具

（1）扩孔钻

使用麻花钻或专用的扩孔钻将原来钻过的孔或铸锻出的孔进一步扩大，称为扩孔，如图 3-4-13 所示。扩孔可作为孔的最后加工，也常用作铰孔或磨孔前的预加工，作半精加工，广泛应用在精度较高或生产批量的场合。扩孔的加工精度可达 IT10～IT9，Ra 值可达 $6.3 \sim 3.2 \mu m$。

用麻花钻扩孔时，底孔直径为要求直径的 0.5～0.7 倍；用扩孔钻扩孔时，底孔直径为要求直径的 0.9 倍。

专用的扩孔钻一般有 3～4 条切削刃，故导向性好，不易偏

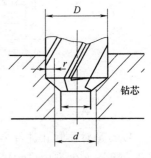

图 3-4-13　扩孔

斜，切削较平稳；切削刃不必自外圆延续到中心，没有横刃，轴向切削力小；由于小、切屑窄、易排除，排屑槽可做得较小较浅，增加刀具刚度；扩孔工作条件较好，因此进给量可比钻孔大 1.5～2 倍，生产率高；除了铸铁和青铜材料外，对其他材料的工件扩孔都要使用切削液，其中以乳化液应用最多。

随着孔的增大，高速钢扩孔钻有整体直柄式、整体锥柄式和套式 3 种。硬质合金扩孔钻除了有直柄、锥柄、套式（刀片焊接或镶在刀体上），对于大直径的扩孔钻常采用机夹可转位形式。图 3-4-14 所示为扩孔钻的几种类型。

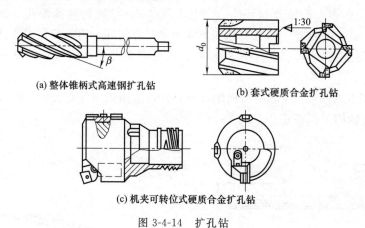

(a) 整体锥柄式高速钢扩孔钻   (b) 套式硬质合金扩孔钻

(c) 机夹可转位式硬质合金扩孔钻

图 3-4-14　扩孔钻

（2）锪钻

锪钻用于在已加工孔上锪各种沉头孔和孔端面的凸台平面。锪钻大多用高速钢制造，只有加工端面凸台的大直径端面锪钻用硬质合金制造，采用装配式结构。

圆柱形埋头锪钻用于锪圆柱形沉头孔［见图 3-4-15（a）］，锪钻端面切削刃起主切削刃作用，外圆切削刃作为副切削刃起修光作用。前端导柱与已有孔间隙配合，起定心作用；锥面锪钻用于锪圆锥形沉头孔［见图 3-4-15（b）、（c）］，一般有 6～12 条切削刃。锪钻顶角 2ϕ 有 $60°$、$75°$、$90°$ 及 $120°$ 四种，以 $90°$ 的应用最广。端面锪钻用于锪与孔轴线垂直的孔口端面［见图 3-4-15（d）］，端面锪钻头部有导柱以保证孔口端面与轴线垂直。

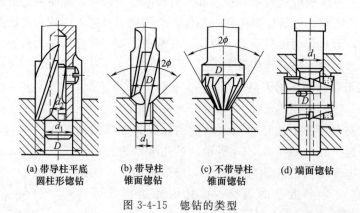

(a) 带导柱平底   (b) 带导柱   (c) 不带导柱   (d) 端面锪钻
　圆柱形锪钻　　锥面锪钻　　锥面锪钻

图 3-4-15　锪钻的类型

（3）铰刀

铰刀是对预制孔进行半精加工或精加工的多刃刀具，操作方便、生产效率高、能够获得高质量孔，在生产中应用广泛。加工精度可达 IT6～IT8，Ra 值可达 $1.6～0.4\mu m$。

铰刀按结构分有整体式（锥柄和直柄）和套装式；根据使用方法以分为手用和机用两大类，如图 3-4-16 所示。

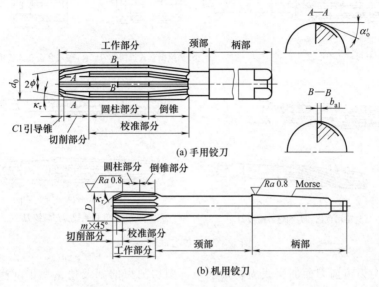

图 3-4-16　整体型圆柱铰刀

机用铰刀工作部分较短，用于在机床上铰孔，常用高速钢制造，有锥柄和直柄两种形式（多为锥柄式），铰削直径范围为 10～80mm，可以安装在钻床、车床、铣床、镗床上铰孔；手用铰刀工作部分较长，齿数较多，常为整体式结构，直柄方头，锥角 2ϕ 较小，导向作用好，结构简单，手工操作，使用方便，铰削直径范围为 1～50mm。

铰刀由工作部分、颈部及柄部三部分组成，各部分作用如下：

1）工作部分

① 引导部分。引导部分是在工作部分前端是呈 45°倒角的引导锥，其作用是便于铰刀容易进入孔中，也参与切削。

② 切削部分。切削部分担负主要的切削工作。切削部分切削锥的锥角 2ϕ 较小，一般为 3°～15°，起主要切削作用。引导锥起引入预制孔的作用，手用铰刀取较小的 2ϕ（通常 $\phi = 1$°～3°）值，目的是减轻劳动强度，减小进给力及改善切入时的导向性；机用铰刀可以选用较大的 ϕ 角，原因是工作时的导向由机床和夹具来保证，还可以减小切削刃长度和机动时间。

③ 校准部分。校准部分也称修光部分，由圆柱部分与倒锥组成，起引导铰刀、修光孔壁并作备磨之用；后部具有很小的倒锥，以减少与孔壁之间的摩擦和防止铰削后孔径扩大。

2）颈部　颈部是为加工切削刃时，便于退刀而设计的，此处注有铰刀的规格。

3）柄部　柄部供夹持用。

为了测量方便，铰刀刀齿相对于铰刀中心对称分布。手用铰刀如图 3-4-16（a）所示，有 6～12 个齿，每个刀齿相当于一把有修光刀的车刀；机用铰刀刀齿在圆周上均匀分布，手用铰刀刀齿在圆周上采用不等距分布以减少铰孔时的周期性切削载荷引起的振动；切削槽浅，刀芯粗壮，因此铰刀的刚度和导向性比扩孔钻好；加工钢件时，切削部分刀齿的主偏角 $\kappa_r = 15$°；加工铸铁时，铰不通孔时 $\kappa_r = 45$°。圆柱部分刀齿有刃带，刃带宽度 $b_{a1} = 0.2$～

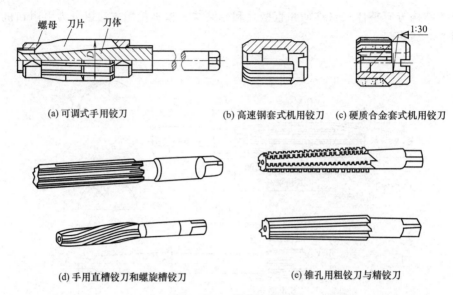

螺母　刀片　刀体

1:30

(a) 可调式手用铰刀　　　(b) 高速钢套式机用铰刀　(c) 硬质合金套式机用铰刀

(d) 手用直槽铰刀和螺旋槽铰刀　　　(e) 锥孔用粗铰刀与精铰刀

图 3-4-17　铰刀的种类

0.4mm，刃带与刀齿前刀面的交线为副切削刃，副切削刃的副偏角 $\kappa_r = 0°$（修光刃），副后角 $\alpha'_o = 0°$，所以铰刀加工孔的表面粗糙度值很小。

　　图 3-4-17 所示为铰刀的其他种类。可调式手用铰刀［见图 3-4-17（a）］的直径尺寸可在一定范围内调节，转动两端调节螺母，刀片便沿着刀体上的斜槽移动，使铰刀直径扩大或缩小，它适用于铰削非标准尺寸的通孔，特别适合于机修、装配和单件生产中使用；大直径铰刀做成套式结构［见图 3-4-17（b）、（c）］；手用直槽铰刀见［图 3-4-17（d）］刃磨和检验方便，生产中常用；螺旋槽铰刀［见图 3-4-17（d）］切削过程平稳，适用于铰削带有键槽和缺口的通孔工件；锥孔用粗铰刀与精铰刀［见图 3-4-17（e）］用于铰削锥孔，常用的锥度有五种。

　　（4）孔加工复合刀具

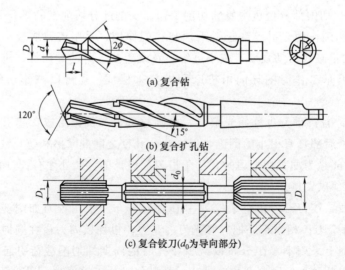

2ϕ

(a) 复合钻

120°

15°

(b) 复合扩孔钻

D_1　　d_0　　D

(c) 复合铰刀（d_0 为导向部分）

图 3-4-18　同类刀具复合的孔加工复合刀具

孔加工复合刀具是由两把以上的同类型单个孔加工刀具复合后，同时或按先后顺序完成不同工序（或工步）的刀具，在组合机床或自动线上应用广泛。

1）孔加工复合刀具的类型

① 同类刀具复合的孔加工复合刀具，如图 3-4-18 所示。

② 不同类刀具复合的孔加工复合刀具，类型很多，如图 3-4-19 所示是其中两种。

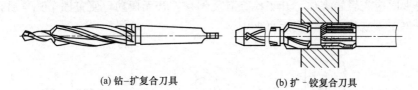

(a) 钻-扩复合刀具　　　　　　(b) 扩-铰复合刀具

图 3-4-19　不同类刀具复合的孔加工复合刀具

2）孔加工复合刀具的特点　孔加工复合刀具减少换刀时间，生产率很高；减少安装次数，降低定位误差，提高加工精度；同时或顺次加工保证了各加工表面之间位置精度；集中工序，从而减少了机床的台数或工位数，对于自动生产线可以减少投资，降低加工成本。

五、钻、扩、铰加工方法

1. 工件的装夹

工件钻孔时，应保证所钻孔的中心线与钻床工作台面垂直，为此可以根据钻削孔径的大小、工件的形状选择合适的装夹方法。常用的装夹方法如图 3-4-20 所示，一般钻削直径小于 8mm 时，可用手握牢工件进行钻孔；小型工件或薄板工件可以用手台虎钳装夹（见图 3-4-20）。

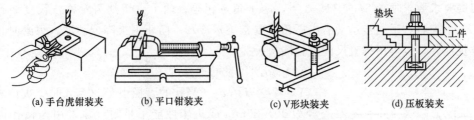

(a) 手台虎钳装夹　　(b) 平口钳装夹　　(c) V形块装夹　　(d) 压板装夹

图 3-4-20　在钻床上钻孔时工件的安装

2. 钻削基本工艺

（1）工件划线

钻孔前，需按照图样的要求，划出孔的中心线和圆周线，并打上样冲眼，如图 3-4-21 所示。高精度孔还要划出检查圆。

（2）选择钻头

钻削时，要根据孔径的大小和公差等级选择合适的钻头。

钻削直径≤30mm 的低精度孔，选用与孔径相同直径的钻头一次钻出；高精度孔，可选小于孔径的钻头钻孔，留出加工余量，进行扩孔或铰孔。

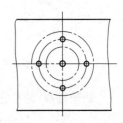

图 3-4-21　划线、打样冲眼

钻削直径为 30～80mm 的低精度孔，可先用 0.6～0.8 倍的钻头进行钻孔，然后扩孔；若是高精度孔，可选用小于孔径的钻头钻孔，留出加工余量，进行扩孔或铰孔。

（3）装夹钻头

根据钻头柄部形状的不同,钻头装夹方法有:

① 直柄钻头用钻夹头装夹〔见图 3-4-22 (b)〕,通过转动夹头扳手可以夹紧或放松钻头。

② 大尺寸锥柄钻头可直接装入钻床主轴锥孔内;小尺寸锥柄钻头可用钻套过渡连接,钻套及锥柄钻头装卸方法,如图 3-4-22 (a)、(c) 所示。

钻头装夹时应先轻轻夹住,开车检查有无偏摆,若无摆动,便可停车夹紧后再钻孔;若有摆动,应停车重新装夹,纠正后再夹紧。

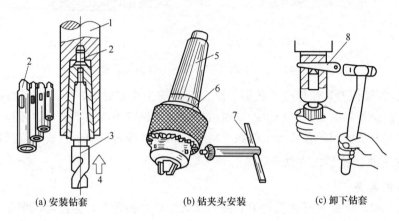

(a) 安装钻套   (b) 钻夹头安装   (c) 卸下钻套

图 3-4-22　钻头的装夹

1—钻床主轴;2—钻套;3—钻头;4—安装方向;5—锥体;6—钻夹头;7—夹头扳手;8—楔铁

(4) 钻头刃磨

刃磨要求要求顶角 2ϕ 为 $118°\pm2°$,两个角 ϕ 相等;两个主切削刃对称,长度一致。刃磨时,左手配合右手同步运动磨出后角,要常蘸水冷却,防止退火降低硬度。刃磨时,可用角度样板检验,也可用钢直尺配合目测检验。

(5) 钻削用量的选择(见图 3-4-23)

1) 背吃刀量 a_p　当孔的直径小于 30mm 时一次钻成;当直径为 30~80mm 或机床性能不足时,才采用先钻孔再扩孔的两个步骤,需扩孔时,钻孔直径取孔径的 $50\%\sim70\%$,这样可以减小背吃刀量和进给力,保护机床并提高钻孔质量。

2) 进给量 f　麻花钻为多齿刀具,它有两条切削刃(即两个刀齿),其每齿进给量 f_z(单位为 mm)为进给量的一半,即 $f_z=f/2$。一般钻头进给量受钻头的刚性与强度限制,而大直径钻头受机床进给机构动力与工艺系统刚性限制。普通钻头进给量可按经验公式估算: $f=(0.01\sim0.02)\,d$。

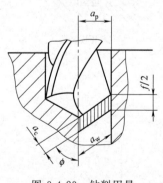

图 3-4-23　钻削用量

3) 钻削速度 v_c　它是指麻花钻外缘处的线速度(单位为 m/min),其表达式为 $v_c=\pi dn/1000$,其中 n 是麻花钻转速 (r/min)。高速钢钻头的钻削速度推荐可参考有关手册、资料选取。

3. 扩孔和铰孔基本工艺

(1) 扩孔方法

1) 用麻花钻扩孔　在预钻孔上扩孔的麻花钻,扩孔时避免了麻花钻横刃切削的不良影响，可适当提高切削用量。扩孔时的切削速度约为钻孔的 1/2；进给量为钻孔的 1.5～2 倍；背吃刀量减小，切屑容易排出，表面粗糙度值有一定的降低。

2）用扩孔钻扩孔　为了保证扩的孔与钻的孔中心重合，钻孔后在不改变工件和机床主轴的相对位置的时候，立即换上扩孔钻，可使切削平稳均匀，保证加工精度。扩孔前，还可先用镗刀镗出一段与扩孔钻直径相同的导向孔，可使扩孔钻不致随原有不正确的孔偏斜，这种方法常用于对毛坯孔（铸孔和锻孔）的扩孔加工。

（2）铰孔

铰削加工除了主切削刃正常的切削作用外，还对工件产生挤刮的作用。铰削过程是一个复杂的切削和挤压摩擦过程。铰削加工虽然生产效率比其他精加工效率高，但其适应性较差，一种铰刀只能加工一种尺寸的孔，另外，一般只能加工直径小于 80mm 的孔。

1）手动铰孔　手动铰孔适用于硬度不高的材料和批量较小、直径较小、精度要求不高的工件。手工铰孔时，铰杠（见图 3-4-24）要放平，顺时针旋转，两手用力要平衡，随着铰刀的旋转轻轻旋加压力，旋转要缓慢、均匀、平稳，不能让铰刀摇摆，避免孔口成喇叭形或者孔径变大；当一个孔快铰完时，不能让铰刀的校准部分全部露出，以免将孔的

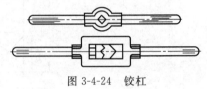

图 3-4-24　铰杠

下端划伤；铰削完毕退出铰刀时，仍然按顺时针转动退出，不能反转，防止铰刀刃口磨损、崩裂，以及切屑嵌入切削刃后面和孔壁之间而擦伤已铰好的孔壁。

铰削锥孔时，由于铰削余量大，刀齿负荷较重，因此每进给 2～3mm，应退出铰刀，清除切屑后再继续铰孔。

2）机铰孔　机铰孔适用于硬度较高的材料和批量较大、直径较大、精度要求较高的工件。机铰孔是在钻、铣床上进行的，机用铰刀与机床常用浮动连接，以防止铰削时孔径扩大或产生孔的形状误差。铰刀与机床主轴浮动连接所用的浮动夹头如图 3-4-25 所示。浮动夹头的锥柄 1 安装在机床的锥孔中，铰刀锥柄安装在锥套 2 中，挡钉 3 用于承受进给力，销钉 4 可传递转矩。由于锥套 2 的尾部与大孔、销钉 4 与小孔间均有较大间隙，所以铰刀处于浮动状态。

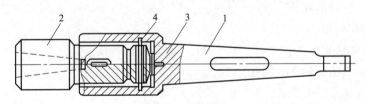

图 3-4-25　铰刀的浮动夹头
1—锥柄；2—锥套；3—挡钉；4—销钉

铰刀与主轴之间应浮动连接，以防止铰刀轴线相对于主轴轴线偏斜引起轴线歪斜，孔径扩大等，开始铰削时可先用手扶正铰刀，采用手动进给，当铰进 2～3mm 后再改用机动，浮动连接使铰削不能校正底孔轴线的偏斜。应对工件采用一次装夹进行钻、扩、铰孔操作，以保证铰刀轴线与钻孔轴线一致，铰孔完毕，先退出铰刀后停机，避免拉毛孔壁。

六、钻、扩、铰加工实训课目

根据图 3-4-26 所示零件的要求，制作限位块。

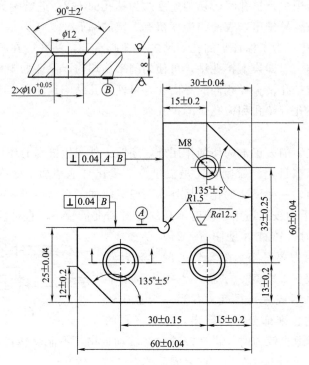

图 3-4-26　限位块

工序内容安排：

1）备料　锯削 8mm×61mm×61mm 扁钢 1 件。

2）锉削　锉外形（60±0.04）mm×（60±0.04）mm，保证垂直度公差为 0.04mm，平行度公差为 0.04mm。

3）划线　划出所有加工线条。

4）钻孔　钻 2×φ10mm 通孔、M8 底孔和 φ3mm 工艺孔。

① 中心钻定位。

② 用 φ9mm 打两通孔。

③ 两孔口 90°倒角。

④ 用 φ10mm 钻头扩孔。

⑤ 用 φ6.7mm 钻头钻 M8 底孔。

⑥ 用 φ3mm 钻头钻工艺孔。

5）攻螺纹　攻 M8 内螺纹。

6）锯削　锯削尺寸 35mm×30mm，留 0.5～0.8mm 的加工余量。

7）锉削　保证外形尺寸（25±0.04）mm 和（30±0.04）mm。

8）锯削　锯削两 135°倒角。

9）锉削　锉削两 135°倒角。

练习与思考

1. 台式钻床、立式钻床和摇臂钻床的加工范围有何不同？

2. 指出摇臂钻床的成形运动和辅助及其工艺范围。

3. 常见的孔加工刀具有哪些？各适用于什么情况？

4. 试说明麻花钻的结构组成和各部分的作用。

5. 画图说明麻花钻切削部分的组成。

6. 试用刀具角度定义分析麻花钻主切削刃、横刃上前角、后角、偏角、刃倾角、并用正交平面参考系图表示。

7. 若将麻花钻主切削刃、横刃分别比作两把镗孔车刀，试问它们的几何参数有何异同点？

8. 比较钻削要素、钻削过程与车削要素、车削过程有何异同点？

9. 钻孔、扩孔、铰孔有什么区别？

10. 钻头顶角 2ϕ 与主偏角有何异同？有何关系？

11. 如何理解钻头螺旋角就是假定工作平面的侧前角？

12. 麻花钻在结构上存在哪些缺点？群钻与麻花钻相比有哪些改进？

单元五　零件的镗削加工

⚙️》学习目标及要求

- 了解镗床的组成结构、镗刀的基本知识及镗削加工的特点。
- 熟悉镗床的基本操作方法，掌握镗床的加工应用范围。
- 掌握镗床上孔系加工的基本技能。
- 熟悉镗床的维护、保养和安全操作常识、安全、文明生产。

一、基础工作准备

1. 开机前准备

① 操作者必须接受三级安全教育。严格遵守操作时的文明生产、安全操作等各项规定。

② 在使用机床前，必须详细参阅使用说明书，熟悉机床的结构、各手柄的功能、传动和润滑系统。

③ 工作开始前，必须检查机床各部件机构是否完好，各手柄位置是否正常。清洁机床各部位，观察各润滑装置，对机床导轨面直接浇油润滑；开机低速空转一定时间，排除故障和事故隐患。

2. 操作过程及规范

① 上列项目检查完毕后，将电源开关拨到"ON"位置，将操作手柄上抬到正转位置，转动主轴箱前轴 3～5min 以溅起油来润滑床头箱，在这段时间里主轴不应转动，拨动齿轮并操作操纵手柄做正反转来检查每挡转速，注意电动机旋转（通电）时不要拨动主轴速度变换手柄，拨动齿轮前应停止转主轴，机床的每挡速度的操作应平滑。主轴空转（无负荷）时，可以操作进给手柄，从而将动力传给进给箱和溜板箱。

② 机床运转时，不允许测量尺寸，用样板或手触摸加工面。镗孔、扩孔时严禁将头贴近加工位置观察切削情况，更不允许隔着转动的镗杆取东西。

③ 使用平旋盘进行切削时，刀架上的螺钉要拧紧；不准站在对面或伸头观察；要防止衣服被旋转的刀盘勾住；不准用手去触摸旋转着的镗杆和平旋盘。

④ 工作台机动转动角度时，必须将镗杆缩回，以避免镗杆与工件相撞。

⑤ 不准任意拆装电气设备，不允许机床超负荷工作，不可用精密机床进行粗加工等，工作过程中发现机床有任何异常现象，应立即停机检查。

3. 安全注意事项

① 操作人员在开机前应检查导轨、拖架、丝杠、尾座润滑是否良好，床头箱油位，冷却水是否符合要求，否则应进行润滑、注油、注水等处理。

② 接通主电源后，操作人员应认真检查各手柄位置，工作灯是否良好，拖架远离主轴，尾座置于最右端，否则应进行相应的处理，并检查清除导轨、丝杠切屑或其他异物。

③ 操作人员上机作业时应集中精力，严禁车床运行时人机分离。

④ 下班前，应清除机床上及周围场地的切屑和切削液，把机床各移动部件移至规定位置，并在规定部位加润滑油；严格执行交接班制度；工件尚未加工完毕而需下一班继续加工时，应挂上"工件未加工完毕，请勿拨动手柄"的牌子；应关闭电源。

⑤ 批量加工工件时，首件加工完毕后应执行首件检验制度，待检验合格后方可继续加工。

二、镗削加工工作内容

镗削加工是用镗刀在已有孔的工件上使孔径扩大并达到加工精度和表面粗糙度要求的加工方法，主要用于加工机座、箱体、支架等外形复杂的大型零件上的直径较大的孔，特别是有位置精度要求的孔和孔系，利用坐标装置和镗模较容易保证加工精度。镗削加工的尺寸可大亦可小，一把镗刀可以加工不同直径的孔，对于不同的生产类型和精度要求的孔都可以采用这种加工方法。镗孔时，其尺寸精度为IT7～IT6，孔距精度可达 0.015mm，表面粗糙度 Ra 值为 1.6～0.8μm。在镗床上除加工孔和孔系外，还可以车削外圆、车削端面、铣平面，当配备各种附件、专用镗杆和装置后，在镗床上还可以切槽、车削螺纹、镗锥孔和加工球面等。

镗削加工的操作技术要求高，要保证工件的尺寸精度和表面粗糙度，除取决于所用的设备外，更主要的是与工人的技术水平有关，同时机床、刀具的调整时间亦较多，镗削加工时，参加工作的切削刃少，所以一般情况下，镗削加工的生产效率较低。镗刀的结构简单、刃磨方便，成本低。在单件小批生产中采用镗削加工较经济，在大批生产中，需使用镗模完成镗削加工。

三、镗床

镗床适合镗削大、中型零件毛坯上已有或已粗加工的孔，特别适宜于加工分布在同一或不同表面上、孔距和位置精度要求很严格的孔系。加工时，刀具旋转形成主运动，进给运动则根据机床类型和加工条件不同由刀具或工件完成。镗床可分为卧式镗床、坐标镗床和金刚镗床等。

1. 卧式镗床

卧式镗床的工艺范围非常广泛，除镗孔外，还可车削端面、铣平面、钻孔、扩孔、铰孔及车削螺纹等。因此，卧式镗床能在工件的一次装夹中完成大部分或全部加工工序，其加工方法如图 3-5-1 所示。

图 3-5-1 (a) 用镗轴上的悬伸刀杆镗孔，由镗轴移动完成纵向进给运动；图 3-5-1 (b) 利用后立柱支承长刀杆镗削同一轴线上的孔，由工作台完成纵向进给运动，图 3-5-1 (c) 用

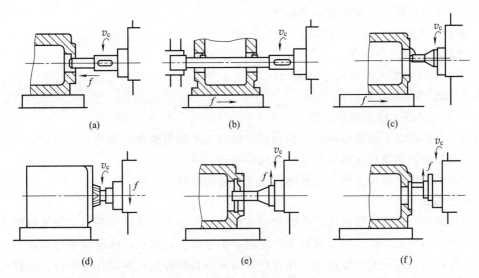

图 3-5-1　卧式镗床的典型加工方法

装在平旋盘上的悬伸刀杆镗削大直径孔，由工作台完成纵向进给运动；图 3-5-1（d）为用装在镗轴上的面铣刀铣平面，由主轴箱完成垂向进给运动；图 3-5-1（e）、（f）为用装在平旋盘刀具溜板上的车刀车削内沟槽和端面，刀具溜板做径向进给运动。

　　卧式镗床由床身、主轴箱、工作台、平旋盘和前、后立柱等组成（图 3-5-2）。主轴箱安装在前立柱垂直导轨上，可沿导轨上下移动。主轴箱装有主轴部件、平旋盘、主运动和进给运动的变速机构及操纵机构等。机床的主运动主轴或平旋盘的旋转运动。根据加工要求，镗轴可做轴向进给运动或平旋盘上径向刀具溜板在随平旋盘旋转的同时做径向进给运动。工作台由下滑座、上滑座和上工作台组成。工作台可随下滑座沿床身导轨做纵向移动，也可随上滑座沿下滑座顶部导轨做横向移动。上工作台还可沿上滑座的环形导轨绕垂直轴线转位，以便加工分布在不同面上的孔。后立柱垂直导轨上有支承架，用以支承较长的镗杆，以增加镗杆的刚性，支承架可沿后立柱导轨上下移动，以保证与镗轴同轴；后立柱可根据镗杆长度做纵向位置调整。

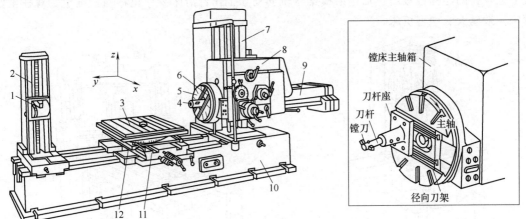

图 3-5-2　卧式镗床的外形结构

1—后支架；2—后立柱；3—工作台；4—镗轴；5—平旋盘；6—径向刀具溜板；

7—前立柱；8—主轴箱；9—后尾筒；10—床身；11—下滑座；12—上滑座

卧式镗床可根据加工情况做以下运动：

① 镗轴或平旋盘的旋转主运动。

② 镗轴的轴向进给运动。

③ 平旋盘刀具溜板的径向进给运动。

④ 主轴箱的垂向进给运动。

⑤ 工作台的纵、横向进给运动。

镗床还可以做以下辅助运动：工作台纵、横向及主轴箱垂直方向的调位移动；工作台的转位，后立柱的纵向及后支承架的垂直方向的调位移动。

目前卧式镗床已在很大程度上被卧式加工中心所取代。

2. 坐标镗床

坐标镗床是一种高精度机床，主要用于在单件小批量生产的条件下对夹具的精密孔、孔系和模具零件的加工，也可用于成批生产时对各类箱体、缸体和机体的精密孔系加工，这类机床的零部件制造和装配精度很高，并有良好的刚性和抗振性，还具有工作台、主轴箱等运动部件的精密坐标测量装置，能实现工件和刀具的精密定位。坐标镗床加工的尺寸精度和形位精度都很高。坐标镗床按其结构形式分为单柱、双柱和卧式坐标镗床三种形式。

1) 单柱坐标镗床 其结构形式如图 3-5-3 所示，主轴箱装在立柱的垂直导轨上，上下调整位置，以适应加工不同高度的工件。主轴由精密轴承支承在主轴套筒中（其结构形式与钻床主轴相同，但旋转精度和刚度要高得多），由主传动机构带动其旋转，实现主运动，当进行孔加工时，主轴由套筒带动，在垂直方向做机动或手动进给运动。镗孔的坐标位置由工作台沿床鞍导轨的纵向移动和床鞍沿床身导轨的横向移动来确定。进行铣削时，则由工作台的纵向或横向移动来完成进给运动。

这种机床的工作台三面敞开，操作方便，但主轴箱悬臂安装在立柱上，工作台尺寸越大，主轴中心线离立柱也就越远，影响机床的刚度和加工精度。这种机床一般属中、小型机床（工作台面宽度小于 630mm）。

2) 双柱坐标镗床 这类坐标镗床具有由两个立柱、顶梁和床身构成的龙门框架，其结构如图 3-5-4 所示。主轴箱装在可沿立柱导轨上下调整位置的横梁上，工作台支承在床身导轨上。镗孔的坐标位置由主轴箱沿横梁导轨移动和工作台沿床身导轨移动来确定。双柱坐标镗床一般属大、中型机床。

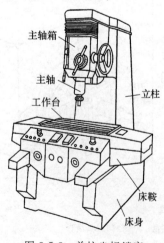

图 3-5-3　单柱坐标镗床

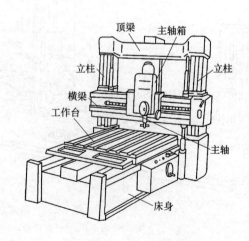

图 3-5-4　双柱坐标镗床

3）卧式坐标镗床　这类镗床的结构特点是主轴水平布置，如图 3-5-5 所示。装夹工件的工作台由下滑座、上滑座及可做精密分度的回转工作台组成。镗孔坐标由下滑座沿床身导轨的纵向移动和主轴箱沿立柱导轨的垂直方向移动来确定。进行孔加工时，可由主轴的轴向移动完成进给运动，也可由上滑座的移动完成。卧式坐标镗床具有较好的工艺性能，工件高度一般不受限制，且装夹方便，利用工作台的分度运动，可在工件的一次装夹中完成多方向的孔和平面加工。近年来这类坐标镗床应用越来越广泛。

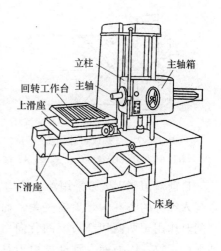

图 3-5-5　卧式坐标镗床

四、镗刀

镗刀是指在镗床、车床、铣床、组合机床以及加工中心上用以镗孔的刀具。就其切削部分而言，与外圆车刀没有本质的区别，但由于其工作条件较差，为保证镗孔时的加工质量，在选择和设计镗刀时，应满足下列要求：

① 镗刀和镗杆要有足够的刚度。

② 镗刀在镗杆上既要夹持牢固，又要装卸方便，便于调整。

③ 要有可靠的断屑和排屑措施，确保切屑顺利折断和排出。

1. 常用镗刀的类型、结构特点

为了适应不同结构孔的需要，以及从刀具制造和使用时的不同条件出发，镗刀有多种类型，其一般分类方法有以下几种：

——按镗刀的切削刃数量区分，可分为单刃、双刃和多刃三类。

——按工件的加工表面区分，可分为用于加工内孔（其中又分为通孔、阶梯孔和不通孔）和加工端面的镗刀。

——按刀具的结构区分，可分为整体式、装配式和可调式。

1）单刃镗刀　图 3-5-6（a）所示的内孔镗刀即为单刃镗刀中最简单的一种，它把镗刀和刀杆制成一体。大多数单刃镗刀都制成可调结构。图 3-5-6（b）、（c）和（d）分别为用于镗通孔和镗阶梯孔、不通孔的单刃镗刀，螺钉 1 用于调整尺寸，螺钉 2 起锁紧作用。镗杆的截面（圆形或方形）尺寸和长度取决于孔的直径和长度，可从有关工具书或技术标准中选取。

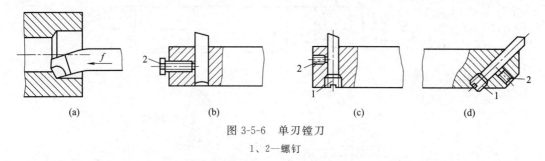

(a)　　　　　　　(b)　　　　　　　(c)　　　　　　　(d)

图 3-5-6　单刃镗刀

1、2—螺钉

上述结构只能使镗刀单向移动，如调整时镗刀伸出量过大，则需用手使其退回，有时可能要反复多次才能调至所要求的尺寸，因而效率较低，只能用于单位件小批量生产。图

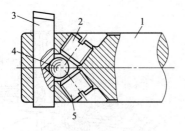

图 3-5-7　双螺纹钉球调整镗刀

1—刀杆；2、5—调整螺钉；3—镗刀；4—钢球

3-5-7所示为针对上述镗刀的缺点做了改进的一种调整装置，它可以进行双向调整，但是还无法解决微调的问题。

2）双刃镗刀　简单的双刃镗就是镗刀的两端有一对对称的切削刃同时参与切削，其优点是可以消除背向力对镗杆的影响；工件孔径的尺寸精度由镗刀保证。其缺点是刃磨次数有限，刀具材料无法充分利用。

目前双刃镗刀大多采用浮动结构，图 3-5-8 所示即为一常用的浮动镗刀。该镗刀以间隙合装入镗杆的方孔中，无需夹紧，而是靠切削时作用于两侧切削刃上的背向力来自动平衡定位，因而能自动补偿由刀具安装误差和镗杆径向圆跳动所产生的加工误差。用该镗刀加工出的孔精度可达 IT7～IT6，表面粗糙度 Ra 为 $1.6～0.4\mu m$。镗刀在镗杆中浮动所带来的缺点是无法纠正孔的直线度误差和相互位置误差。

3）多刃镗刀　在大批量生产中，尤其是加工刀具磨耗量较小的非铁金属时，常采用多刃组合镗刀，即在一个镗杆和一个刀头上安排多个径向轴向尺寸加工的镗刀。尽管这种组合镗刀的制造和重磨比较麻烦，但从总的加工效益来说，还是有优越性的。图 3-5-9 所示为在转塔车床上加工钢件用的多刃组合镗刀。

为了提高镗孔的精度和效率，又可避免多刃镗刀重磨时的麻烦，可在镗孔时采用复合镗刀，即在一个刀体或刀杆上设置

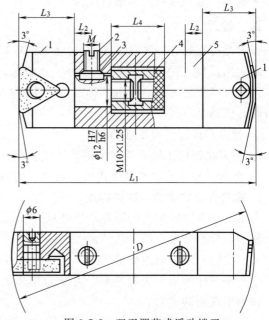

图 3-5-8　双刃调节式浮动镗刀

1—镗刀片；2—紧固螺钉；3—导向键；
4—调整螺母；5—刀体

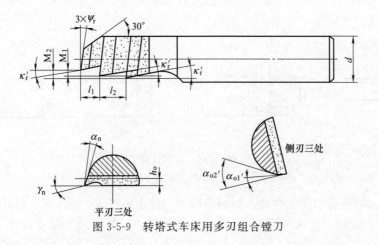

图 3-5-9　转塔式车床用多刃组合镗刀

两个及两个以上的刀头，每个刀头都可单独调整。两个以上的切削刃同时工作的镗刀即为多刃复合镗刀［如图 3-5-10（b）］所示，该镗刀用于双孔的粗、精镗。图 3-5-10（a）为用于镗通孔和止口的双刃复合镗刀。

4）微调镗刀　为了提高镗刀的调整精度，在数控机床和精密镗床上常使用微调镗刀，其读数值可达 0.01mm。图 3-5-11 所示的微调镗刀在调整时，先松开拉紧螺钉 5，然后转动带刻度盘的调整螺母 3，待刀头调至所需尺寸，再拧紧螺钉 5。此种结构比较简单，刚性较好，但调整不便。

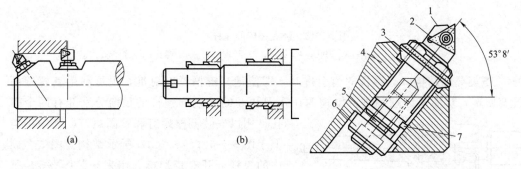

图 3-5-10　复合镗刀

图 3-5-11　微调镗刀
1—镗刀头；2—刀片；3—调整螺母；4—镗刀杆；5—拉紧螺钉；6—垫圈；7—导向键

2. 镗床辅具

用以连接刀具与机床的工具称为辅具。镗床上用的辅具主要是刀杆和镗杆，只有熟悉其结构、特点和应用，才能全面地掌握镗削加工方法，合理地制订有关工艺规程和分析镗削的加工质量。

刀杆一般与镗床主轴刚性连接，用于进行悬伸镗削；镗杆一般较长，需要用导套（镗套）支承，柄部采用浮动或刚性连接。

卧式镗床使用的普通刀杆如图 3-5-12 所示。其中 A 型，镗刀从径向的方孔装入，从轴向夹紧，不能加工不通孔和阶梯孔；B 型；镗刀从斜向的方孔装入，从径向夹紧，可以加工不通孔和阶梯孔。两种刀杆的直径范围为 20～90mm，最大悬伸长度 L 不超过 260mm。

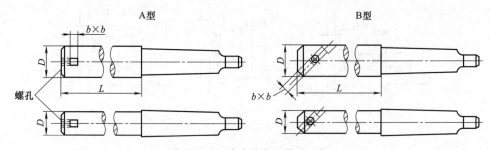

图 3-5-12　卧式镗床用普通刀杆

镗杆是与镗模（镗床夹具的简称）配合使用的，故一般为专用辅具。按与其配套的镗刀形式不同，镗杆分为如图 3-5-13 所示的两种不同结构。图 3-5-13（a）中的两个刀孔用来装单刃镗刀。

由于刀头往往要通过带键的镗套，故在镗杆上要开一长键槽，并且将前端部制成图 3-5-

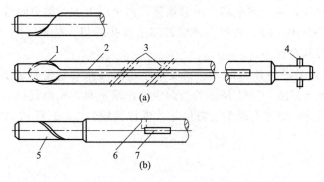

图 3-5-13　卧式镗床的镗杆

1—螺旋导向；2—键槽；3—刀孔；4—拔销；5—导向部分；6—螺孔；7—矩形槽

13 所示的螺旋导向结构。当镗杆向前引进时，即使键与键槽没有对准，也可利用其螺旋面迫使镗套回转，从而使键顺利进入键槽内。在刀孔 3 的后端和镗杆的径向分别开有两个螺

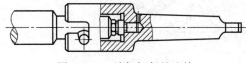

图 3-5-14　镗杆柄部的连接

孔，用以安装调整螺钉和紧固螺钉，其作用类似于图 3-5-6（c）、（d）所示结构。图 3-5-13 中的镗杆上开有矩形槽，用来安装图 3-5-8 所示一类镗刀。图 3-5-13（a）中的拔销与带锥柄的浮动卡头连接（图 3-5-14）。卡头装在镗

轴的锥孔内，由镗轴带动它和镗杆一起回转。以上所示的镗杆及其前端部形式和浮动卡头，仅为常见的一种，在实际设计和选用时，可根据具体情况参与有关资料从多种形式中加以选择。

五、镗削加工方法

1. 单一表面的加工

① 镗直径不大的孔时，可将镗刀安装在镗轴上旋转，工作台不移动，让镗轴兼做轴向进给运动，如图 3-5-15（a）所示。每完成一次进给，让主轴退回起点位置，然后再调节镗削深度继续加工，直至加工完毕。镗削深度是靠调节镗刀伸出长度来确定的。

② 镗不深的大孔时，在平旋盘溜板上装上刀架与镗刀，让平旋盘转动。在刀架溜板带

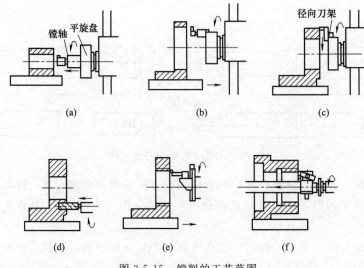

图 3-5-15　镗削的工艺范围

动镗刀切入所需深度后,再让工作台带动工作做纵向进给运动,如图 3-5-15 (b) 所示。

③ 加工孔边的端面时,把刀具装在平旋盘的刀架上,由平旋盘带动刀具旋转,同时刀架在刀架溜板的带动下沿平旋盘径向进给,如图 3-5-15 (c) 所示。

④ 钻孔、扩孔时,对于小孔,可在主轴上逐次装上钻头、扩孔钻及铰刀,让主轴旋转并在轴向做进给运动,即可完成小孔的钻、扩、铰等切削加工,如图 3-5-15 (d) 所示。

⑤ 镗螺纹时,将螺纹镗刀安装在特制的刀架上,由镗轴带动旋转,工作台沿床身按刀具每旋转一转移动一个导程的规律做进给运动,便可镗出螺纹。控制每一行程的镗削深度时,可在每一行程结束,将特制刀架沿它的溜板方向按需要移动一定距离即可,如图 3-5-15 (e) 所示。用这种方法还可以加工不长的外螺纹。镗内螺纹也可以将另一特制刀夹装在镗杆上,镗杆既转动,又按要求做轴向进给,如图 3-5-15 (f) 所示。

2. 孔系加工

孔系是指在空间具有一定相对位置精度要求的两个或两个以上的孔。孔系分为同轴孔系,垂直孔系和平行孔系。

(1)镗同轴孔系

同轴孔系的主要技术要求为同轴线上各孔的同轴度,生产中常采用以下几种方法加工。

1)导向法 单件小批量生产时,箱体孔系一般在通用机床上加工,镗杆的受力变形会影响孔的同轴度,可采用导向套导向加工同轴孔。具体方法有以下几种。

① 用镗床后立柱上的导向套作支承导向。将镗杆插入镗轴锥孔中,另一端由尾立柱支承;装上镗刀,调好尺寸,镗轴旋转,工作台带动工件做纵向进给运动,即可镗出两同轴孔。若两孔径不等,可在镗杆的不同位置上装两把镗刀,将两孔先后或同时镗出,此法的缺点是后立柱导套的位置调整费时,需用心轴、量块找正,一般适用于大型箱体的加工。

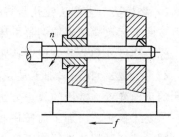

② 用已加工孔作支承导向。当箱体前壁上的孔加工完毕时,可以孔内装一导向套,以支承和引导镗杆加工后面的孔,来保证两孔的同轴度。此法适用于箱壁相距较近的同轴孔加工,如图 3-5-16 所示。

图 3-5-16 用已加工孔作支承导向

2)找正法 找正法是在工件一次安装镗出箱体一端的孔后,将镗床工作台回转 180°,再对箱体另一端同轴线的孔进行找正加工。找正后可保证镗杆轴线与已加工孔的轴线位置精确重合。

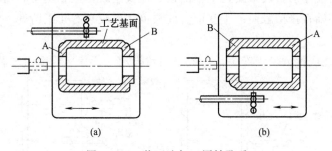

图 3-5-17 找正法加工同轴孔系

图 3-5-17 (a) 所示为镗孔前用装在镗杆上的百分表对箱体上与所镗孔轴线平行的工艺基面进行校正,使其与镗杆轴线平行,然后调整主轴位置加工箱体 A 壁上的孔。图 3-5-17 (b)

所示为镗孔后工作台回转 $180°$，重新校正工艺基面对镗杆轴线的平行度，再以工艺基面为统一测量基准，调整主轴位置，使镗杆轴线与 A 壁上孔的轴线重合，即可加工箱体 B 壁上的孔。

3）镗模法　在成批大量生产中，一般采用镗模加工，其同轴度由镗模保证。如图 3-5-18 所示，工件装夹在镗模上，镗杆支承在镗套的前后导向孔中，由导向套引导镗杆在工件的正确位置上镗孔。

用镗模镗孔时，机床主轴通过浮动夹头与镗杆采用浮动连接，保证孔系的加工精度不受机床精度的影响。图 3-5-18 中孔的同轴度主要取决于镗模的精度，因而可以在精度较低的

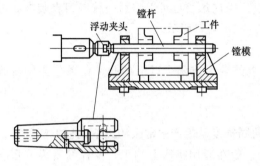

图 3-5-18　用镗模加工同轴孔系

机床上加工精度较高的孔系，同时有利于多刀同时切削，且定位夹紧迅速，生产率高。但是，镗模的精度要求高，制造周期长，生产成本高。因此，镗模法加工工孔系主要应用于成批大量生产。对一些精度要求较高、结构复杂的箱体孔系，单件小批量生产往往也采用镗模法加工。用镗模法加工孔系既可在通用机床上加工，也可在专用机床或组合机床上加工。

（2）镗平行孔系

平行孔系的主要技术要求是各平行孔中心线之间及孔中心线与基准面之间的距离尺寸精度和相互位置精度。生产中常采用以下几种方法。

1）坐标法　坐标法镗孔是将被加工孔系间的孔距尺寸换算成两个相互垂直的坐标尺寸，然后按此坐标尺寸精确地调整机床主轴和工件在水平与垂直方向的相对位置，通过控制机床的坐标位移尺寸和公差来保证孔距尺寸精度。

2）找正法　找正法加工是在通用机床上镗孔时，借助一些辅助装置去找正每一个被加工孔的正确位置。常用的找正方法有：

①划线找正法。加工前按图样要求在毛坯上划出各孔的位置轮廓线，加工时按划线找正，同时结合试切法进行加工。划线需手工操作，难度较大，加工精度受工人技术水平影响较大，加工孔距精度受工人技术水平影响较大，加工孔距精度低，生产率低，因此，一般适用于孔距精度要求不高、生产批量较小的孔系加工。

②量块、心轴找正法。如图 3-5-19 所示，将精密心轴分别插入镗床主轴孔和已加工孔中，然后组合一定尺寸的量块来找正主轴的位置。找正时，在量块与心轴间要用塞尺测定间隙，以免量块与心轴直接接触而产生变形。此法可达到较高的孔距精度，但生产率低，适用于单件小批量生产。

3）镗模法　在成批大量生产中，一般采用镗模加工，其平行度由镗模来保证。

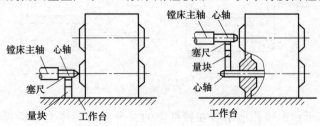

图 3-5-19　量块、心轴找正法

（3）镗垂直孔系

垂直孔系的主要技术要求为各孔间的垂直度。生产中常采用以下两种方法加工：

1）找正法 单件小批量生产时，一般在通用机床上加工。镗垂直孔系时，当一个方向的孔加工完毕后，将工作台调转90°，再镗与其垂直方向上的孔。孔系的垂直度精度靠镗床工作台的90°对准装置来保证。当普通镗床工作台的90°对准装置精度不高时，可用心棒与百分表进行找正，即在加工好的孔中插入心棒，然后将工作台回转，摇动工作台并用百分表找正。

2）镗模法 在成批以上生产中，一般采用镗模法加工，其垂直度由镗模保证。

六、镗削加工实训课目

镗削如图 3-5-20 所示的支架通孔。

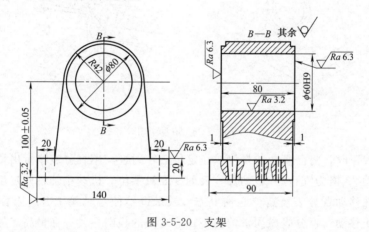

图 3-5-20 支架

1. 开机前的准备工作

① 工件的装夹找正。按工件图样所示，工件的底面为安装面，左侧面为找正面。

由于工件是单孔加工，所以选择的装夹位置应靠近主轴，这样有利于工件的加工。找正侧面时，如图 3-5-21 所示，利用工作台的 T 形槽安装挡铁来间接找正，这样可以避免直接找正时工件的走动，保证定位的可靠性。

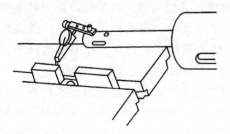

图 3-5-21 找正挡铁

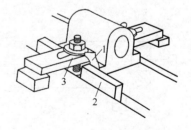

图 3-5-22 工件的装夹

1—纸条；2—挡铁块；3—夹紧装置

工件装上工作台前，应先清理台面及工件定位面毛刺；安装时，侧面要靠紧找正挡铁，并在前后放入等厚纸条，靠紧后不要拉出纸条，待预紧压紧装置后，可拉出纸条；随后压紧工件，如图 3-5-22 所示。

② 开机前，应注意检查机床各部件机构是否完好，各手柄的位置是否正确。启动后，应使主轴低速运转几分钟，使传动件得到良好润滑。每次移动机床部件时，要注意刀具、工

具等的相对位置，快速移动前，应观察移动方向和部位是否正确。

2. 粗镗

① 加工孔位找正。被加工孔的横向尺寸无精度要求，通常以划线为基准，在主轴上安装中心定位轴，调节横向距离，使其尖端对准孔位横向中心线，根据划线找正横向中心，如图 3-5-23（a）所示。

② 孔的高低尺寸找正。要用定位心轴、量块、百分表来进行，如图 3-5-23（b）所示。量块高度为心轴半径加上孔距尺寸。

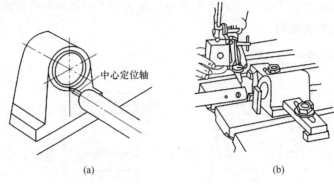

（a）　　　　　　　　　　　　　（b）

图 3-5-23　孔位找正

高低尺寸找正时，将已黏合的量块放在定位心轴附近，用百分表测量出量块的读数（以百分表指针摆动 20 格为宜），并转动百分表刻度面对零位。机动主轴箱使定位心轴停留在量块低处附近，并移动百分表至定位心轴上方，微量进给使主轴箱上升，当百分表开始读数时，主轴箱停止移动，百分表做测量定位心轴最高点的径向移动并在最高点处停留。做主轴箱的夹紧试验，测出变化数值，以便精确找正时作修正用。松开及微量进给使主轴箱上升，当百分表出现所需零位读数时，再次夹紧主轴箱，则孔位垂向尺寸已找正。

因卧式镗床主轴箱的质量一般都比机床平衡锤的质量要大，所以主轴箱会产生向下的作用力。当主轴箱随着丝杠旋转上升后，丝杠产生的向上作用力正好与主轴箱产生的向下作用力抵消。所以主轴箱夹紧后就不容易移动，故找正时宜使主轴箱向上移动。

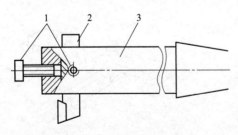

图 3-5-24　粗镗刀具与工具
1—径、轴向紧固螺钉；2—单刃镗刀；3—镗刀杆

③ 粗镗用刀具的选择。粗镗时，镗刀杆要根据加工孔的孔径尺寸尽量选择粗大些，以提高刚性，有利于提高孔的形位精度；镗刀可选择单刃镗刀并修磨其切削刃，如图 3-5-24 所示。

④ 粗镗以切除余量为主，将分多次镗削，每次切削的背吃刀量一般可由下述方法控制：将单刃镗刀装入镗刀杆后缩至最小尺寸，伸出主轴使镗刀贴近加工表面，使镗刀在毛坯孔径最小处停止，轻敲刀柄尾部，使切削刃向外延伸，直到刀尖超过孔径 3～4mm 时收回主轴，并紧固镗刀，如图 3-5-25 所示。

根据切削用量选择并调整转速与进给量，启动机床进行镗削加工，开始时，用手动微量进给加工，在切削至 5mm 左右后，改用机动进给加工，如图 3-5-26 所示。经过几次镗削后，孔已被全部镗出，在留下 4～5mm 余量时，可改变切削用量，做两次以圆整孔形为主的镗削加工；粗镗后留 2mm 余量作精加工。

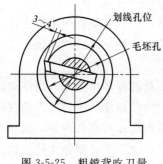

图 3-5-25　粗镗背吃刀量

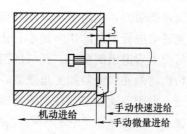

图 3-5-26　切削时的进给方式

3. 半精镗

① 半精镗所用刀具的选择。图 3-5-27 所示为固定尺寸单刃和双刃镗刀,半精镗时一般均选用这一类刀具。

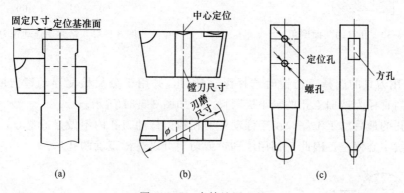

图 3-5-27　半精镗用刀具

半精镗以控制孔的尺寸精度为主,用准备好的固定尺寸双刃镗刀装在有中心定位的镗刀杆方孔内,然后进行切削加工,如图 3-5-28 所示。

② 双刃镗刀的正确装夹。精镗加工时必须注意,镗刀杆的精度必须完好,镗刀杆装上主轴后要测量刀杆的径向圆跳动,误差应在 0.03mm 之内,否则会形成孔径尺寸误差;双刃镗刀装夹要正确,镗刀装夹好必须正确对中,否则会形成单刃切削,导致孔径尺寸超差。安装双刃镗刀时,把擦净后的镗刀杆装夹在主轴上,并把镗刀装入镗刀杆的方孔内,将定位螺钉放入定位孔内,用内六角扳手将定位螺钉旋入,并使镗刀做径向游动,直至螺钉斜面与镗刀缺口斜面紧贴,这时螺钉已紧固,便可做切削加工,如图 3-5-29 所示。

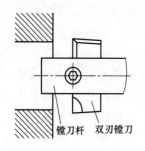

图 3-5-28　半精镗

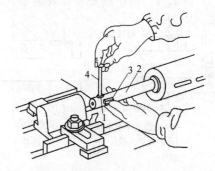

图 3-5-29　双刃镗刀的正确装夹

1—定位孔;2—镗刀杆;3—方孔;4—定位螺钉

4. 孔口倒角

装好倒角刀，先用手动进给使倒角刀的切削刃接近孔口，然后启动机床主轴旋转，用手动微量进给进行倒角的切削加工；待倒角尺寸达到图样要求时，停止进给并继续切削，直至无切屑产生后退出倒角刀。孔口的两面倒角如图 3-5-30 所示。

精镗前的孔口倒角加工很重要，它直接影响到精加工质量的好坏。例如，用浮动镗刀作精加工，由于浮动镗刀在镗削时自动定中心，所以经倒角后的孔口能使浮动镗刀的两切削刃同时接触，从而保证了它的中心位置和加工质量。若孔口不倒角面有高低现象，则浮动镗刀无法找到中心位置，也就无法加工。采用机铰刀作精加工时，也需孔口倒角才能使机铰刀的各切削刃同时切削，从而保证铰孔的质量。

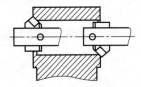

图 3-5-30　孔口的两面倒角

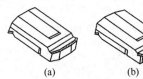

图 3-5-31　精镗用浮动镗刀

5. 精镗

① 精镗用刀具的选择。精镗时选择浮动镗刀，并用千分尺检测浮动镗刀的镗削直径，调整刀具镗削直径为被加工孔的最小极限尺寸，如图 3-5-31 所示。

精镗是孔的最后加工工序。由于浮动镗刀在镗刀杆的刀孔内不做强迫定心，径向可自由移动，能补偿中心偏差，因此，利用浮动镗刀切削可以获得正确的孔形。

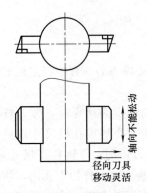

图 3-5-32　浮动镗刀的安装

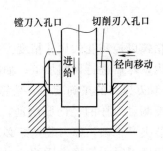

图 3-5-33　浮动镗刀切削的位置

② 浮动镗刀的正确安装。安装前，应先点动机床主轴转动，使方孔呈水平状态，取出定位螺钉并擦净方孔表面，然后将浮动镗刀装入方孔内，并做径向移动，且移动应该灵活，轴向不能松动，如图 3-5-32 所示。

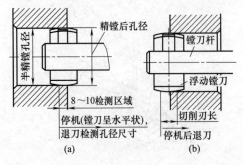

图 3-5-34　用浮动镗刀精镗

精镗加工时，除正确安装浮动镗刀外，还应注意正式切削前浮动镗刀的位置。切削前，浮动镗刀应随主轴伸长，渐渐接近并到达孔口，直至镗刀的切削刃到达孔口，刀体不能移动为止，如图 3-5-33 所示，然后点动使刀具转动几圈后，才可进行镗削加工。

用校正尺寸的浮动镗刀进行精镗加工时，当镗至 8～10mm 深时，应停机并将镗刀转至水平位置退出，待检查孔径尺寸符合要求后继续进行镗削，如图 3-5-34（a）所示。用浮动镗刀进行镗削时，浮动镗刀不能全部镗出孔外，如图 3-5-34（b）所示。

6. 圆柱孔的尺寸精度检测

1）孔的内径尺寸的检测　孔的内径尺寸的检测方法较多，这里介绍镗削时使用较多的两种方法。

① 用内卡钳测量孔的内径尺寸。首先用千分尺将内卡钳的张开度调整到孔的最小极限尺寸，然后放入被测孔内，使一个卡脚固定不动，另一个卡脚左右摆动。可利用公式，算出间隙值，然后将内卡钳的张开度加上间隙量，即为被测孔的实际尺寸，如图 3-5-35 所示。

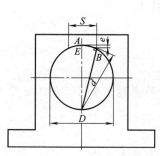

图 3-5-35　用内卡钳测量孔径时的摆动量

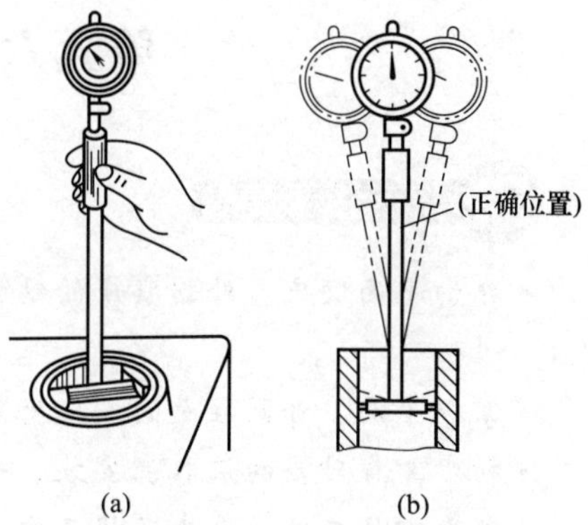

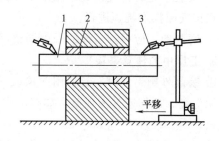

(a)　　　　(b)

图 3-5-36　用内径百分表测量内径

② 用内径百分表测量内径。内径百分表是测量内孔的常用精密量具，使用方便，读数直观，能准确地测出孔的直径尺寸。内径百分表在使用前需要用千分尺来校对，或用标准圈来比较校对，测量时，内径百分表应该与被测孔垂直放置，如图 3-5-36 所示，应掌握活动测头由孔口向里侧摆动的手势，百分表上反映的最小数值就是孔的实际尺寸。

2）孔距尺寸的检测　孔与基准面之间有尺寸要求时，将镗削好的工件放在平板上，孔内装入检验心轴，移动装在磁性表座上的百分表，比较百分表测得心轴两端的读数与标准块处测得的读数，就可知孔距的实际尺寸，如图 3-5-37 所示。

3）平行度检测　利用测量孔距的方法，移动百分表检测孔外两端检验棒，两处测得的读数之差若在图样规定的平行度要求之内，即为合格，如图 3-5-38 所示。

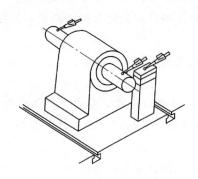

图 3-5-37　孔径尺寸的检测

图 3-5-38　平行度检测

1—检验心轴；2—工件；3—百分表

练习与思考

1. 单柱、双柱及卧式坐标镗床在布局上各有什么特点？它们各适应于什么场合？

2. 为了加工出精确孔间距，坐标镗床在结构和使用条件等方面采取了哪些措施？

3. 镗床夹具可分为几类？各有何特点？其应用场合是什么？

4. 镗套有几种？怎样选用？

5. 怎样正确安装浮动镗刀？

6. 简述镗削的工艺特点？

7. 圆柱孔的尺寸精度如何检测？

单元六　零件的磨削加工

⚡》学习目标及要求

• 熟悉平面磨床、外圆磨床的结构、传动原理和各部分的名称、功用、加工范围及操作方法。

• 掌握平面、外圆柱面的一般磨削方法和操作技能。

• 初步掌握砂轮的选取、安装、平衡和修整的基本常识与基本方法。

• 熟悉常见工件的装夹及找正方法。

• 熟悉磨床的维护、保养和安全操作常识，安全、文明生产。

一、基础工作准备

1. 开机前准备

① 操作平面磨床的工作人员，要经过学习，熟悉、了解并掌握机床的结构性能及操作方法，才可独立操作机床。

② 正确使用机床的安全保险装置，不许随意拆卸。

③ 认真执行各项安全规章制度，保持工作场地清洁、畅通。

2. 工作前的注意事项

① 按规章穿戴好劳动保护用品。

② 对机床的液压系统，防护保险及润滑、电气做全面检查，机床不能带病工作。

③ 安装砂轮时，应检查砂轮出厂标记，未经检查有无裂纹和未经平衡的砂轮不能使用，要严格按安装操作规程进行。

④ 磨削前，应根据工件的长度调整好行程挡铁，避免超程，发生碰撞。

3. 工作中的注意事项

① 磨削外圆工件时，若采用两顶或一夹一顶的方法装夹，顶紧力要适当；要检查中心孔有无毛刺、碰伤或过大现象，如有，应及时修研。对于精度要求较高的工件，要用百分表来找正。

② 平面磨削前，要清理干净工件和吸盘上的铁屑，以保证安装可靠。

③ 用电磁吸盘安装工件时，首先检查工件是否吸牢，确认工件牢固可靠后方可开机作业。

④ 使用纵、横自动进刀时，应首先将行程保险挡铁调好、紧固。

⑤ 磨削时，使砂轮逐渐接触工件，使用冷却液时要装好挡板及防护罩。

⑥ 装卸测量工件时应停车，并将砂轮退离工件后进行。

⑦ 磨削外锥面时，无论是扳转头架还是砂轮架角度，都要注意对准刻度线。试磨后，应进行检查，并及时修正，以保证锥面的精度。

⑧ 修整砂轮时，砂轮修整器应紧固在机床台面上，修磨时进刀量要适当，防止撞击。

⑨ 干磨工件不准中途加冷却液；湿式磨床冷却液停止时应立即停止磨削；湿式作业工作完毕应将砂轮空转 5min，将砂轮上的冷却液甩掉。

⑩ 机床在磨削过程中，操作者应坚守岗位，不许兼做其他事情。

⑪ 发现机床有异常现象应立即停车，找维修人员检查处理。

4. 工作后的注意事项

① 停车后将手柄移至空位，切断电源，擦拭机床，整理环境。

② 按规定认真执行交接班制度。

二、磨削加工工作内容

1. 磨削加工范围

磨削加工是以砂轮的高速旋转作为主运动，与工件低速旋转和直线移动（或磨头的移动）作为进给运动相配合，切去工件上多余金属层的一种切削加工，主要用于工件的精加工。磨削是机械制造中最常用的加工方法之一。

磨削加工应用范围广，如图 3-6-1 所示，可以加工内外圆柱面、内外圆锥面、平面、成形面和组合面等。磨削可加工用其他切削方法难以加工的高硬、超硬材料，如淬硬钢、高强度合金、硬质合金和陶瓷等材料。磨削还可以用于荒加工（磨削钢坯、割浇冒口等）、粗加工、精加工和超精加工。

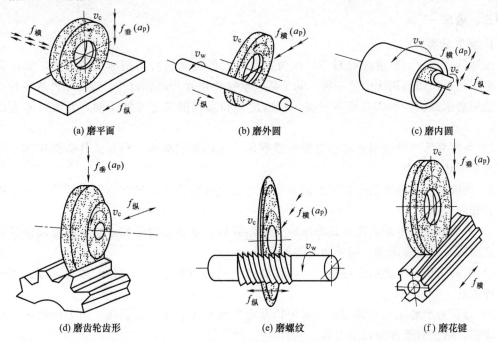

(a) 磨平面　　　　　　(b) 磨外圆　　　　　　(c) 磨内圆

(d) 磨齿轮齿形　　　　(e) 磨螺纹　　　　　(f) 磨花键

图 3-6-1　磨削的加工范围

由于现代机器上高精度、淬硬零件的数量日益增多，磨削在现代机器制造业中占的比重日益增加，而且随着精密毛坯制造技术的发展和高生产率磨削方法的应用，使某些零件有可能不经其他切削加工方法，而直接由磨削加工完成，这将使磨削加工的应用更为广泛。

2. 磨削加工的特点及其精度

磨削使用的砂轮是一种特殊工具，每颗磨粒相当于一个刀齿，整块砂轮就相当于一把刀齿极多的铣刀。磨削时，凸出的且具有尖锐棱角的磨粒从工件表面切下细微的切屑；磨钝或不太凸出的磨粒只能在工件表面上划出细小的沟纹；比较凹下的磨粒则与工件表面产生滑动摩擦，后两种磨粒在磨削时产生细尘。因此，磨削加工和一般切削加工不同，除具有切削作用外，还具有刻划和磨光作用。

1）砂轮切削刃不规则　切削刃的形状、大小和分布均处于不规则的随机状态，通常切削时有很大的负前角和小后角。

2）磨削加工余量小、加工精度高　除了高速强力磨削能加工毛坯外，磨削工件之前必须先进行粗加工和半精加工。磨削加工精度为IT7～IT5，表面粗糙度值 Ra 为 $0.8 \sim 0.2\mu m$。采用高精磨削方法，表面粗糙度值为 Ra 为 $0.1 \sim 0.006\mu m$。

3）磨削速度高、温度高　一般磨削速度为 $35m/s$ 左右，高速磨削时可达 $60m/s$。目前，磨削速度已发展到 $120m/s$。但磨削过程中，砂轮对工件有强烈的挤压和摩擦作用，产生大量的切削热，在磨削区域瞬时温度可达 $1000℃$ 左右。在生产实践中，为降低磨削时切削温度，必须加注大量的切削液，减小背吃刀量，适当减小砂轮转速及提高工件转速。

4）适应性强　就工件材料而言，不论软硬材料均能磨削；就工件表面而言，很多表面质量要求较高的均能加工；此外，还能对各种复杂的刀具进行刃磨。

5）砂轮具有自锐性　在磨削过程中，砂轮的磨粒逐渐变钝，作用在磨粒上的切削抗力就会增大，致使磨钝的磨粒破碎并脱落，露出锋利刃口继续切削，这就是砂轮的自锐性。它能使砂轮保持良好的切削性能。

三、磨床

1. 磨床分类

用磨具（砂轮、砂带或油石等）作为工具对工件表面进行切削加工的机床，统称为磨床。磨床是金属切削机床中的一种。除了某些形状特别复杂的表面外，机器零件的各种表面大多能用磨床加工。磨床有许多种类，根据用途和采用的工艺方法不同，大致可分为以下几类。

1）外圆磨床　外圆磨床包括万能外圆磨床、无心外圆磨床、行星式外圆磨床等，主要用于磨削回转外表面。

2）内圆磨床　内圆磨床包括内圆磨床、无心内圆磨床、行星式内圆磨床等，主要用于磨削回转内表面。

3）平面磨床　平面磨床包括卧轴矩台平面磨床、立轴矩台平面磨床、卧轴圆台平面磨床、立轴圆台平面磨床等，用于磨削各种平面。

4）工具磨床　工具磨床包括工具曲线磨床、钻头沟槽磨床、丝锥沟槽磨床等，用于磨削各种工具。

5）刀具刃磨磨床　刀具刃磨磨床包括万能工具磨床、车刀刃磨磨床、滚刀刃磨磨床、拉刀刃磨床等，用于刃磨各种切削刀具。

6）专门化磨床　专门化磨床包括花键轴磨床、曲柄磨床、凸轮轴磨床、活塞环磨床等，用于磨削某一零件上的一个表面。

7）其他磨床　其他磨床有研磨机、珩磨机、抛光机、砂轮机等。

其中，在生产中应用得最多的是外圆磨床、内圆磨床、平面磨床、无心磨床和万能工具磨床等。其他如齿轮磨床、螺纹磨床、凸轮轴磨床等，由于用途比较专一，使用不广泛。

2. M1432A 型万能外圆磨床

（1）万能外圆磨床的加工范围及精度

M1432A 型万能外圆磨床是普通精度级万能外圆磨床，主要用于磨削 IT6～IT7 级精度的圆柱形、圆锥形的外圆和内孔，还可磨削阶梯轴的轴肩、端平面等。磨削表面粗糙值 Ra 为 $1.25～0.05\mu m$，但其生产效率低，适用于单件小批生产。

（2）万能外圆磨床的外形、运动及技术规格

1）万能外圆磨床的外形　M1432A 型万能外圆磨床如图 3-6-2 所示，其主要组成部分如下：

① 床身 1，它是磨床的基础支承件，支承着砂轮架、工作台、头架、尾座垫板及横向导轨等部件，使它们在工作时保持准确的相对位置，床身内部作为液压系统的油池，并装有液压传动部件。

② 头架 2，它用于安装和支持工件，并带动工件转动。头架可绕其垂直轴线转动一定角度，以便磨削锥度较大的圆锥面。

③ 工作台 3，它由上下两工作台组成。上工作台可绕下工作台的心轴在水平面内调整至一定角度位置，以便磨削锥度较大的圆锥面，头架和尾座安装在工作台台面上并随工作台一起运动；下工作台的底面上固定着液压缸筒和齿条，故工作台可由液压传动或手轮摇动沿床身导轨往复纵向运动。

④ 尾座 6，它和头架的前顶尖一起，用于支承工件。尾座可调整位置，以适应装夹不同长度工件的需要。脚踏操纵板 7 控制尾座顶尖的伸缩，脚踩时尾座顶尖缩进，脚松时顶尖伸出。

⑤ 砂轮架 5，它用于支承并传动高速旋转的砂轮主轴，砂轮架装在床身后部的横向导轨上，当需要磨削短圆锥面时，砂轮架可绕其垂直轴线转动一定的角度。在砂轮架上的内磨装

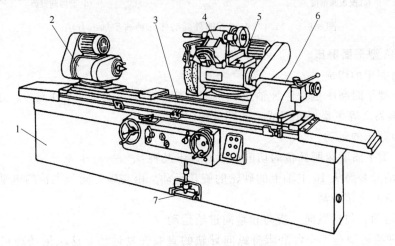

图 3-6-2　M1432A 型万能外圆磨床

1—床身；2—头架；3—工作台；4—内磨装置；5—砂轮架；6—尾座；7—脚踏操纵板

置 4 用于支承磨内孔的砂轮主轴，内磨装置主轴由单独的内圆砂轮电动机驱动。

横向导轨及横向进给机构的功用是通过转动横向进给手轮，带动砂轮实现周期的或连续的横向进给运动以及调整砂轮位置。为了便于装卸工件和进行测量，砂轮架还可做定距离的横向快速进退运动。

2）万能外圆磨床的运动　M1432A 型万能外圆磨床几种典型加工方法如图 3-6-3 所示。

① 图 3-6-3（a）所示为磨外圆柱面，所需运动有砂轮旋转运动（主运动 n_t）、工件的圆周进给运动 n_w 和工件纵向往复运动（进给运动 f_a），此外还有砂轮的横向间歇切入运动。

② 图 3-6-3（b）所示为磨长圆锥面，所需运动和磨外圆时一样，所不同的只是上工作台相对于下工作台调整一定的角度 α，磨削出来的表面即是锥面。

③ 图 3-6-3（c）所示为磨短圆锥面，将砂轮调整一定的角度，工件不做往复运动，由砂轮做连续的横向切入进给运动。此方法仅适磨短圆锥面。

④ 图 3-6-3（d）所示为磨内圆锥面，磨内孔时，将工件夹持在卡盘上，由头架在水平面内是否调整有一定的角度，而确定磨出圆柱孔或锥孔。

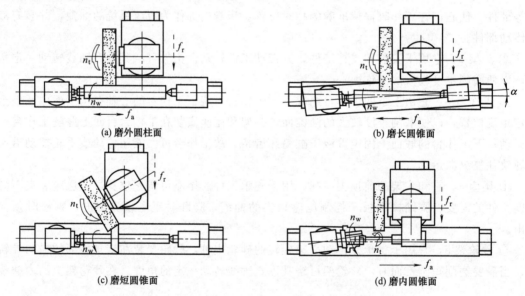

(a) 磨外圆柱面　　(b) 磨长圆锥面　　(c) 磨短圆锥面　　(d) 磨内圆锥面

图 3-6-3　M1432A 型万能外圆磨床几种典型加工方法

3. M7120A 型平面磨床

（1）平面磨床的组成

M7120A 型平面磨床是一种卧轴矩台平面磨床。它由床身 1、工作台 3、立柱 6、磨头 10 和砂轮修整器 7 等主要部件组成，如图 3-6-4 所示。

（2）平面磨床的运动

M7120A 型平面磨床所具备的切削运动有以下几种：

1）主运动　是磨头 10 主轴上的砂轮的旋转运动。由与砂轮同一主轴的电动机（功率为 2.1kW/2.8kW）直接带动。

2）进给运动　包括纵向、横向和垂向进给运动。

① 纵向进给运动是工作台沿床身纵向导轨的直线往复运动。这次运动通过液压传动实现。工作台的运动速度为 1～18m/min。

② 横向进给运动是磨头沿溜板的水平导轨所做的横向间歇进给（工作台每次往复终了

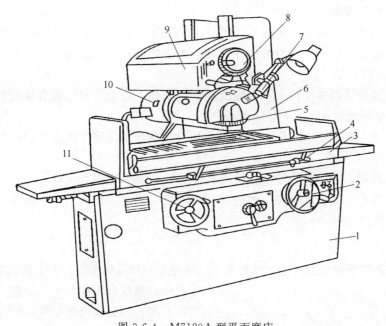

图 3-6-4　M7120A 型平面磨床

1—床身；2—垂直进给手轮；3—工作台；4—行程档块；5—砂轮；6—立柱；

7—砂轮修整器；8—手动横向进给手轮；9—滑板；10—磨头；11—纵向进给手轮

时进给）。

③ 垂直进给运动是溜板沿立柱的垂直导轨所做的移动。这一运动由手动完成。

（3）电磁吸盘

电磁吸盘是最常用的夹具之一，凡是由钢、铸铁等材料制成的有平面的工件，都可用它装夹。

电磁吸盘是根据电的磁效应原理制成的。在由硅钢片叠成的铁心上绕有线圈，当电流通过线圈时，铁心即被磁化，成为带磁性的电磁铁，这时若把铁块引向铁心，立即会被铁心吸住。当切断电流时，铁心磁性中断，铁块就不再被吸住。

使用电磁吸盘装夹工件有以下特点：工作、装卸迅速方便，并可以同时装夹多个工件；工件的定位基准面被均匀地吸紧在台面上，能很好地保证平行平面的平行度公差；装夹稳固可靠。

使用电磁吸盘时应注意以下事项：

① 关掉电磁吸盘的电源后，有时工件不容易被取下，这是因为工件和电磁吸盘上仍会保留一部分磁性（剩磁），这时需将开关转到退磁位置，多次改变线圈中的电流方向，把剩磁去掉，工件就容易被取下。

② 从电磁吸盘上取底面积较大的工件时，由于剩磁以及光滑表面间黏附力较大，工件不容易取下，这时可根据工件的形状用木棒或钢棒将工件扳松后再取下，切不可用力硬拖工件，以防工作台面与工件表面拉毛、损伤。

③ 装夹工件时，工件的定位表面盖住绝缘磁层的条数应尽可能地多，以便充分利用磁性吸力。

④ 电磁吸盘的台面要经常保持平整光洁，如果台面上出现拉毛，可用三角油石或细砂纸修光，再用金相砂纸抛光。

⑤ 工作结束后，应将吸盘台面擦净。

4. 磨床的维护保养

① 正确使用机床，熟悉磨床各部件的结构、性能、作用、操作方法和步骤。

② 开动磨床前，应首先检查磨床各部分是否有故障；工作后仍需检查各传动系统是否正常，并做好交接班记录。

③ 严禁敲击磨床的零部件，不碰撞或拉毛工作面，避免重物磕碰磨床的外部表面。装卸大工件时，最好预先在台面上垫放木板。

④ 在工作台上调尾座、头架的位置时，必须擦净台面与尾座接缝处的磨屑，涂上润滑油后再移动部件。

⑤ 磨床工作时，应注意砂轮主轴轴承的温度，一般不得超过 60℃。

⑥ 工作完毕后，应清除磨床上的磨屑和切削液，擦净工作台，并在敞开的滑动面和机械机构涂油防锈。

四、砂轮

磨削加工是用砂轮对工件进行切削加工。砂轮是一种特殊工具，其上的每颗粒相当于一个刀齿，整块砂轮就相当于一把刀齿极多的铣刀，其磨粒的分布情况如图 3-6-5 所示。

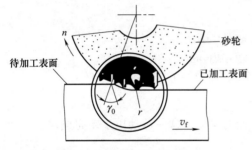

图 3-6-5　磨粒放大示意图

1. 砂轮的特性要素与选择

砂轮是用各种类型的结合剂把磨料黏合起来，经压坯、干燥、焙烧及修整而成的磨削工具。砂轮由磨料、结合剂及气孔三要素组成。它的性能主要由磨料、粒度、结合剂、硬度和组织五个方面的因素决定。

1) 磨料　普通砂轮所用的磨料主要有刚玉类和碳化硅类，按照其纯度和添加的元素不同，每一类又可分为不同的品种。常用磨料的名称、代号、主要性能及适用磨削范围见表 3-6-1。

表 3-6-1　常用磨料的名称、代号、主要性能及适用磨削范围

材料名称		代号	主要成分（质量分数）	颜色	力学性能	热稳定性	适用磨削范围
刚玉类	棕刚玉	A	Al_2O_3（95%） TiO_2（2%~3%）	褐色	韧性好 硬度大	2100℃ 熔融	碳钢、合金钢、铸铁
	白刚玉	WA	Al_2O_3（>99%）	白色			淬火钢、高速钢
碳化硅类	黑碳化硅	C	SiC（>95%）	黑色		>1500℃ 氧化	铸铁、黄铜、非金属材料
	绿碳化硅	GC	SiC（>99%）	绿色			硬质合金等
高硬磨料类	氮化硼	CBN	立方氮化硼	黑色	高硬度 高强度	<1300℃ 稳定	硬质合金、高速钢
	人造金刚石	D	碳结晶体	乳白色		>700℃ 石墨化	硬质合金、宝石

2) 粒度　粒度是指砂轮中磨粒尺寸的大小。粒度有两种表示方法：对于用机械筛分法来区分的较大磨粒，以其通过筛网上每英寸长度上的孔数来表示粒度，粒度号为 4~240，共 27 个号，粒度号越大，颗粒尺寸越小；对于用显微镜测量来确定粒度号的微细磨粒（又称微粉），以实测到的最大尺寸，并在前面冠以"W"的符号来表示，粒度号为 W63~W0.5，共 14 个号，如 W7，即表示此种微粉的最大尺寸为 5~7μm，粒度号越小，则微粉的颗粒越细。

磨粒粒度选择的原则是:

① 粗磨时,应选用磨粒粒度号较小或颗粒较粗大的砂轮,以提高生产效率。

② 精磨时,应选用磨粒粒度号较大或颗粒较细小的砂轮,以获得较小的表面粗糙度。

③ 砂轮速度较高时,或砂轮与工件接触面积较大时,应选用颗粒较粗大的砂轮,以减少同时参加切削的磨粒数,避免因发热过多而引起工件表面烧伤。

④ 磨削软而韧的金属时,用颗粒较粗大的砂轮,以免砂轮过早堵塞;磨削硬而脆的金属时,选用颗粒较细小的砂轮,以增加同时参加磨削的磨粒数,提高生产效率。

磨料常用的粒度号、尺寸及应用范围见表 3-6-2。

表 3-6-2 磨料常用的粒度号、尺寸及应用范围

类别	粒度	颗粒尺寸 /μm	应用范围	类别	粒度	颗粒尺寸 /μm	应用范围
磨粒	12～36	2000～1600 500～400	荒磨、打毛刺	微粉	W40～W28	40～28 28～20	珩磨、研磨
	46～80	400～315 200～160	粗磨、半精磨、精磨		W20～W14	20～14 14～20	研磨、超精磨削
	100～280	160～125 50～40	精磨、珩磨		W10～W5	10～7 5～3.5	研磨、超精加工、镜面磨削

3)结合剂 砂轮结合剂的作用是将磨粒黏合起来,使砂轮具有一定的强度、硬度和耐腐蚀、耐潮湿等性能。常用结合剂的名称、代号、性能及适用范围见表 3-6-3。

表 3-6-3 常用结合剂的名称、代号、性能及适用范围

结合剂	代号	性能	适用范围
陶瓷	V	耐热、耐蚀,气孔率大,易保持廓形,弹性差	最常用,适用于各类磨削加工
树脂	B	强度较 V 高,弹性好,耐热性差	适用于高速磨削、切断、开槽等
橡胶	R	强度较 B 高,更富有弹性,气孔率小,耐热性差	适用于切断、开槽
金属	J	强度最高,导电性好,磨耗少,自锐性差	多为青铜,适用于金刚石砂轮
菱基士	MG	自锐性好,磨削热小,不易保持廓形	适于磨削大面积表面及热导性类的金属

4)硬度 砂轮的硬度是指磨粒在外力作用下从其表面脱落的难易程度,也反映磨粒与结合剂的黏固程度。砂轮硬表示磨粒难以脱落,砂轮软则与之相反,砂轮的硬度主要由结合剂的粘接强度决定,而与磨粒的硬度无关。一般说来,砂轮组织疏松时,结合剂含量少,砂轮硬度低,此外,树脂结合剂的砂轮硬度比陶瓷结合剂的砂轮低些。砂轮的硬度等级及代号见表 3-6-4。

表 3-6-4 砂轮的硬度等级及代号

大级名称	超软	软			中软		中		中硬			硬		超硬
小级名称	超软	软1	软2	软3	中软1	中软2	中1	中2	中硬1	中硬2	中硬3	硬1	硬2	超硬
代号	D E F	G	H	J	K	L	M	N	P	Q	R	S	T	Y

砂轮硬度选用一般原则:工件材料越硬,应选用越软的砂轮。因为硬材料易使磨粒磨损,需用较软的砂轮以使磨钝的磨粒及时脱落。工件材料越软,砂轮的硬度应越硬,以使磨粒脱落慢些,发挥其磨削作用。但在磨削铜、铝、橡胶、树脂等软材料时,要用较软的砂轮,以便使堵塞处的磨粒较易脱落,露出锋锐的新磨粒。

磨削过程中砂轮与工件的接触面积较大时,磨粒较易磨损,应选用较软的砂轮。磨削薄壁工件及导热性差的工件时，应选较软的砂轮。

半精磨与粗磨相比，需用较软的砂轮；但精磨和成形磨削时，为了较长时间保持砂轮的轮廓，需用较硬的砂轮。

机械加工常用的砂轮硬度等级一般为 H～N（软 2～中 2）。

5）组织　砂轮的组织是指磨粒、结合剂和气孔三者体积的比例关系，用来表示结构紧密和疏松的程度。砂轮的组织用组织号表示，砂轮的组织号及适用范围见表 3-6-5。表中的磨粒率即磨粒在磨具中占有的体积百分数。

表 3-6-5　砂轮的组织号及适用范围

组织号	0	1	2	3	4	5	6	7	8	9	10	11	12	13	14
磨粒率/%	62	60	58	56	54	52	50	48	46	44	42	40	38	36	34
疏密程度	紧密			中等			疏松					大气孔			
适用范围	重负载、成形、精密磨削,加工脆硬材料			外圆、内圆、无心磨及工具磨,淬硬工件及刀具刃磨等			粗磨及磨削韧性大、硬度低的工件,适合磨削薄壁、细长工件,或砂轮与工件接触面大及平面磨削等					有色金属及塑料、橡胶等非金属,及热敏合金			

2. 砂轮的形状及代号

为了适应在不同类型的磨床上磨削各种形状工件的需要，砂轮有许多形状和尺寸。常见的砂轮形状、代号及用途见表 3-6-6。

表 3-6-6　常见的砂轮形状、代号及用途

砂轮名称	代号	简图	主要用途
平行砂轮	1		外圆磨、内圆磨、平面磨、无心磨、工具
薄片砂轮	41		切断及切槽
筒形砂轮	2		端磨平面
碗形砂轮	11		刃磨刀具、磨导轨
碟形 1 号砂轮	12a		磨铣刀、铰刀、拉刀、磨齿轮
双斜边砂轮	4		磨齿轮及螺纹
杯形砂轮	6		磨平面、内圆、刃磨刀具

砂轮的标记印在砂轮的端面上，其顺序是：形状代号、尺寸、磨料代号、粒度号、硬度

代号、组织号、结合剂代号、最高工作线速度。例如：外径 300mm，厚度 50 mm，孔径 75 mm，棕刚玉磨料，粒度号 60，硬度代号 L，5 号组织，陶瓷结合剂，最高工作线速度为 35 m/s 的平行砂轮，其标记为：

砂轮 1-300×50×75-A60L5V-35m/s　　GB/T 2485—2008

3. 砂轮的检查、安装、平衡与修整

① 砂轮的检查安装前先应进行外观检查，再敲击听其响声，判断砂轮是否有裂纹，以防止高速旋转时砂轮破裂。

② 砂轮的安装砂轮由于形状、尺寸不同而有不同的安装方法。当砂轮直接装在主轴上时，砂轮内孔与砂轮轴的配合间隙要合适，一般配合间隙为 0.1～0.8mm。砂轮用法兰盘与螺母紧固，在砂轮与法兰盘之间垫以 0.3～3mm 厚的皮革或耐油橡胶制垫片，如图 3-6-6 所示。

③ 砂轮的平衡为使砂轮工作时平稳，不发生振动，一般直径在 125 mm 以上的砂轮都要进行静平衡调整（见图 3-6-7）。静平衡调整的方法是：将砂轮装在芯轴上，再放在平衡架导轨上，轻轻转动砂轮，如果不平衡，较重的部分总是转到下面，此时可移动法兰盘端面环形槽内的平衡块，反复进行平衡调整，直到砂轮在导轨上的任意位置都能静止为止。

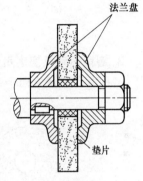

图 3-6-6　砂轮的安装

④ 砂轮的修整砂轮工作一段时间后，磨粒逐渐磨钝，表面孔隙堵塞，几何形状失准，是磨削质量和生产率下降的主要原因，此时需对砂轮进行修整。修整时，金刚石笔的位置如图 3-6-8 所示，即与水平面倾斜 5°～15°，与垂直面呈 20°～30°，金刚石笔尖低于砂轮中心1～2mm。

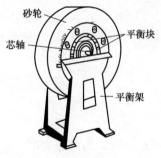

图 3-6-7　砂轮的静平衡调整

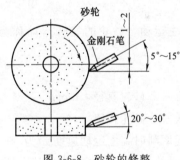

图 3-6-8　砂轮的修整

五、磨削基本原理

1. 磨削过程

磨削过程是由分布在砂轮表面上的大量磨粒以很高的速度旋转对工件表面进行加工的过程，每一个磨粒就似一个小切削刃。

单个磨粒的磨削过程如图 3-6-9 所示，切入工件时的作用分为三个阶段。

1）滑擦阶段［见图 3-6-9（a）］　磨粒在工件表面上发生摩擦、挤压，使工件发生弹性变形。此时磨粒没起切削作用，称为滑擦阶段。

2）刻划阶段［见图 3-6-9（b）］　磨粒在工件表面上刻划出沟纹，这个阶段称为刻划阶段。

3）切削阶段［见图 3-6-9（c）］　磨粒前方金属沿剪切面滑移而成切屑，此阶段称为切削阶段。

由此可见，一个磨粒的磨削过程使磨削表面经历了滑擦、刻划（隆起）和切削三个阶段。形成的常见形态有带状、节状、蝌蚪状和灰烬等。

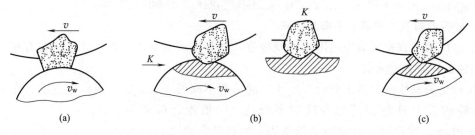

图 3-6-9　单个磨粒的磨削过程

2. 磨削运动及磨削用量

磨削时，一般有四个运动，如图 3-6-10 所示。

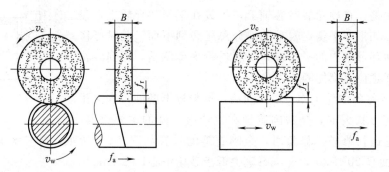

图 3-6-10　磨削时的运动示意图

1）主运动　砂轮的旋转运动称为主运动。主运动速度 v_c（m/s）是砂轮外圆的线速度，即

$$v_c = \pi d_0 n_0 / 1000$$

式中　d_0——砂轮直径，mm；

n_0——砂轮转速，r/s。

普通磨削时，主运动速度 v_c 为 30～35m/s；当 $v_c > 45$m/s 时，为高速磨削。

2）进给运动　进给运动有以下三种。

① 径向进给运动。径向进给运动是砂轮切入工件的运动。径向进给量 f_r 指工作台每双（单）行程内工件相对于砂轮径向移动的距离，单位为 mm/双行程。当做连续进给时，单位为 mm/s。一般情况下，f_r（或 a_p）= 0.005～0.02mm/双行程。

② 轴向进给运动。轴向进给运动即工件相对于砂轮的轴向运动。轴向进给量是指工件每转一圈或工作台每双行程内工件相对于砂轮的轴向移动距离，单位为 mm/r 或 mm/双行程。一般情况下，f_r（或 f）=（0.2～0.8）B，B 为砂轮宽度，单位为 mm。

③ 工件的圆周（或直线）进给运动。工件速度 v_w 是指工件圆周进给运动的线速度，或工件台（连同工件一起）直线进给的运动速度，单位为 m/s。

3. 磨削阶段

磨削时，由于背向力 F_p 很大，引起工艺系统的弹性变形，使实际磨削深度与磨床刻度盘上所显示的数值有差别。所以普通磨削的实际磨削过程分为三个阶段，如图 3-6-11 所示，图中虚线为刻度盘所示的磨削深度。

1）初磨阶段　当砂轮刚开始接触工件时，由于工艺系统的弹性变形，实际磨削深度比磨床刻度盘显示的径向进给量小。工艺系统刚性越差，初磨阶段越长。

2）稳定阶段　在稳定阶段，当工艺系统的弹性变形到达一定程度后，继续径向进给时，实际磨削深度基本上等于径向进给量。

3）精磨阶段　在磨主要加工余量后，可以减少径向进

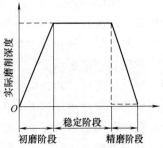

图 3-6-11　磨削阶段

给量或完全不进给再磨一段时间。这时，由于工艺系统的弹性变形逐渐恢复，实际磨削深度大于径向进给量。随着工件被一层层磨去，实际磨深度趋近于零，磨削火花逐渐消失。精磨阶段主要是为了提高磨削精度和表面质量。

掌握这三个阶段的规律后，再开始磨削时，可采用较大的径向进给量以提高生产率；最后阶段应采用无径向进给磨削以提高工件质量。

4. 磨削热

（1）磨削热的产生

磨削时，砂轮对工件表面剧烈摩擦，使磨削局部区域的瞬时温度高达 1000℃ 以上，大部分传入工件。磨削热主要包括以下两方面：

① 磨削和黏结剂与工件之间因摩擦而产生的热量。

② 磨屑和工件表面层金属材料受磨粒挤压而剧烈变形时，金属分子之间产生相对移动产生内摩擦而发出的热量。

（2）磨削热对加工的影响

① 造成工件表面烧伤在瞬时高温作用下工件表层可能被烧伤。

② 工件表面产生残余应力和裂纹磨削区的温度升高到一定程度，将使金属表层不让金相组织变化（简称相变），并产生应力。当局部应力超过工件材料的强度极限时，工件表面就产生裂纹。

③ 影响工件的加工精度磨削热会使工件产生热膨胀变形，影响工件的形状精度和尺寸精度。

（3）减小磨削热的措施

① 根据工件的材质，合理选用砂轮要素，使磨削性能达到最佳。

② 采取良好的冷却措施，如选用合适的切削液或高压冷却，均可使冷却条件得到改善。

③ 合理选用磨削用量。当砂轮圆周速度提高时，单个磨粒的磨屑厚度减小，但砂轮与工件表面间的摩擦次数增加，磨削热也相应增加，工件表面容易烧伤。

六、磨削加工方法

1. 外圆磨削

外圆磨削是用砂轮的外圆周面来磨削工件的外回转表面的，是磨工最基本的工作内容之一。它不仅能磨削轴、套筒等圆柱面，还能磨削圆锥面、端面（台阶部分）、球面和特殊形状的外表面等。外圆磨削一般在外圆磨床或无心外圆磨床上进行，也可采用砂带磨床磨削。

（1）在外圆磨床上磨削外圆

1) 工件的装夹　在外圆磨床上，工件可以用以下方法装夹。

① 用两顶尖装夹工件。如图 3-6-12（a）所示，工件支承在前后顶尖上，由与带轮连接的拨盘上的拨杆拨动鸡心夹头来带动工件旋转，实现圆周进给运动。这时需拧动螺杆顶紧摩擦环，使头架主轴和顶尖固定不动。这种装夹方式有助于提高工件的回旋精度和主轴的刚度，被称为"固定顶尖"工作方式。这也是外圆磨床上最常用的装夹方法，其特点是装夹方便，定位精度高。两顶尖固定在头架主轴和尾座套筒的锥孔中，磨削时顶尖不旋转，这样头架主轴的径向圆跳动误差和顶尖本身的同轴度误差就不会对工件的旋转运动产生影响。只要中心孔和顶尖的形状正确，装夹得当，就可以使工件的旋转轴线始终不变，从而获得较高的圆度和同轴度。

② 用三爪自定心卡盘或四爪单动卡盘装夹工件。在外圆磨床上可用三爪自定心卡盘装夹圆柱形工件，其他一些自动定心夹具也适于装夹圆柱形工件，四爪单动卡盘一般用来装夹截面形状不规则的工件。在万能外圆磨床上，利用卡盘在一次装夹中磨削工件的内孔和外圆，可以保证内孔和外圆之间较高的同轴度。

③ 用心轴装夹工件。磨削套类工件时，可以内孔为定位基准在心轴上装夹。

④ 用卡盘和顶尖装夹工件。当工件较长，一端能钻中心孔，另一端不能钻中心孔时，可一端用卡盘，另一端用顶尖装夹工件。

2) 外圆磨削方法

① 纵磨法。如图 3-6-12（a）所示，磨削时，工件一方面做圆周进给运动，同时随工作台做纵向进给运动，横向进给运动为周期性间歇进给；当每次纵向进程或往复行程结束后，砂轮做一次横向进给，磨削余量经多次进给后被磨去。纵磨法的磨削效率低，但能获得较高的精度和较小的表面粗糙度。

② 横磨法。又称切入磨法，如图 3-6-12（b）所示。磨削时，工件做圆周进给运动，工件不做纵向进给运动，横向进给运动为连续进给。砂轮的宽度大于磨削表面，并做慢速横向进给，直至磨到要求的尺寸。横磨法的磨削效率高，但磨削力大，磨削温度高，必须供给充足的切削液。

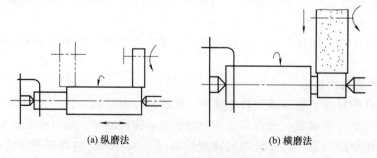

(a) 纵磨法　　　　　　　　　　(b) 横磨法

图 3-6-12　常用外圆磨削方法

③ 复合磨削法。是纵磨法和横磨法的综合运用，即先用横磨法将工件分段粗磨，各段留精磨余量，相邻两段有一定量的重叠；最后再用纵磨法进行精磨。复合磨削法兼有横磨法效率高，纵磨法质量好的优点。

④ 深磨法。其特点是在一次纵向进给中磨去全部磨削余量。磨削时，砂轮修整成一端锥面或阶梯状（见图 3-6-13），工件的圆周进给速度与纵向进给速度都很慢，深磨法的生产率较高，但砂轮修整复杂，并且要求工件的结构必须保证砂轮有足够的切入和切出长度。

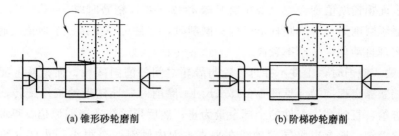

(a) 锥形砂轮磨削　　　　　　　(b) 阶梯砂轮磨削

图 3-6-13　深磨法

（2）在无心外圆磨床上磨削外圆

在无心外圆磨床上磨削外圆如图 3-6-14 所示，工件置于砂轮和导轮之间的拖板上，以待加工表面为定位基准，不需要定位中心孔。工件由转速低的导轮（没有切削能力、摩擦系数较大的树脂或橡胶结合剂砂轮）推向砂轮，靠导轮与工件间的摩擦力使工件旋转。改变导轮的转速，便可调节工件的圆周进给速度。砂轮有很高的转速，与工件间有很大的相对速度，故可对工件进行磨削。无心磨削的方式有贯穿法（纵磨法）和切入法（横磨法）两种。

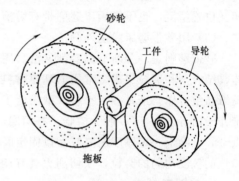

图 3-6-14　无心磨削外圆示意图

1）贯穿法　磨削时，将导轮轴线在垂直平面内倾斜一个角度 α ［见图 3-6-15（a）］，并将导轮的轴向截面轮廓修整成双曲线形。当工件从机床前面（图中左侧）推入砂轮与导轮之间时，工件一边旋转做圆周进给运动，一边在导轮和工件间的水平摩擦分力的作用下沿轴向做纵向进给。当工件穿过磨削区，从机床后部（图中右侧）离去后，便完成了一次加工。工件的磨削余量需经多次进给逐步切除。为了使工件进入和离开磨削区时保持正确的运动方向，在工件支座上装有前、后导板，导板位于拖板的两端。

工件的纵向进给速度由导轮偏转角 α 的大小决定。α 越大，纵向进给速度也越大，磨削

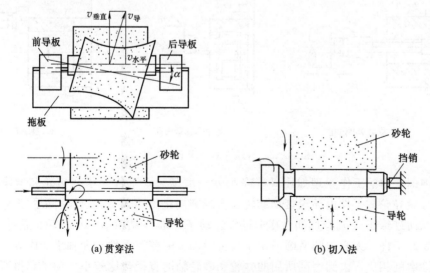

(a) 贯穿法　　　　　　　　　　(b) 切入法

图 3-6-15　无心磨削的方式

效率高，但表面粗糙度值变大。一般粗磨时取 $\alpha=2°\sim6°$，精磨时取 $\alpha=1°\sim2°$。

贯穿法适于磨削无台阶的圆柱形工件；磨削时，工件可一个接一个地依次通过，磨削连续进行，易实现自动化，生产率较高。

2）切入法　磨削时，工件不穿过砂轮与导轮之间的磨削区域，而是从上面放下，搁在拖板上，一端紧靠定程挡销［见图 3-6-15 (b)］。磨削时，导轮带动工件旋转，同时向砂轮做横向连续进给，直到磨去工件的全部余量为止；然后导轮快速退回原位，再取出工件。为了使工件靠紧挡销，通常也将导轮轴线在垂直平面内倾斜一个很小的角度（约 $30'$），使工件在磨削时受到一个轻微的轴向推力，保证工件与挡销始终接触。切入法适于磨削带凸台的圆柱体和阶梯轴，以及外圆锥表面和成形旋转体。

采用无心外圆磨削，工件装卸简便迅速，生产率高，容易实现自动化；加工精度等级可达 IT6，表面粗糙度 Ra 值为 $1.25\sim0.32\mu m$。但是，无心磨削不易保证工件有关表面之间的相互位置精度，也不能用于磨削带有键槽或缺口的轴类零件。

（3）用砂带磨床磨削外圆

砂带磨削是一种新型的磨削方法，用高速移动的砂带作为切削工具进行磨削。砂带由基体、结合剂和磨粒组成。常用的基体材料是牛皮纸、布（斜纹布、尼龙纤维、涤纶纤维等）及纸布组合体。纸基砂带平整，磨出的工件表面粗糙度值小；布基砂带承载能大；纸布基砂带介于两者之间。（一般为树脂）有两层，经过静电植砂使磨粒锋刃向外黏在底胶上，将其烘干，再涂上一定厚度的复胶，以固定磨粒间的位置，就制成了砂带。砂带上只有一层经过筛选的粒度均匀的磨粒，使切削刃具有良好的等高性，加工质量较好。

2. 内圆磨削

内圆磨削可以在专用的内圆磨床上进行，也能够在具备内圆磨头的万能外圆磨床上实现。内圆磨削的方式分为普通内圆磨削、无心内圆磨削和行星内圆磨削。

在普通内圆磨床上的磨削方法如图 3-6-16 所示，砂轮高速旋转做主运动 n_o，工件旋转做圆周进给运动 n_w，砂轮还做径向进给运动 f_p，采用纵磨法磨长孔时，砂轮或工件还要沿轴向往复移动做纵向进给运动 f_a。

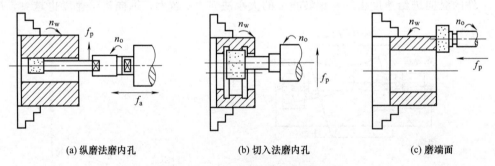

(a) 纵磨法磨内孔　　　　　(b) 切入法磨内孔　　　　　(c) 磨端面

图 3-6-16　普通内圆磨床上的磨削方法

无心内圆磨削的工作原理如图 3-6-17 所示。磨削时，工件支承在滚轮和导轮上，压紧轮使工件靠紧导轮，工件由导轮带动旋转，实现圆周进给运动 n_w。砂轮除了完成主运动 n_o 外，还做纵向进给运动 f_a 和周期性横向进给运动 f_p。加工结束时，压紧轮沿箭头方向 A 摆开，以便装卸工件。无心内圆磨削适用于大批量加工薄壁类零件，如轴承套圈等。

与外圆磨削相比，内圆磨削所用的砂轮和砂轮轴的直径都比较小。为了获得所要求的砂轮线速度，就必须大大提高砂轮主轴的转速，从而容易引起振动，影响工件的加工质量。此外，由于内圆磨削时砂轮与工件的接触面积大，发热量集中，冷却条件差且工件热变形大，特别是砂轮主轴刚性差，易弯曲变形，所以内圆磨削不如外圆磨削的加工精度高。在实际生产中，常采用减少横向进给量、增加光磨次数等措施来提高内孔的加工质量。

3. 平面磨削

常见的平面磨削方式有四种，如图 3-6-18 所示。工件安装在具有电磁吸盘的矩形或圆形工件台上，并做纵向往复直线运动 f_v 或圆周进给运动 n_w。砂轮除做旋转主运动 n_0 外，还要沿轴线方向做横向进给运动 f_a。为了逐步地切除全部余量，砂轮还需周期性地沿垂直于工件被磨削表面的方向做进给运动 f_p。

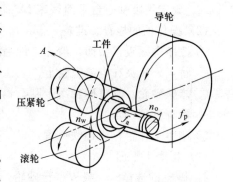

图 3-6-17 无心内圆磨削的工作原理

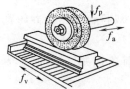 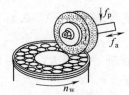 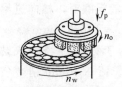 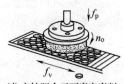

(a)卧轴距台平面磨床磨削　(b)卧轴圆台平面磨床磨削　(c)立轴圆台平面磨床磨削　(d)立轴距台平面磨床磨削

图 3-6-18 平面磨削方式

图 3-6-18 (a)、(b) 属于圆周磨削，砂轮与工件的接触面积小，磨削力小，排屑及冷却条件好，工件受热变形小，且砂轮磨损均匀，所以加工精度较高。然而，砂轮主轴呈悬臂状态，刚性差，不能采用较大的磨削用量，生产率较低。

图 3-6-18 (c)、(d) 属于端面磨削，砂轮与工件的接触面积大，同时参加磨削的磨粒多，另外磨削时主轴受轴向压力，刚性较好，允许采用较大的磨削用量，故生产率高。但是，有磨削过程中，磨削力大，发热量大，冷却条件差，排屑不畅，造成工件的热变形较大，且砂轮端面沿径向各点的线速度不等，使砂轮磨损不均匀，所以这种磨削方法的加工精度不高。

七、磨削加工技能训练

1. 垫板

磨削加工如图 3-6-19 所示的垫板平面。

操作步骤：

（1）分析图样

根据图样和技术要求分析，图 3-6-19 所示为垫板工件，材料为 45 钢，热处理淬火硬度为 40～45HRC，厚度尺寸为 30mm±0.01mm，两平面平行度公差为 0.005mm，表面粗糙度 Ra 值均为

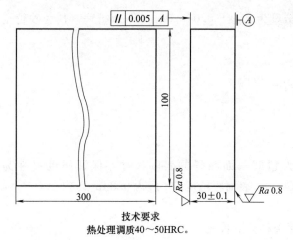

技术要求
热处理调质40～50HRC。

图 3-6-19 垫板

$0.8\mu m$。确定用卧轴矩台平面磨床 M7130H 对工件进行加工。

（2）操作前的检查、准备

① 擦净电磁吸盘台面，清除工件毛刺、氧化皮。

② 将工件装夹在电磁吸盘上。

③ 修整砂轮。修整砂轮用金刚石笔。

④ 检查磨削余量。

⑤ 调整工作台行程挡铁位置。

（3）粗磨上平面

1）砂轮的选择　一般用平行砂轮，陶瓷结合剂。由于平面磨削时砂轮与工件的接触弧比外圆磨削大，所以砂轮的硬度应比外圆磨削时稍低些，粒度再大些。所选砂轮的特性为 1-350×40×127-WA46K5V 的平行砂轮（GB/T 2458）。

2）磨削用量的选择。

① 砂轮主轴转速为 1440r/min。

② 横向进给量。一般粗磨时，横向进给量为 $f_横=(0.1\sim0.48)B$/双行程（B 为砂轮宽度），取 $f_横=0.2B=0.2\times40=8$（mm）。

③ 垂向进给量。由于该工件经淬火热处理，变形大，留的磨削单面加工余量应为 0.25mm，$a_p=0.15$mm。留 0.10mm 精磨余量。

粗磨上平面。采用横向磨削法，保证平行度误差不大于 0.005mm。

注意：整个磨削过程均需采用乳化液进行充分冷却。

（4）翻身装夹

装夹前清除毛刺。

（5）粗磨另一平面

采用相同的切削用量，采用横向磨削法，保证平行度误差不大于 0.005mm。

（6）精修整砂轮

（7）精磨平面

1）磨削用量的选择

① 横向进给量。一般精磨时，横向进给量为 $f_横=(0.05\sim0.1)B$/双行程（B 为砂轮宽度），取 $f_横=0.1B=0.1\times40=4$（mm）。

② 垂向进给量。精磨时，$a_p=0.1$mm。

2）精磨平面　表面粗糙度 Ra 值为 $0.8\mu m$ 以内。

（8）翻身装夹

装夹前清除毛刺

（9）精磨另一平面

垂向进给量度 $a_p=S_测-30$mm，$S_测$ 为精磨一面测得的实际尺寸，保证厚度尺寸为 30mm±0.01mm，平行度误差不大于 0.005mm，表面粗糙度 Ra 值为 $0.8\mu m$ 以内。

（10）平行度误差的检测

工件平面之间的平行度误差可以用下面两种方法检测。

① 用外径千分尺（或杠杆千分尺）测量。在工件上用外径千分尺测量相隔一定距离的厚度，测出几点厚度值，其差值即为平面的平行度误差值。

② 用千分表（或百分表）测量。将工件和千分表支架都放在平板上，把千分表的测量

头顶在平面上，然后移动工件，让工件整个平面均匀地通过千分表测量头，其读数的差值即为工件平行度的误差值。测量时，应将工件、平板擦拭干净，以免拉毛工作平面或影响平行度误差测量的准确性。

2. 光轴

磨削如图 3-6-20 所示的光轴零件。

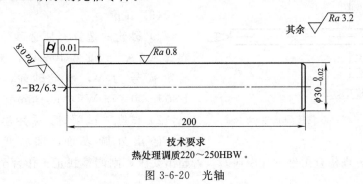

图 3-6-20 光轴

操作步骤：

（1）分析图样

根据图样和技术要求分析，图 3-6-20 所示为一光轴零件，材料为 45 钢，热处理调质硬度为 220～250HBW，外圆尺寸为 $\phi 30_{-0.02}^{0}$ mm，圆柱度公差为 0.01mm，表面粗糙度 Ra 值为 0.8μm。选用 M1432A 万能外圆磨床进行加工。

（2）开机前的准备工作

① 检查工件中心孔。若不符合要求，需修磨正确。

② 找正头架、尾座的中心，不允许偏移。

③ 粗修整砂轮。用金刚石笔修整砂轮。

④ 检查工件磨削余量。

⑤ 将工件装夹于两顶尖间。一般光轴要分两次安装，调头磨削才能完成。该工件因两端有中心孔，可用前、后顶尖支撑工件，并由夹头、拨盘带动工件旋转。

在磨床上磨削轴类零件的外圆，一般都以两端中心孔作为装夹定位基准。由于工件在粗加工时中心孔有一定程度的磨损或碰伤，而热处理则会使中心孔产生变形，这些缺隐都会直接影响到工件的磨削精度，使外圆产生圆度误差等。因此，在磨削前对工件中心孔的 60° 圆锥部分应进行研磨工序的修正，以消除粗加工所造成的各种缺陷，保证定位其准的准确。这也是保证磨削质量的关键。

装夹的方法基本上与车床上两顶尖的装夹相同，与车削外圆不同的是，磨削外圆时，头架和尾座的顶尖均为固定顶尖，这样就避免了因顶尖转动而带来的误差。工件的装夹方法如图 3-6-21 所示。

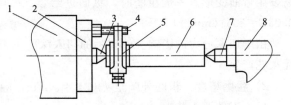

图 3-6-21 两顶尖装夹工件

1—头架；2—拨盘；3—前顶尖；4—拨销；

5—夹头；6—工件；7—后顶尖；8—尾座

调整拨销位置，使其能拨动夹头；将工件两端中心孔擦干净，并加润滑油，前、后顶尖 60° 圆锥也需擦干净；调整尾座位置，然后将尾座套筒后退，装上工件，尾座顶尖适度顶紧工件。装夹工件时应注意选用的夹头大小应适中，为防止夹伤被夹持的精磨表面，工件被夹持部分应垫铜皮；顶尖对工件的夹紧力要适当。

工件 6 支承在前顶尖 3 和后顶尖 7 上，由磨床头架 1 上的拨盘 2 和拨销 4 带动夹头 5 旋转。由于夹头与工件固接在一起，因此带动工件旋转。

⑥ 调整工作台行程挡铁位置，以控制砂轮接刀长度和砂轮越出工件长度，接刀长度（见图 3-6-22）应尽量短一些。

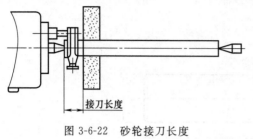

图 3-6-22　砂轮接刀长度

（3）试磨

1）砂轮的选择　所选砂轮的特性为：磨料 WA-PA，粒度号 40～60，硬度 L～M，结合剂代号为 V，平行砂轮，砂轮标记为：1-300×50×75-WA60L5-35m/s　GB/T 2458。

2）试磨　试磨时，采用尽量小的背吃刀量，磨出外圆表面，圆柱度误差不大于 0.01mm。用百分表检查工件圆柱度误差。若超出要求，则调整找正工作台至理想位置，以保证圆柱度误差。

注意：整个磨削过程均需采用乳化液进行充分冷却。

（4）粗磨外圆

1）磨削用量的选择

① 砂轮圆周速度的选择。由公式

$$v_c = \frac{\pi dn}{1000 \times 60} = \frac{3.14 \times 300 \times 1670}{1000 \times 60} = 26.2 \ (\text{m/s})$$

说明：M1432A 外圆磨床砂轮主轴转速为 1670r/min，因此砂轮圆周速度小于 35m/s，满足要求。

② 工件圆周速度的选择。采用纵磨法，工件的转速不宜过高。通常工件圆周速度 v_w 与砂轮圆周速度 v_c 应保持适当的比例关系，外圆磨削取 $v_w = (1/80 \sim 1/100)v_c$。

③ 背吃刀量的选择。背吃刀量增大时，工件表面粗糙度值增大，生产率提高，但砂轮寿命降低。根据试磨测得的工件尺寸 $d_试$，留精磨余量 0.05mm，则 $a_p = d_试 - 30 - 1/2$（mm）。利用手轮刻度时应注意：粗加工手轮刻度为 0.01mm/格。

④ 纵向进给量的选择。纵向进给量加大，对提高生产率，加快工件散热、减轻工件烧伤有利，但不利于提高加工精度和降低表面粗糙度值。特别是在磨削细、长、薄的工件时，易发生弯曲变形。一般粗磨时，纵向进给量 $f = (0.04 \sim 0.08)B$（B 为砂轮宽度），取 $f = 0.05B = 2.5$（mm/r）。

由于切深分力的影响会使实际的切入深度小于给定的切深，因此需反复多次磨削，直至无火花产生。

2）粗磨精度　粗磨外圆至 $\phi 30.1_{-0.02}^{\ 0}$mm，圆柱度误差不大于 0.01mm。

（5）工件调头装夹

（6）粗磨接刀

在工件接刀处涂上薄层显示剂，用切入磨削法接刀磨削，当显示剂消失时立即退刀。

（7）精修整砂轮

（8）精磨外圆

1）磨削用量的选择

① 砂轮圆周速度的选择。M1432A 外圆磨床砂轮主轴的转速为 1670r/min。

② 工件圆周速度的选择。根据资料可选择 300r/min。

③ 背吃刀量的选择。$a_p = 0.05$mm，利用手轮刻度时注意：精加工手轮刻度为 0.0025mm/格。

④ 纵向进给量的选择。$f = 0.01B = 0.5$（mm/r）。

2）精磨精度　精磨外圆至 $\phi 30_{-0.02}^{0}$mm，圆柱度误差不大于 0.01mm，表面粗糙度 Ra 值为 0.8μm 以内。

（9）调头装夹工件并找正

（10）精磨接刀

在工件接刀处涂显示剂，用切入磨削法接刀磨削，待显示剂消失立即退刀。保证外圆尺寸 $\phi 30_{-0.02}^{0}$mm，圆柱度误差不大于 0.01mm，表面粗糙度 Ra 值为 0.8μm 以内。

八、磨削加工实训课目

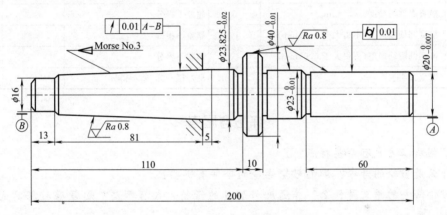

图 3-6-23　台阶轴

如图 3-6-23 磨削台阶轴所示。

① 修研中心孔、修整砂轮外圆及砂轮端面至要求。

② 用两顶尖装夹，夹头安装在 $\phi 16$mm 一端（注意清理中心孔、顶尖定位面并加润滑油）。

③ 调整行程挡块位置（注意台阶处挡块位置），磨 $\phi 20_{-0.007}^{0}$mm 至尺寸，保证圆柱度 0.01mm 及表面粗糙度 $Ra0.8$μm。

④ 调整换向撞块位置 $\phi 40_{-0.01}^{0}$mm 至尺寸，保证表面粗糙度 $Ra0.8$μm。

⑤ 调整行程挡块位置（注意台阶处挡块位置），磨 $\phi 23_{-0.01}^{0}$mm 至尺寸，保证表面粗糙度 $Ra0.8$μm。

⑥ 用两顶尖装夹，垫铜皮夹安装在 $\phi 20_{-0.007}^{0}$mm 一端（工件取下后擦净中心孔并涂油）。

⑦ 调整行程挡位置（注意台阶处挡块位置），磨 $\phi 23.825_{-0.02}^{0}$mm 至尺寸，保证表面粗糙度 $Ra0.8$μm。

⑧ 转动工作台调整行程挡块位置，磨莫氏 3 号外锥至尺寸，保证锥面的径向圆跳动不大于 0.01mm、表面粗糙度 $Ra0.8$μm；锥体接触面应 ≥80%，并靠近大端（涂色检验）。

⑨ 卸下工件擦净检测。

表 3-6-7 为磨削台阶轴的评分标准

表 3-6-7　磨削台阶轴的评分标准

序号	检测项目	配分	评分标准	实测结果	得分
1	检测尺寸 $\phi20^{0}_{-0.007}$mm	10	超差 0.002mm 扣 2 分		
2	检查表面粗糙度 $Ra0.8\mu$m	5	超差不得分		
3	检测尺寸 $\phi23^{0}_{-0.01}$mm	10	超差 0.001mm 扣 1 分		
4	检查表面粗糙度 $Ra0.8\mu$m	5	超差不得分		
5	检测尺寸 $\phi40^{0}_{-0.488}$mm	10	超差 0.005mm 扣 5 分		
6	检查表面粗糙度 $Ra0.8\mu$m	5	超差不得分		
7	检测尺寸 $\phi23.825^{0}_{-0.02}$mm	10	超差 0.005mm 扣 5 分		
8	检查表面粗糙度 $Ra0.8\mu$m	5	超差不得分		
9	检测莫氏锥度 3 号锥体接触面≥80%	10	少 5% 扣 5 分,少 10% 扣 10 分		
10	检查表面粗糙度 $Ra0.8\mu$m	5	超差不得分		
11	检测圆柱度误差(不得大于 0.01mm)	10	超差不得分		
12	检测圆跳动误差(不得大于 0.01mm)	10	超差不得分		
13	安全文明生产	5	良好得 5 分,差不得分		

练习与思考

1. 磨削加工方式有哪些特点?

2. 什么是砂轮的寿命? 影响砂轮寿命的条件有哪些?

3. 砂轮修整的意义是什么? 普通磨料磨具的修整方式有哪些? 超硬磨料磨具的修整方式有哪些?

4. 普通磨料有哪些类型? 各种磨料的主要特点和磨削应用场合是什么? 磨料粒度的选择应当考虑的因素有哪些?

5. 什么是砂轮的组织? 砂轮组织对磨具磨削性能有什么影响? 如何选择砂轮组织?

6. 超硬磨料有哪些? 这些磨料的主要加工特点和适用范围是什么?

模块四　机械制造工艺基础知识

单元一　基本概念学习

- 熟悉生产过程和工艺过程。
- 掌握机械加工工艺过程组成。
- 熟悉生产类型和工艺特征。

一、生产过程和工艺过程

1. 生产过程

工业产品的生产过程是指产品由原材料转变成成品之间各个相互关联的劳动过程的总和。生产过程包括以下主要内容：

① 物质准备过程，指原材料的购买、运输、保管工作等。

② 技术准备过程，包括产品的市场预测、新产品开发、产品或零件的结构设计、绘制装配图和零件图等工作。

③ 毛坯制作过程，零件毛坯的产生过程即：铸造、锻造、型材、焊接等。

④ 机械加工过程，包括车、铣、刨、磨、钻等机械加工。

⑤ 热处理过程，包括零件的退火、正火、回火、淬火及调质等热处理方法等。

⑥ 检验过程，包括初检、中检、终检等检验零件或产品是否合格的过程。

⑦ 装配过程，由零件组装成部件、零件和部件组装成产品的过程。

⑧ 安装、调试及售后服务过程等。

由于产品不是在一个生产部门或一个企业来完成的，所以生产过程的主要内容也不尽相同。如：在炼钢厂，它的原材料是铁碳合金，成品是钢锭或铁锭；而铸造车间原材料是钢锭或铁锭，成品则是零件毛坯；机加工车间原材料是毛坯，成品则是合格零件。

2. 工艺过程

在生产过程中直接改变零件或产品的结构形状、尺寸大小、表面性质及相对位置的那一部分生产过程称为工艺过程。常见的工艺过程有：铸造工艺、锻造工艺、焊接工艺、机加工工艺、热处理工艺及装配工艺等。

3. 机械加工工艺过程

在工艺过程中采用金属切削方法，改变零件形状、大小，使之符合技术要求的那一部分工艺过程称为机械加工工艺过程。如车削、铣削、刨削、磨削、钻削等工艺过程。

二、机械加工工艺过程的组成

每一个零件在加工过程中需要分成若干道工序来完成，所以组成工艺过程的最基本单元是工序。每一道工序又可分为几个工步、几次走刀、几次安装、几个工位。

1. 工序

一个或一组工人，在一个工作地或同一台设备上，对一个工件或同时对几个工件所连续完成的那一部分工艺过程称为工序。以上工人、设备、工件、连续四个要素中只要有一个要素改变，即变成另一道工序。

由于组成工序的因素比较多，要想区分一个零件由几道工序组成是一个复杂的工作。为了简化工序的定义，在生产现场往往以加工设备是否变动来区分另一道工序，只要设备改变后，即构成另一道工序。如轴类零件的车削、铣削、磨削加工即可分为三道工序，而车削轴类零件时如果粗车、半精车和精车时采用了不同的车床，那么又把车削分成粗、半精、精加工三道工序。

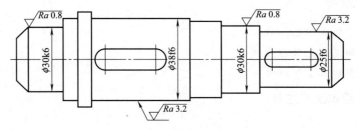

图 4-1-1　减速器中输出轴零件图

即使同一个工件，如果生产批量不同，所安排的工序也不一样。如图 4-1-1 所示的零件，当小批量生产时，其工序划分如表 4-1-1 所示，安排车削、铣削、磨削 3 道工序。而大批量生产时，即使是同一个工件，由于加工的数量增多了，则其工序划分如表 4-1-2 所示，应安排 5 道工序。

表 4-1-1　阶梯轴工艺过程（生产批量较小时）

工序号	工 序 内 容	设备
1	车端面、外圆，钻中心孔，车槽和倒角	车床
2	铣键槽，去毛刺	铣床
3	磨外圆	磨床

表 4-1-2　阶梯轴工艺过程（生产批量较大时）

工序号	工 序 内 容	设备
1	两端同时铣端面，钻中心孔	铣端面、钻中心孔机床
2	车所有外圆，车槽和倒角	普通车床
3	铣键槽	铣床
4	去毛刺	钳工台
5	磨外圆	磨床

在表 4-1-1 的工序 1 中，先车一个工件的一端，然后调头装夹，再车另一端，属于一道工序。如果先车好一批工件的一端，然后调头再车这批工件的另一端，这时对每个工件来说，两端的加工已不连续，所以即使在同一台车床上加工也应算作两道工序。

工序不仅是制定工艺过程的基本单元，也是确定时间定额、配备工人、安排作业计划和进行质量检验的基本单元。

2. 工步

工步是指加工时，在一道工序内其加工表面、切削刀具、切削用量都不变的条件下所完成的那部分工序内容。以上三要素只要任一要素改变则成为另一个工步。一道工序可以只有一个工步，也可以分为几个工步。但在加工多个平行孔时，如图 4-1-2 所示，虽然加工表面改变了，但只要四个孔的结构、尺寸及技术要求一样，而且是连续加工，通常看成是一个工步，即钻 $4 \times \phi 10$mm 孔。

另外，为了提高生产率，当用几把刀具同时加工几个表面的工步，称为复合工步，如图 4-1-3 所示，此时复合工步应视为一个工步。

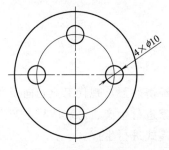

图 4-1-2　四个相同表面一个工步

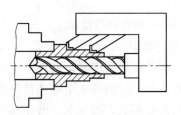

图 4-1-3　复合工步

3. 走刀

在一个工步内，若遇到加工余量比较大时，则需要分几次加工。在加工表面、切削刀具、切削用量都不变的情况下每加工一次则称为一次走刀。一个工步内可分为一次走刀或几次走刀。

4. 安装

工件在加工时，每定位、夹紧、拆卸一次，称为一次安装。在一道工序内，工件可能只需要一次安装，也可能需要几次安装才能完成其加工内容。如在普通车床上车削轴类零件的两端面及中心孔（表 4-1-1 所示工序Ⅰ）时，就需要分两次安装：先装夹工件的一端，车端面、钻中心孔，称为安装 1；再调头装夹，车另一端面、钻中心孔，称为安装 2。

由于工件多次安装会产生较大的累积误差，所以工件加工时，尽可能减少安装次数。

5. 工位

为减少安装次数，加工时常采用各种专用夹具，使工件在一次安装中先后处于几个待加工位置进行加工，那么工件所处的每一个待加工位置称为一个工位。图 4-1-4 所示为利用回转工作台在一次安装过程中循序完成安装拆卸工件、钻孔、扩孔、铰孔四工位加工的实例。

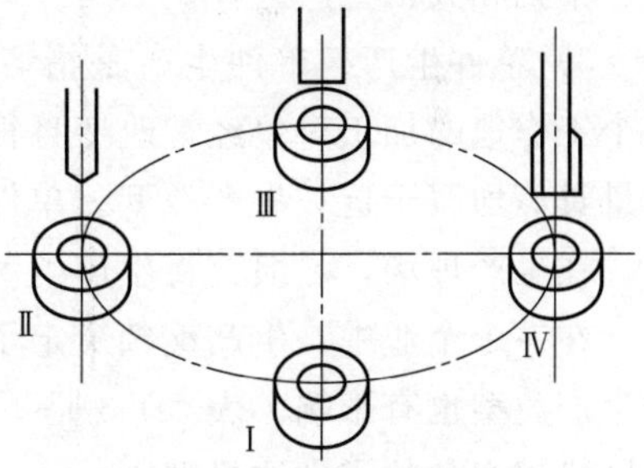

图 4-1-4　多工位加工

Ⅰ—装卸工件；Ⅱ—钻孔；

Ⅲ—扩孔；Ⅳ—铰孔

为提高生产效率，减少安装累计误差，加工时尽可能采用多工位加工。多工位加工适合于大批大量生产。

三、生产类型和工艺特征

1. 生产纲领

零件的生产纲领（件/年）和产品的年产量（台/年）均指在一年、一季度或一月内生产零件或产品的数量。生产纲领的大小对零件的加工过程和生产组织形式起着非常重要的作用，同时它决定了零件工序的划分、各工序所需专业化和自动化程度及工艺方法和加工设备的选用。

零件的生产纲领可按下式计算：

$$N=Qn(1+\alpha\%)(1+\beta\%) \tag{4-1-1}$$

式中　N——零件的生产纲领，件/年；

　　　Q——产品的年产量，台/年；

　　　n——每台产品中该零件的数量，件/台；

　　　α——零件的备品率；

　　　β——零件的废品率。

2. 生产类型

为了便于组织生产和提高劳动生产率，取得更好的经济效益，现代工业趋向于专业化协作，即将一种产品的若干个零部件分散到若干专业化厂家进行生产，总装厂只生产主要零部件及进行总装调试，如汽车、摩托车行业大都采用这种模式进行生产。

生产类型是企业（或车间、工段等）生产专业化程度的分类。企业的生产类型取决于零件的生产纲领。生产类型对工艺过程的规划与制定有较大的影响。根据生产纲领的大小，企业的生产形式可分为三种基本类型：大量生产、成批生产和单件生产。

1) 大量生产　大量生产是指产品生产的数量很大，但品种较少，大多数工作地点长期地按一定节律进行某一个零件的某一个工序的加工，如汽车、轴承及标准件等的生产。大量生产主要针对定型产品。

2) 成批生产　成批生产是指一年中分批轮流地制造几种不同的产品，每种产品都有一定的数量，工作地点的加工对象周期性地重复，如机床、电动机的生产。成批生产可分为小批、中批和大批生产三种。

3) 单件生产　单件生产是指产品品种多，而每一品种的结构、尺寸不同且产量很少，各个工作地的加工对象经常改变且很少重复的生产类型。各种试制产品、机修零件、专用工夹量具等均属于这一生产类型。单件生产主要针对不定型产品。

在生产现场，习惯上将生产类型又分为单件小批、中批、大批大量生产三种类型。

在一个企业中，生产纲领决定了生产类型。但不同的产品尺寸大小和结构复杂程度对划分生产类型也有影响。表 4-1-3 是不同类型产品的生产类型与生产纲领的关系；表 4-1-4 是不同机械产品的零件质量型别。

表 4-1-3　生产类型与生产纲领的关系

生产类型	生产纲领/(台/年或件/年)			工作地每月担负的工序数
	小型机械或轻型零件	中型机械或中型零件	重型机械或重型零件	
单件生产	≤100	≤10	≤5	不作规定
小批生产	100～500	10～150	5～100	不作规定
中批生产	500～5000	150～500	100～300	20～40
大批生产	5000～50000	500～5000	300～1000	10～20
大量生产	50000	5000	1000	1

注：小型、中型和重型机械可分别以缝纫机、机床和轧钢机为代表。

表 4-1-4 不同机械产品的零件质量型别

机械产品类型	零件的质量/kg		
	轻型零件	中型零件	重型零件
小型机械	≤4	4～30	>30
中型机械	≤15	15～50	>50
重型机械	≤100	100～2000	>2000

3. 工艺特征

生产类型不同，产品和零件的制造工艺、所选用的设备及工艺装备、所采取的技术措施、达到的技术经济效果也不一样。各种生产类型的工艺特征如表 4-1-5 所示。

表 4-1-5 各种生产类型的工艺特征

工艺特征	生产类型		
	单件、小批生产	中批生产	大批、大量生产
加工对象	经常变换	周期性变换	固定不变
零件的互换性	用修配法，钳工修配，缺乏互换性	大部分具有互换性。装配精度要求高时，采用装配法和调整法，也可用修配法	具有广泛的互换性。装配精度较高时，采用分组装配和调整法
毛坯的制造方法与加工余量	木模手工造型及自由锻造。毛坯精度低，加工余量大	部分采用金属模机器造型及模锻。毛坯精度和加工余量中等	广泛采用机器造型、模锻或其他高效方法。毛坯精度高，加工余量小
机床设备及其布置形式	通用机床。按机床类别采用机群式布置	部分通用机床和高效机床。按工件类别分工段排列设备	广泛采用高效专用机床及自动机床。按流水线和自动线排列设备
工艺装备	大多采用通用工具、标准附件、通用刀具和万能量具。靠划线和试切达到精度要求	部分采用专用夹具，部分靠找正装夹达到精度要求。较多采用专用刀具和量具	广泛采用专用夹具、复合刀具、专用量具或自动检验装置。靠调整法达到精度要求
对工人技术要求	需技术水平较高的工人	需一定技术水平的工人	对调整工人的技术水平要求高，对操作工人水平要求较低
工艺文件	有工艺过程卡，关键工序要求有工序卡	有工艺过程卡，关键零件要求有工序卡	有工艺过程卡和工序卡，关键工序要有调整卡和检验卡
成本	较高	中等	较低

工艺过程的制定必须结合现有生产条件、生产类型等各方面的综合因素后全面考虑，才能在保证产品质量的前提下，制定出技术上先进、经济上合理的工艺方案。

随着科学技术的发展和生产技术的进步，产品更新换代周期越来越短，品种规格不断增多，多品种小批量的生产类型将会越来越多。

四、机械加工工艺规程

1. 机械加工工艺规程的作用

机械加工工艺规程简称工艺规程，是规定零件加工工艺过程和操作方法的工艺文件。它是在具体的生产条件下，将最合理或较合理的工艺过程与操作方法，按规定的形式制成工艺文本，用来指导生产的技术文件。工艺规程是机械制造厂最主要的技术文件，它一般包括以下内容：工件加工工艺路线及所经过的车间和工段；各工序的内容及采用的机床和工艺工装；工件的检验项目及检验方法；切削用量；工时定额及工人的技术等级等。

工艺规程有以下几方面的作用：

1）指导生产的主要技术文件　合理的工艺规程是在总结生产实践的基础上，依据工艺理论和工艺实验制定的，是指导现场生产的依据。它体现了一个企业或部门的集体智慧。因此，严格按工艺规程组织生产是保证产品质量、提高生产效率的前提。

2）生产组织管理、计划工作的依据　在生产管理中，产品投产前原材料及毛坯的供应、通用工艺装备、机械负荷的调整、专用工艺装备的设计与制造、作业计划的编排、劳动力的组织以及生产成本的核算等，都是以工艺规程作为依据的。

3）新建或改建工厂或车间的基本资料　在新建、扩建或改造工厂或车间时，只有依据生产纲领和工艺规程，才能正确地确定生产所需要的机床和其他设备的种类、规格和数量；确定车间面积、机床布置、生产工人的工种、等级和数量及辅助部门的安排等。

2. 机械加工工艺规程的编制

生产类型不同，所用工艺规程的格式和内容也不相同。通常将工艺规程的内容填入一定的卡片中，即成为生产准备和生产过程所依据的工艺文件。各种工艺文件的格式如下：

1）工艺过程卡片　机械加工工艺过程卡片的格式与包含的内容见表 4-1-6。它是制定其他工艺文件的基础，也是生产技术准备、编制作业计划和组织生产的依据。由于各工序的说明较简单，一般不直接指导工人操作，而是作为生产管理方面使用。在单件小批生产中，则以这种卡片指导生产而不再编制较详细的其他工艺文件。

表 4-1-6　机械加工工艺过程卡片

工厂	机械加工工艺过程卡片		产品型号		零部件图号		共　页	
			产品名称		零部件名称		第　页	
材料牌号		毛坯种类		毛坯外形尺寸		每毛坯件数	每台件数	备注
工序号	工序名称	工序内容		车间	工段	设备	工艺装备	工时
								准终	单件
				编制（日期）	审核（日期）	会签（日期）		
标记	处记	更改文件号	签字	日期				

2）工艺卡片　机械加工工艺卡片的格式与内容见表 4-1-7。它是以工序为单位详细说明整个工艺过程的工艺文件，是用来指导工人生产和帮助车间管理人员与技术人员掌握整个零件加工过程的一种主要技术文件，广泛应用于成批生产的零件和小批生产中的重要零件。

3）工序卡片　机械加工工序卡片的格式与内容见表 4-1-8。它是在工艺过程卡片的基础上，按每道工序所编制的用来具体指导工人操作的一种工艺文件。它用于大批量生产中所有的零件，中批生产中复杂产品的关键零件以及单件小批生产中的关键工序。

表 4-1-7 机械加工工艺卡片

工厂	机械加工工艺卡片		产品型号					零部件图号				共 页	
			产品名称					零部件名称				第 页	
材料牌号		毛坯种类		毛坯外形尺寸			每毛坯件数		每台件数			备注	
工序	装夹	工步	工序内容	同时加工零件数	切削用量				设备名称及编号	工艺装备名称及编号			工时定额

切削用量: 切削深度/mm, 切削速度/(m/min), 每分钟转数或往复次数, 进给量/mm

工艺装备名称及编号: 夹具, 刀具, 量具, 技术等级

工时定额: 单件, 准终

| 编制(日期) | 审核(日期) | 会签(日期) |

| 标记 | 处记 | 更改文件号 | 签字 | 日期 |

表 4-1-8 机械加工工序卡片

工厂	机械加工工艺卡片	产品型号		零部件图号		共 页
		产品名称		零部件名称		第 页
材料牌号	毛坯种类	毛坯外形尺寸	每毛坯件数	每台件数		备注

车间	工序号	工序名称	材料牌号
毛坯种类	毛坯外形尺寸	每批件数	每台件数
设备名称	设备型号	设备编号	同时加工件数
夹具编号	夹具名称		冷却液
			工序工时

工步号	工步内容	工艺装备	主轴转速/(r/min)	切削速度/(m/min)	走刀量/(mm/r)	吃刀深度/mm	走刀次数	工时定额	
								机动	辅助

| 编制(日期) | 审核(日期) | 会签(日期) |

| 标记 | 处记 | 更改文件号 | 签字 | 日期 |

3. 制定工艺规程的原则、原始资料及步骤

(1) 制定工艺规程的原则

制定工艺规程的原则是优质、高产、低消耗,即在保证产品质量的前提下,尽可能提高

生产率和降低成本。同时，还应在充分利用本企业现有生产条件的基础上，尽可能采用国内外先进工艺技术和检测技术，并保证有良好的劳动条件。

由于工艺规程是直接指导生产和操作的重要文件，因此工艺规程要求正确、完整、统一、清晰，所用的术语、符号、计量单位、编号都需要符合相应的标准。

（2）制定工艺规程的原始资料

① 产品装配图和零件图及产品验收的质量标准。

② 零件的生产纲领及投产批量、生产类型。

③ 毛坯和半成品的资料、毛坯制造方法、生产能力及供货状态等。

④ 现场的生产条件。

⑤ 国内外同类产品的有关工艺资料等。

（3）制定工艺规程的步骤

制定工艺规程的主要步骤如下：

① 图样分析。

② 选择毛坯。

③ 拟定工艺路线。

④ 确定各工序所用机床及工艺装备。

⑤ 确定各工序的加工余量及工序尺寸。

⑥ 确定各工序的切削用量和工时定额。

⑦ 填写工艺文件。

单元二　零件的工艺分析

学习目标及要求

- 熟悉零件的技术要求分析。
- 能够对零件的结构工艺性进行分析。

零件图是制定工艺规程最基本的原始资料之一。对零件图的分析是否透彻，将直接影响所制定工艺规程的科学性、合理性和经济性。分析零件图，主要从零件技术要求分析和工艺结构合理性分析两个方面进行。

一、零件的技术要求分析

分析零件的技术要求是制定工艺规程的重要环节。只有认真地分析零件的技术要求，分清主次后，才能合理地选择每一加工表面应采用的加工方法和加工方案，以及整个零件的加工路线。零件技术要求分析主要有以下几方面的内容：

① 尺寸精度分析。包括所有被加工表面和不加工表面的尺寸精度分析，尤其是尺寸精度要求较高的重要加工表面首先要找出来，如零件上的重要表面、尺寸精度要求最高的表面。

② 形位精度分析。找出零件图中有相互形状精度要求和相互位置精度要求的表面，并分析形位精度的基准是哪些表面。

③ 表面粗糙度及其他表面质量要求的分析。

④ 工件选材分析。

⑤ 热处理要求和其他方面要求（如动平衡、去磁等）的分析。

在认真分析了零件的技术要求后，结合零件的结构特点，对零件的加工工艺过程便有了一个初步轮廓。加工表面的尺寸精度、表面粗糙度和有无热处理要求，决定了该表面的最终加工方法，进而得出中间工序和粗加工工序所采用的加工方法。

分析零件的技术要求时，还要结合零件在产品中的作用，审查技术要求规定得是否合理，有无遗漏和错误，如发现不妥之处，应与设计人员协商解决。

二、零件的结构及其工艺性分析

1. 零件的表面组成分析

零件的结构千差万别，但都是由一些基本表面和特形表面所组成。基本表面主要有内外圆柱面、平面等；特形表面主要指成形表面。首先分析组成零件的基本表面和特形表面，然后针对每一种基本表面和特形表面，选择出相应的加工方法。如对于平面，可以选择刨削、铣削、拉削或磨削等方法进行加工；对于孔，可以选择钻削、铰削、车削、镗削、拉削或磨削等方法进行加工；对于外圆表面应选择车削、磨削加工；而对于特形表面，则可以选择成形刀具、专用设备或数控机床来进行加工。

2. 零件各表面的组合情况分析

对于零件结构分析的另一方面是分析零件表面的组合情况和尺寸大小。组合情况和尺寸大小的不同，形成了各种零件在结构特点上和加工方案选择上的差别。在机械制造业中，通常按零件结构特点和工艺过程的相似性，将零件大体上分为轴类、箱体类、盘体类零件等。

3. 零件的工艺结构合理性分析

零件的工艺结构合理性是指零件的结构在保证使用要求的前提下，是否能以较高的生产率和最低的成本而方便地制造出来的特性。许多功能相同而结构不相同的零件，它们的加工方法与制造成本往往差别很大，所以应仔细分析零件的结构工艺性。表 4-2-1 列出了零件机械加工工艺性对比实例。

表 4-2-1　零件机械加工工艺性对比示例

序号	结构工艺性内容	不好	好
1	尽量减少大平面加工、增加稳定性		
2	尽量减少长孔加工		

序号	结构工艺性内容	不好	好
3	键槽在同一方向可减少调整次数	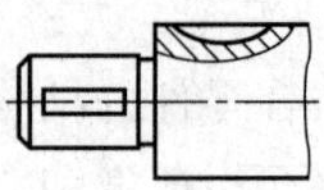	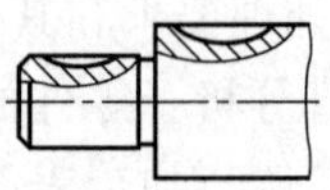
4	1. 加工面与非加工面明显分开 2. 凸台高度相同，一次加工	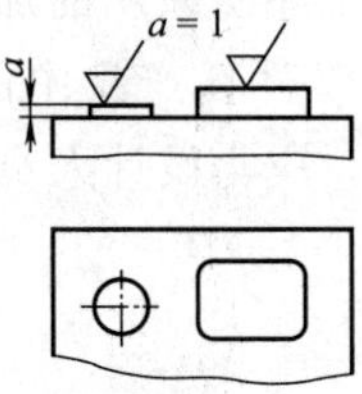 $a=1$	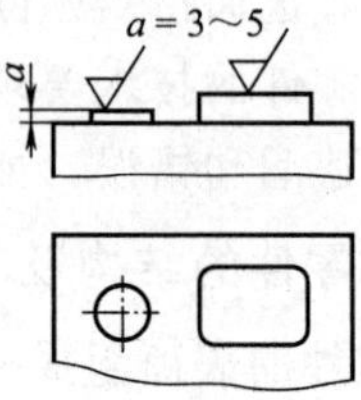 $a=3\sim5$
5	槽宽尺寸一致、减少刀具数量	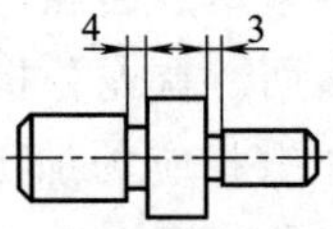 4 3	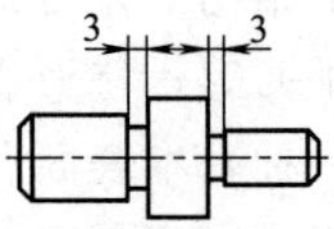 3 3
6	磨削表面应有退刀槽	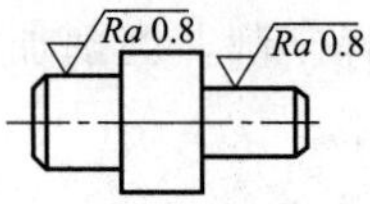 $Ra\,0.8$ $Ra\,0.8$	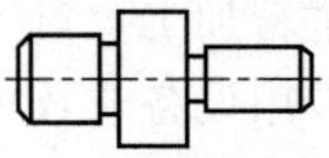
7	1. 内螺纹孔口应倒角 2. 根部有退刀槽	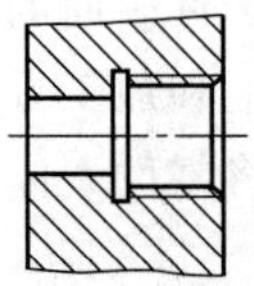	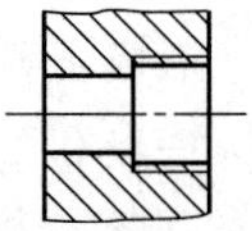
8	孔离箱壁太近，需用加长钻头加工	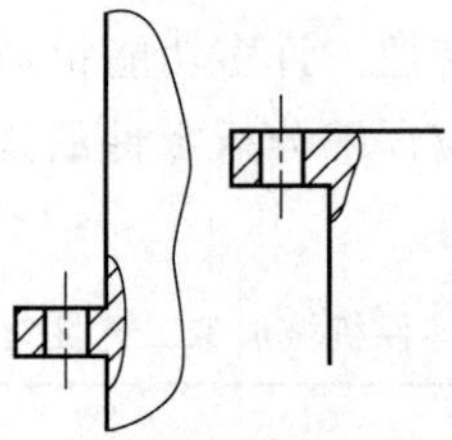	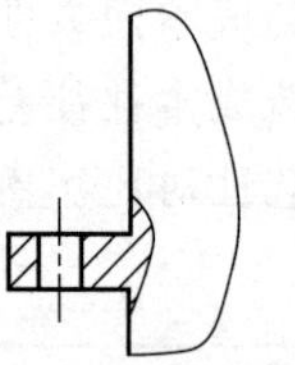
9	槽底与孔母线平，易划伤加工面	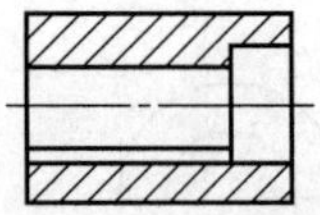	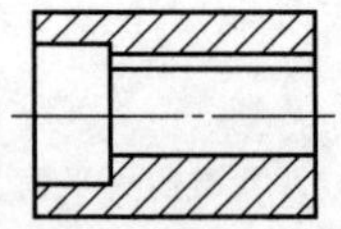
10	磨削锥面时易碰伤加工面	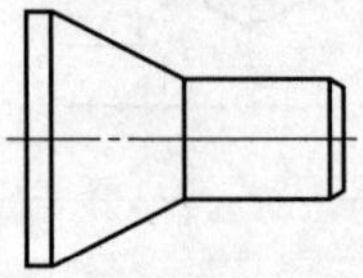	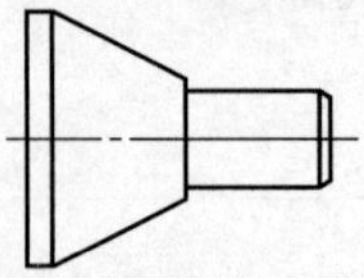
11	1. 斜面钻孔，易引偏 2. 出口处有阶梯，钻头易折断		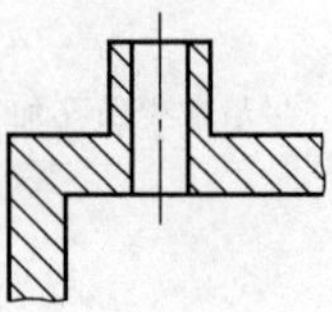

序号	结构工艺性内容	不好	好
12	孔内加工环形槽不方便	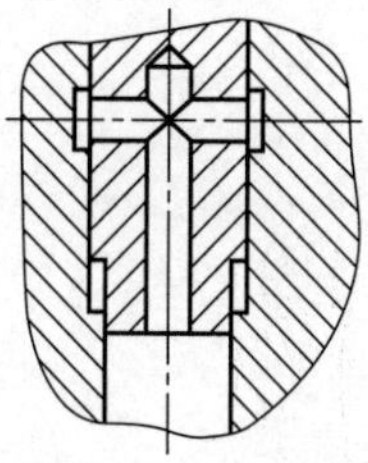	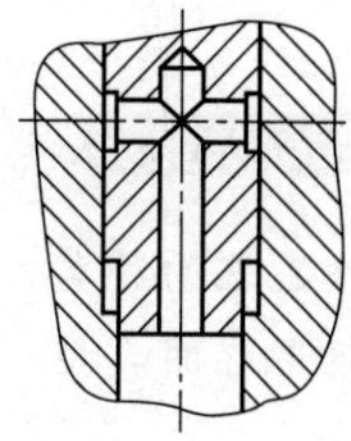
13	同一组件上的几个配合表面应依次进入装配	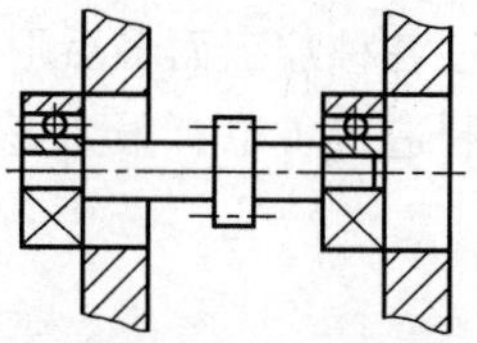	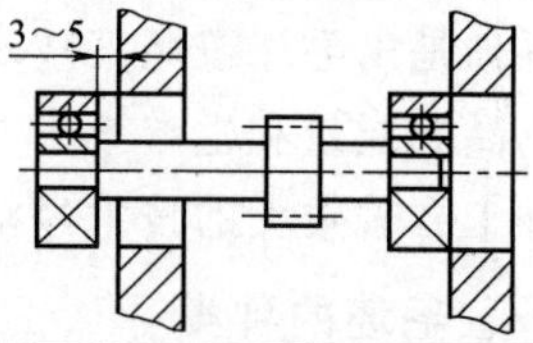
14	箱体内搭子上加工油孔不方便	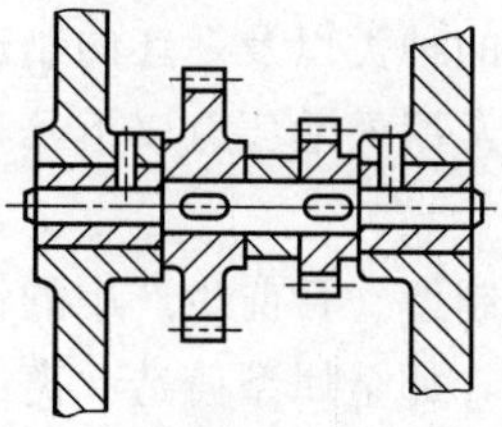	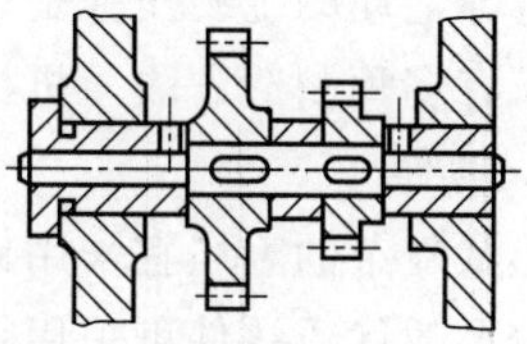
15	轴承内圆拆卸方便	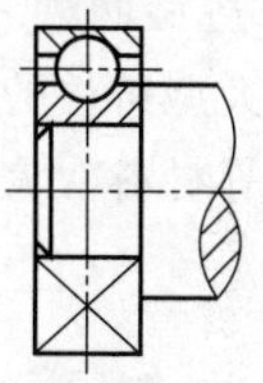	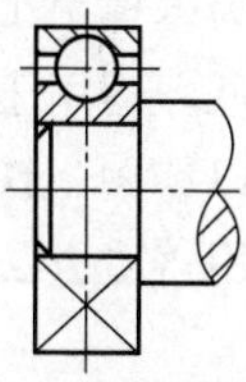
16	轴承外圆拆卸方便	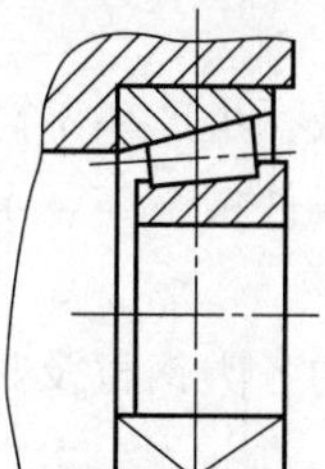	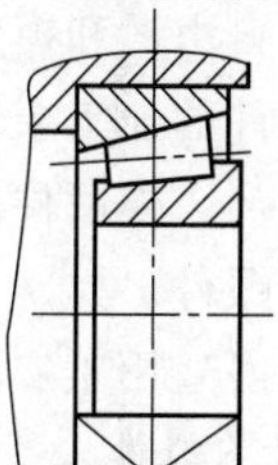
17	螺钉应有足够的装配空间	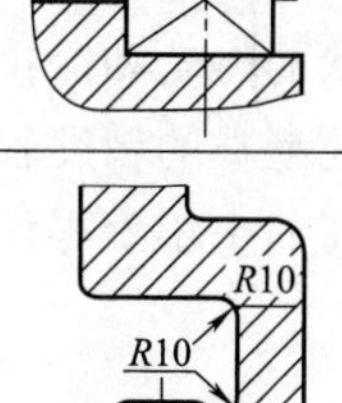	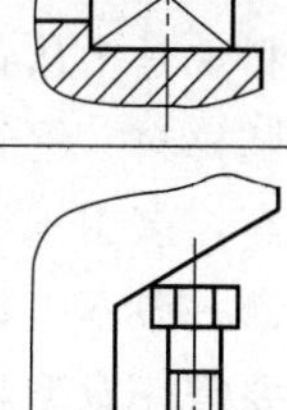
18	圆锥销拆卸方便	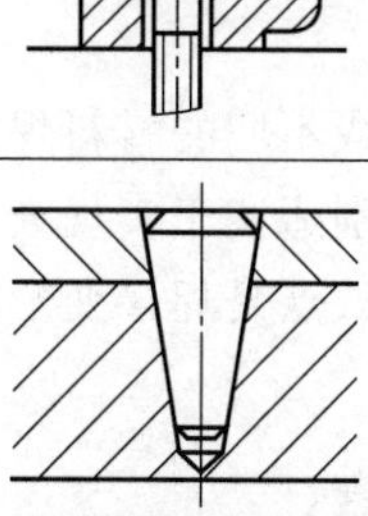	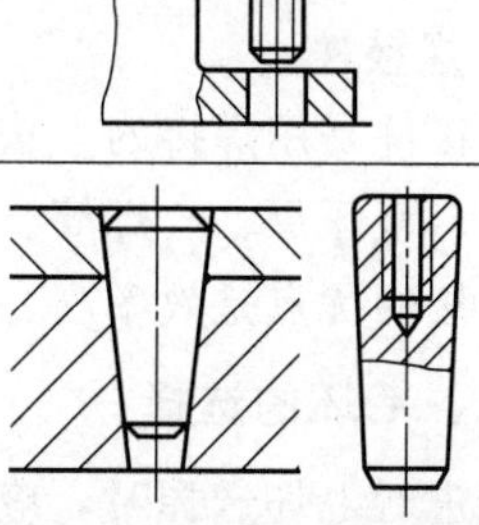

单元三 毛坯的选择

- 熟悉毛坯的种类。
- 掌握毛坯的类型。

零件是由毛坯按照其技术要求经过各种加工而最后形成的。毛坯选择的正确与否，不仅影响产品的质量和生产效率，而且对制造成本也有很大影响。因此，能否正确地选择毛坯对生产加工有着重大的技术经济意义。

一、毛坯的种类

选择毛坯的主要任务是选定毛坯的种类以及毛坯的制造方法。毛坯的种类很多，同一种毛坯又有多种制造方法。机械制造中常用的毛坯有以下几种：

1. 铸件

形状复杂的毛坯宜采用铸造方法制造。目前生产中的铸件大多数是用砂型铸造的，少数尺寸较小的优质铸件可采用特种铸造，如金属型铸造、离心铸造、熔模铸造和压力铸造等。

铸件分为木模手工造型和金属模机器造型两种。木模手工造型加工余量大，铸件精度低，生产率低，适用于单件小批生产以及大型铸件的生产。

铸造可以铸钢、铁、铜、铝及其合金等材料。大型零件、结构复杂零件及有空腔的零件的毛坯多采用铸造方法。

2. 锻件

锻件有自由锻和模锻两种。

自由锻件的加工余量大，锻件精度低，生产率不高，要求工人的技术水平较高，适用于单件小批生产。模锻件的加工余量小，锻件精度高，生产率高，但成本也高，适用于大批大量生产小型锻件。

锻造一般适用于实心件、结构简单的各类钢材及其合金的零件。锻造一般只能锻钢。

3. 型材下料件

型材下料件是指从各种不同截面形状的热轧和冷拉型材上切下的毛坯件。如角钢、工字钢、槽钢、圆棒料、钢管、塑钢等。热轧型材的精度较低，适用于一般零件的毛坯。冷拉型材的精度较高，多用于毛坯精度要求较高的中小型零件和自动机床上加工零件的毛坯。型材下料件的表面一般不再加工。

型钢主要需注意型材的规格。

4. 焊接件

焊接件是用焊接的方法将同种材料或不同的材料焊接在一起，从而获得的毛坯。如焊条电弧焊、氩弧焊、气焊等。焊接方法特别适宜于实现大型毛坯、结构复杂毛坯的制造。

焊接的优点是效率高、成本低，但缺点是焊接变形比较大。

二、毛坯的选择

在进行毛坯选择时，应考虑下列因素：

1. 零件材料的工艺性

零件材料的工艺性是指材料在铸造、锻造、金属切削、热处理等工艺过程中所体现出来的性能以及零件对材料组织和力学性能的要求，例如材料为铸铁或青铜的零件，应选择铸件毛坯。对于一些重要的传动零件，为保证良好的力学性能，一般均选择锻件毛坯，而不选用棒料或铸件。如车床主轴箱里其他轴类零件的毛坯可采用型材，而主轴必须采用锻造。

2. 零件的结构形状与外形尺寸

钢质的一般用途的阶梯轴，如台阶直径相差不大，单件生产时可用棒料；若台阶直径相差较大，则宜用锻件，以节约材料和减少机械加工工作量。大型零件毛坯受设备条件限制，一般只能用模锻件或砂型铸造件；中小型零件根据需要可选用自由锻件或特种铸造件。

在确定毛坯形状和尺寸时应注意以下几个方面：

① 为使工件安装稳定，有些铸件毛坯需要铸出工艺搭子。工艺搭子在零件加工完后应切除。

② 为了提高机械加工生产率，对于一些类似图 4-3-1 所示需经锻造的小零件，常将若干零件先锻造成一件毛坯，经加工之后再切割分离成若干个单个零件。

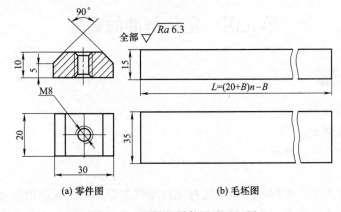

(a) 零件图　　　　　　(b) 毛坯图

图 4-3-1　滑键的零件图及毛坯图

③ 对于一些垫圈类小零件，应将多件合成一个毛坯，先加工外圆和切槽，然后再钻孔切割成若干个垫圈零件，如图 4-3-2 所示。

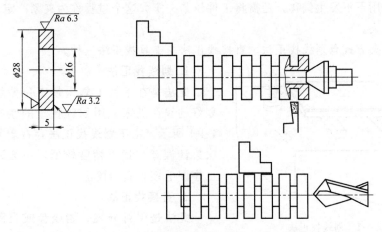

图 4-3-2　垫圈的整体毛坯及加工

3. 生产类型

大批大量生产时，应选择毛坯精度和生产率都高的先进毛坯制造方法，使毛坯的形状、尺寸尽量接近零件的形状、尺寸，以节约材料，减少机械加工工作量，由此而节约的费用往往会超出毛坯制造所增加的费用，获得好的经济效益。单件小批生产时，采用先进的毛坯制造方法所节约的材料和机械加工成本，相对于毛坯制造所增加的设备和专用工艺装备费用就得不偿失了，故应选择毛坯精度和生产率均比较低的一般毛坯制造方法，如自由锻和手工砂型铸造等方法。

4. 生产条件

选择毛坯时，应考虑现有生产条件，如现有毛坯的制造水平和设备情况、外协的可能性等。可能时，应尽量组织外协，实现毛坯制造的社会专业化生产，以获得好的经济效益。

5. 充分考虑利用新技术、新工艺和新材料

随着毛坯制造专业化生产的发展，目前毛坯制造方面的新工艺、新技术和新材料的应用越来越多，精铸、精锻、冷轧、冷挤压、粉末冶金和工程塑料的应用日益广泛，这些方法可以大大减少机械加工量，节约材料并有十分显著的经济效益。

单元四　定位基准的确定

▶▶学习目标及要求

- 熟悉工件的装夹。
- 熟悉基准的概念。
- 掌握工件六点定位原理。

在制定零件加工工艺规程时，正确选择定位基准对保证加工表面的尺寸精度和位置精度要求，以及合理安排工序都有重要的影响。选择的定位基准不同，工艺过程也会随之改变。

一、工件的装夹方式

工件加工前，在机床上或夹具中占据某一正确位置的过程称为定位。为了使定位的工件在切削力的作用下不发生偏移，还需将工件压紧夹牢，这个过程称为夹紧。定位和夹紧过程的总和称为装夹。

工件的装夹方式有划线找正法、直接找正法、夹具找正法三种。

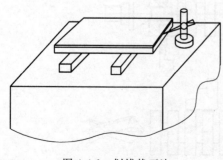

图 4-4-1　划线找正法

1. 划线找正法

此法是在毛坯上划出加工位置线，然后按照划好的线在机床上用划针找正的装夹方法。如图4-4-1所示。由于划线找正法存在着划线和找正两次累计误差，找正精度较低，一般适用于第一道工序即毛坯表面的找正。

2. 直接找正法

此法是用百分表、划线盘或目测利用工件上已有加工表面为基准，直接在机床上找正工件位

置的一种装夹方法。如图 4-4-2 所示。图 4-4-2（a）所示为在磨床上用四爪卡盘装夹套筒进行内孔加工，先用百分表找正工件外圆再夹紧，以保证加工后的内孔与外圆同轴。图 4-4-2（b）所示为在牛头刨床上用直接找正法刨槽，以保证槽的侧面与工件右侧平行。采用直接找正法装夹工件的前提条件是工件上必须有已加工表面。

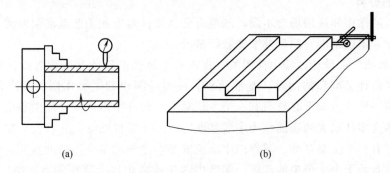

(a)   (b)

图 4-4-2　直接找正法

3. 夹具找正法

利用专用夹具或通用夹具上的定位元件和夹紧机构使工件获得正确位置的一种方法采用夹具装夹工件生产率高、定位精度高，广泛用于成批及大量生产。其缺点是在加工过程中因为夹具定位元件的长期磨损而产生超差现象，则会出现整批工件都会超差的现象，所以加工一定量的零件后要对零件进行检验并分析是否因夹具精度产生的误差。

二、基准的概念

工件在夹具中的定位实际上是以工件上的某些基准面与夹具上的定位元件保持接触，从而限制工件的自由度。那么，究竟选择工件上的哪些表面与夹具的定位元件接触呢？这就是定位基准的选择问题。

1. 基准的定义

基准的广义含义是"依据"的意思。机械加工中所说的基准是指用来确定加工对象上几何要素间的几何关系所依据的那些点、线、面。简单的理解，基准就是尺寸的起点。在体育比赛中，田赛竞争中的取胜是以终点撞线的先后顺序为依据的，这是以尺寸终点为基准的例子；而在竞赛比赛中（如投掷）是以投掷距离的远近为取胜依据的，即以尺寸起点为基准的例子。

在机械加工中，尽量以尺寸的起点做为尺寸基准，如图 4-4-3 所示。图 4-4-3（a）中，工件高度尺寸 20mm，测量时如果从 A 点量到 B 点，则 A 点为测量基准；反过来如果从 B

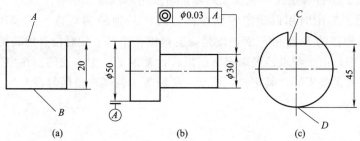

(a)   (b)   (c)

图 4-4-3　尺寸基准

点量到 A 点，则 B 点为测量基准。A、B 两点也可称互为基准。图 4-4-3（b）中 $\phi50$mm 的轴线是 $\phi30$mm 轴线的设计基准，而 $\phi30$mm 圆柱面的设计基准是 $\phi30$mm 的轴线；图 4-4-3（c）中 D 点是键槽 C 面的设计基准，也是槽底面 C 的测量基准。由于尺寸起点的结构要素不同，基准可以是一个点、一条线或一个面。

2. 基准的分类

根据基准的作用和应用场合不同，基准可分为设计基准和工艺基准两大类。工艺基准又分为工序基准、定位基准、测量基准和装配基准。

1）设计基准　在设计过程中使用的、在图纸上标注的尺寸基准称为设计基准。设计基准又分为主要设计基准和辅助设计基准两种。在零件图中起主要作用的基准称主要设计基准，而且在同一尺寸方向上有且只有一个主要基准，设计中常以零件的中心线、对称面、重要轴肩及箱体类零件最大的底面作为主要基准。对一个零件而言，它有长、宽、高三个尺寸方向，所以它有三个主要基准。零件图中除主要基准之外的基准称辅助基准，辅助基准可以没有，也可以有若干个。形象的理解，图纸中两个或两个以上箭头的点、线、面才是基准，而箭头最多的点、线、面就是主要基准，其余的基准则是辅助基准。如图 4-4-4 所示主轴箱箱体零件图，顶面 F 的设计基准是底面 D，孔Ⅲ和孔Ⅳ轴线高度尺寸方向的设计基准是底面 D，长度方向的设计基准是导向侧面 E 面，孔Ⅱ轴线的设计基准是孔Ⅲ和孔Ⅳ的轴线。

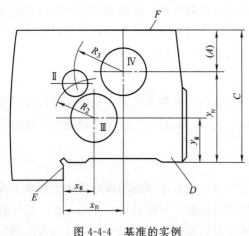

图 4-4-4　基准的实例

2）工艺基准　零件在加工、测量和装配过程中即加工时所采用的基准，称为工艺基准。它包括以下四种：

① 工序基准。工序图上用来标注本工序加工尺寸和形位公差的基准。工序基准大多与设计基准重合，有时为了加工方便，也有与设计基准不重合而与定位基准重合的。

② 定位基准。加工中使工件在机床上或夹具中占据正确位置所依据的基准称定位基准。如用直接找正法装夹工件，找正面是定位基准；用划线找正法装夹，所划线为定位基准；用夹具装夹，工件与定位元件相接触的面是定位基准。作为定位基准的点、线、面，可能是工件上的某些表面，也可能是看不见摸不着的中心线、中心平面、球心等，往往需要通过工件某些具体表面来体现，这些表面称为定位基面。例如用三爪自定心卡盘夹持工件外圆，体现以轴线为定位基准，外圆面为定位基面。

③ 测量基准。工件在加工中或加工后测量时所用的基准。

④ 装配基准。装配时用以确定零件在部件或产品中的相对位置所采用的基准。如图 4-4-4所示床头箱箱体的 D 面和 E 面，就是确定箱体在床身上相对位置的装配基准。

在设计过程中，由于图纸已经画出，所以设计基准是固定不变的。在加工过程中，由于加工方法和使用的设备不同，其定位、测量、装配等工艺基准是随时改变的。

三、定位原理

1. 定位概念

工件加工前，在机床上或夹具中占据某一正确位置的过程称为定位。为了使定位的工件在切削力的作用下不发生偏移，还需将工件压紧夹牢，这个过程称为夹紧。

　　定位和夹紧是两个不同的概念，考虑定位时，不应考虑夹紧。如工件被夹紧了，其位置固定不动了，我们就称工件定位了，这个概念是不对的；工件定位后必须要夹紧，但夹紧前不一定每个工件都必需定位；工件必须是先定位后夹紧，车床上用三爪卡盘定位轴类零件也是这个概念。

　　（1）自由度概念

　　如图 4-4-5（a）所示，放在空间的物体如果不受任何约束，它可以运动或具有运动的趋势，我们将这种运动或运动趋势称为自由度。直线上的物体具有一个移动自由度，平面上的物体具有两个移动自由度和一个转动自由度，空间内的物体具有三个移动自由度 $\vec{x}$、$\vec{y}$、$\vec{z}$ ［如图 4-4-5（b）所示］以及三个转动自由度 $\hat{x}$、$\hat{y}$、$\hat{z}$ ［如图 4-4-5（c）所示］。

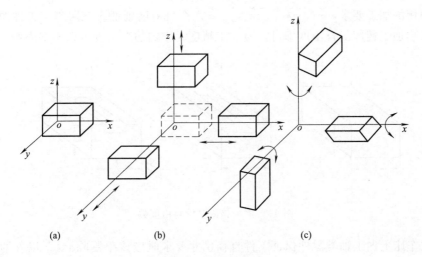

图 4-4-5　自由度概念

　　如果工件具有自由度，那么它在加工时就不会处于正确的位置，加工出来的零件就可能会不符合加工要求。工件要想处于正确位置，就必须限制自由度。实际加工过程中常采用支承与工件表面接触且不离开的方法来限制工件的自由度。简单理解支承、接触、不离开即为限制自由度，如果支承没有与工件接触或是离开了工件表面，就不能限制自由度。如图 4-4-6所示，在工件的下表面设置一个支承可以限制工件的一个上下移动自由度 $\vec{z}$，设置两个支承可以限制工件的一个上下移动自由度 $\vec{z}$ 和一个转动自由度 $\hat{x}$ 或 $\hat{y}$，设置三个支承可以限制工件的一个上下移动自由度 $\vec{z}$ 和两个转动自由度 $\hat{x}$、$\hat{y}$。如果在工件后表面上再设置两个支承 $\vec{z}$、$\vec{y}$，工件只有沿 x 轴的自由度 $\vec{x}$ 没有限制，如果设置如图 4-4-6 所示六个支承，则工件的六个自由度就全部被限制了。限制自由度的目的就是为了使工件定位。

　　（2）判断限制的自由度数

　　判断所限制的自由度数应该从两个方面来分析，即：根据零件的加工要求判断工件应该限制

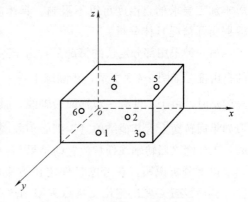

图 4-4-6　限制工件自由度

的自由度数；根据零件的定位方案判断工件实际限制的自由度数。

1）应限制的自由度数　熟练判断工件应该限制的自由度数，对于初学者来说，是一件比较复杂的工作，应多练习才能掌握。现介绍一种简便的判断方法即反向判断法，也就是说先看工件哪个方向能动，而并不影响加工要求，则工件这个方向的自由度就不需要限制，其余的自由度则必须限制。如图 4-4-7（a）所示在铣床上加工长方体工件上表面，保证高度尺寸 H，经分析工件的 $\vec{x}$、$\vec{y}$、$\hat{z}$ 自由度不限制不影响 H 尺寸，必须限制的自由度是 $\hat{x}$、$\hat{y}$、$\vec{z}$ 三个自由度。如图 4-4-7（b）所示在长方体工件上表面铣通槽，保证槽的高度和宽度尺寸及对称度要求时，$\vec{y}$ 的移动并不影响槽的加工要求，应该限制 $\hat{x}$、$\hat{y}$、$\hat{z}$、$\vec{x}$、$\vec{z}$ 五个自由度。又如图 4-4-7（c）所示在长方体工件上表面铣不通槽需要保证槽的长度时，工件的所有自由度都会影响槽的加工要求，$\hat{x}$、$\hat{y}$、$\hat{z}$、$\vec{x}$、$\vec{y}$、$\vec{z}$ 六个自由度则都应该限制。工件的定位一般只需限制影响加工精度的自由度即可，对加工精度无影响的自由度可以不必限制。

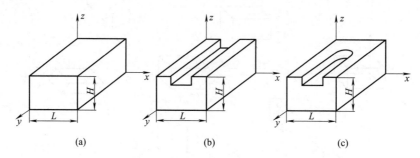

图 4-4-7　应该限制的自由度数

又如在车床上加工轴类零件保证工件直径尺寸要求时应该限制除 $\hat{x}$、$\vec{x}$ 以外的四个自由度 $\hat{y}$、$\hat{z}$、$\vec{y}$、$\vec{z}$，而车削阶梯轴保证工件长度尺寸要求时则应该限制除 $\hat{x}$ 以外的五个自由度 $\hat{y}$、$\hat{z}$、$\vec{x}$、$\vec{y}$、$\vec{z}$。在钻床上钻通孔时，应该限制除 $\hat{z}$、$\vec{z}$ 以外的四个自由度 $\hat{x}$、$\hat{y}$、$\vec{x}$、$\vec{y}$，而钻削阶梯孔保证孔深尺寸要求时，则应该限制除 $\hat{z}$ 之外的五个自由度 $\hat{x}$、$\hat{y}$、$\vec{x}$、$\vec{y}$、$\vec{z}$。在圆球上铣一平面保证平面的高度尺寸时，应限制一个自由度。在圆柱表面上铣一通面时应限制两个自由度。

由上述可见，在保证加工要求的前提下，有时并不需要完全限制工件的六个自由度，不影响加工要求的自由度可以不限制。具体应该限制那个自由度，不应该限制那个自由度，要根据实际情况具体分析。

另一种采用部分定位的情况是，由于工件的形状特点，没有必要也无法限制工件某些方向的自由度。如图 4-4-8 所示，在圆球上铣一平面并钻孔时，不需要限制 $\hat{z}$ 自由度；在套筒上铣一键槽时，由于工件有一对称回转轴线，且回转面上没有其他结构时，不需要限制 $\hat{x}$ 自由度，但如果回转面上有其他结构时，则必须限制 $\hat{x}$ 自由度。实际上因为该回转轴线是工件的对称中心，工件绕该回转轴线任意放置的结果都一样，不影响一批工件在夹具中位置的一致性。

以上分析说明，在考虑工件定位方案时，应首先分析根据加工要求必须限制哪些自由度，然后设置必要的定位支承点去限制这些自由度。再选择或设计适当的定位元件对工件进行定位。对于因自身形状特点不能也没必要限制的自由度则不必考虑。

一般情况下，需要限制的自由度数目越多，夹具的结构越复杂，因此工件自由度的限制

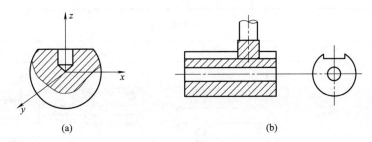

图 4-4-8 不必限制的自由度示例

应以恰好能保证加工要求为限。但在生产实际中，当选择定位元件时会出现自然限制而不需要特意限制自由度的情况，否则反而难以选择结构合适的定位元件。如图 4-4-9（a）所示的轴套，需加工一个直径为 D 的通孔，按此加工要求，本工序中必须限制的自由度为 $\widehat{y}$、$\widehat{z}$、$\overrightarrow{x}$、$\overrightarrow{y}$，而自由度 $\widehat{x}$ 和 $\overrightarrow{z}$ 的存在并不影响加工要求。但是在选择定位元件时，无论用图 4-4-9（b）中的心轴定位，还是用图 4-4-9（c）中 V 形块定位，除限制了必须限制的四个自由度外，也同时自然限制了自由度 $\overrightarrow{z}$。此种情况若想人为地不限制自由度 $\overrightarrow{z}$，不但不能简化夹具结构，反而会增加设计困难，使夹具结构复杂。

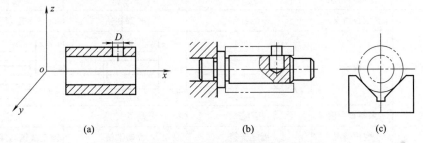

图 4-4-9 因定位结构必须多限制的自由度

虽然在保证加工要求的前提下，限制自由度的数目应尽量少，但在实际加工中为保证装夹后工件获得稳定的位置，对任何工件的定位所限制的自由度数都不得少于三个。即不论什么情况，至少要有主要基准。如图 4-4-10 所示，在圆球上铣平面，理论上只需限制一个自由度 $\overrightarrow{z}$，但为了使定位稳定，必须采用三点定位，限制 $\overrightarrow{x}$、$\overrightarrow{y}$、$\overrightarrow{z}$ 三个移动自由度。再如在圆柱上铣平面，理论上只需限制两个自由度 $\widehat{x}$、$\overrightarrow{z}$，实际必须限制 $\widehat{x}$、$\widehat{z}$、$\overrightarrow{x}$、$\overrightarrow{z}$ 四个自由度。

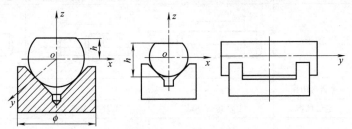

图 4-4-10 实际加工中需要最少限制的自由度

2）定位元件实际限制的自由度数　当工件在加工过程中已经被支承限制了自由度，即工件已经定位了，我们应该熟练的判断出 工件实际限制的自由度数。表 4-4-1 所列为常用定位元件实际限制的自由度数。

表 4-4-1　常用定位元件实际限制自由度

工件定位面			夹具的定位元件		
平面	支承钉	定位情况	1个支承钉	2个支承钉	3个支承钉
		图示	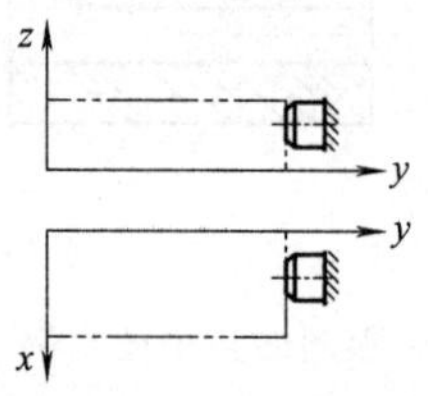	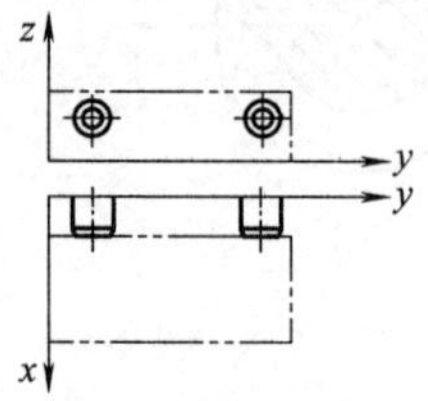	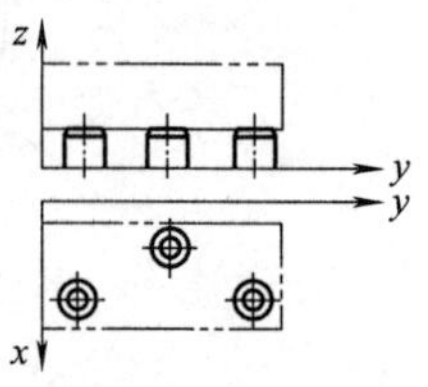
		限制自由度	$\vec{y}$	$\vec{x}$、$\vec{z}$	$\vec{z}$、$\hat{x}$、$\hat{y}$
	支承板	定位情况	1块条形支承板	2块条形支承板	1块条形支承板
		图示	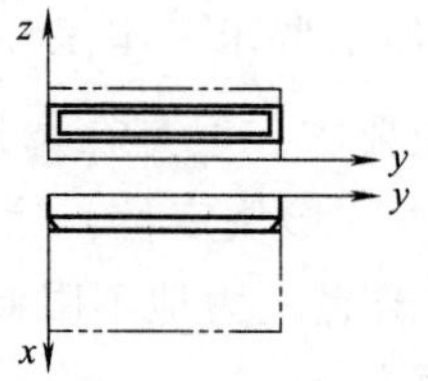	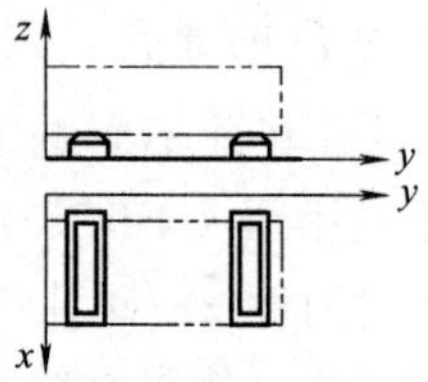	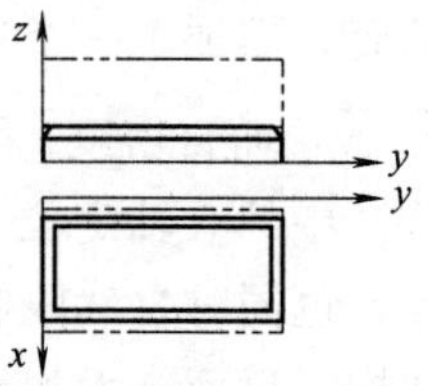
		限制自由度	$\vec{x}$、$\vec{z}$	$\vec{z}$、$\hat{x}$、$\hat{y}$	$\vec{z}$、$\hat{x}$、$\hat{y}$
孔	圆柱销	定位情况	短圆柱销	长圆柱销	2段短圆柱销
		图示	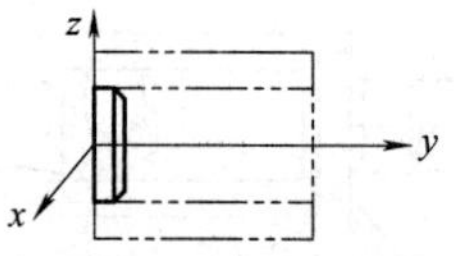	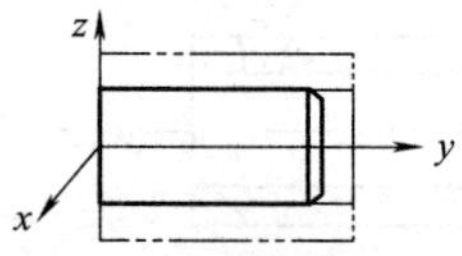	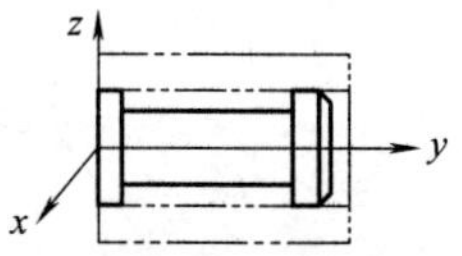
		限制自由度	$\vec{x}$、$\vec{z}$	$\vec{x}$、$\vec{z}$、$\hat{x}$、$\hat{z}$	$\vec{x}$、$\vec{z}$、$\hat{x}$、$\hat{z}$
	圆锥销	定位情况	固定锥销	浮动锥销	固定锥销与浮动锥销组合
		图示	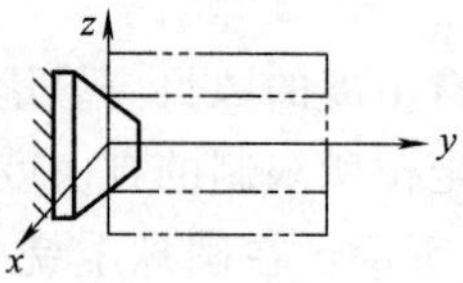	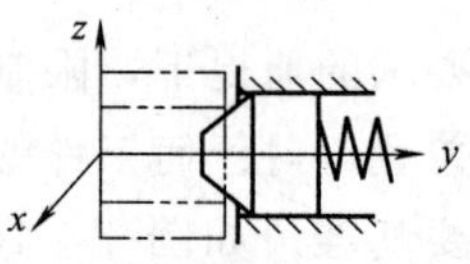	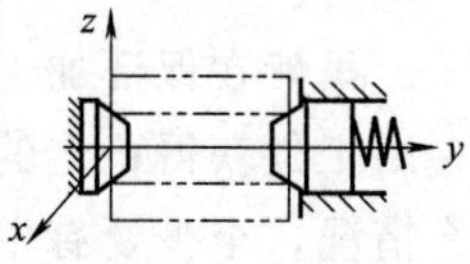
		限制自由度	$\vec{x}$、$\vec{y}$、$\vec{z}$	$\vec{x}$、$\vec{z}$	$\vec{x}$、$\vec{y}$、$\vec{z}$、$\hat{x}$、$\hat{z}$
	心轴	定位情况	长圆柱心轴	短圆柱心轴	小锥度心轴
		图示	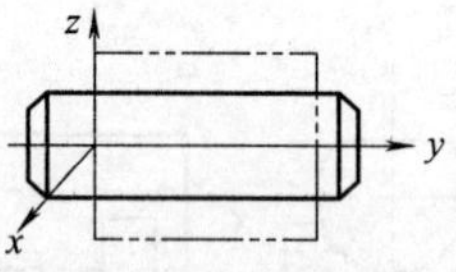	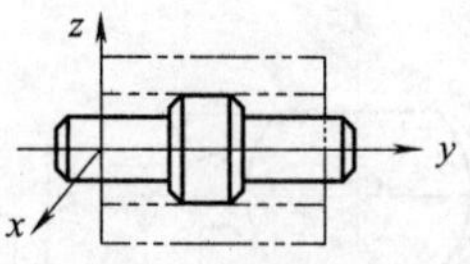	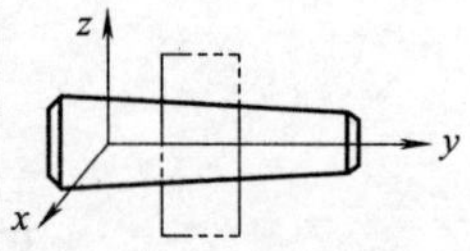
		限制自由度	$\vec{x}$、$\vec{z}$、$\hat{x}$、$\hat{z}$	$\vec{x}$、$\vec{z}$	$\vec{x}$、$\vec{z}$
外圆柱面	V形块	定位情况	1块短V形块	2块短V形块	1块长V形块
		图示	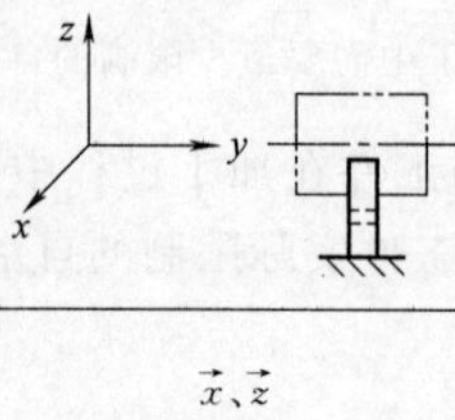	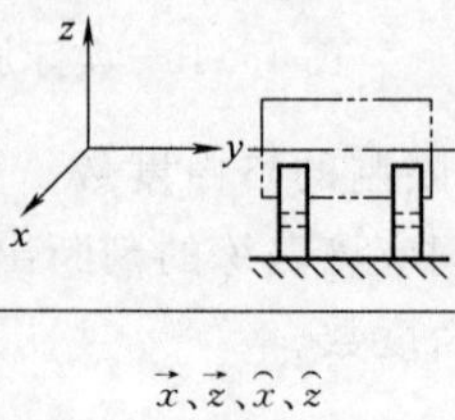	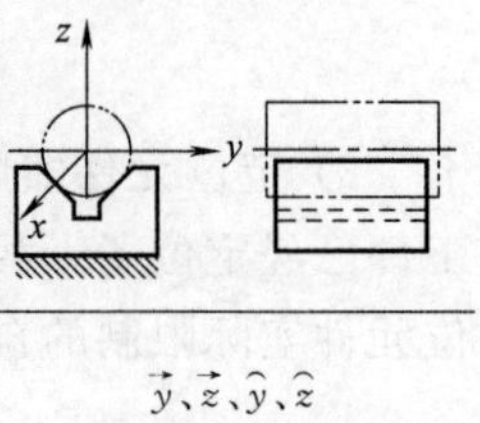
		限制自由度	$\vec{x}$、$\vec{z}$	$\vec{x}$、$\vec{z}$、$\hat{x}$、$\hat{z}$	$\vec{y}$、$\vec{z}$、$\hat{y}$、$\hat{z}$

续表

工件定位面		夹具的定位元件		
外圆柱面	定位套	定位情况	1个短定位套	2个短定位套	1个长定位套
		图示			
		限制自由度	$\vec{y}$、$\vec{z}$	$\vec{y}$、$\vec{z}$、$\hat{y}$、$\hat{z}$	$\vec{y}$、$\vec{z}$、$\hat{y}$、$\hat{z}$
圆锥面	锥顶尖及锥度心轴	定位情况	固定顶尖	浮动顶尖	锥度心轴
		图示			
		定位自由度	$\vec{x}$、$\vec{y}$、$\vec{z}$	$\vec{x}$、$\vec{z}$	$\vec{x}$、$\vec{y}$、$\vec{z}$、$\hat{x}$、$\hat{z}$

2. 六点定位原理

如图 4-4-11 所示，工件在空间直角坐标系中如果不加任何约束，有六个自由度，即三个移动自由度 $\vec{x}$、$\vec{y}$、$\vec{z}$ 以及三个转动自由度 $\hat{x}$、$\hat{y}$、$\hat{z}$。在机床夹具中用合理分布的或按一定规律分布的六个支承点限制工件的六个自由度，即相当于用一个支承点限制工件一个自由度的方法，使工件在夹具中的位置完全确定。这个过程就是六点定位原理。

在六点定位原理中，六个支承点必须按一定规律或合理的分布。如底面的三个支承点不能离得太近，也不能分布在一条直线上，否则限制不了三个自由度；侧面两个支承点必须在同一水平线上，不能垂直设置，否则不仅限制不了两个自由度，而且还会出现重复定位的现象；后面的一个支承点必须与侧面的支承点同高。

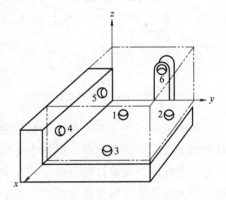

图 4-4-11　工件的六点定位

在上图中，工件底面落在不处于同一直线上的三个支承点 1、2、3 上，限制了工件的三个自由度。底面起主要定位作用，称为第一定位基准（或称主要定位基准）；侧面设置了两个支承 4、5，限制了工件的两个自由度，称为第二定位基准（或称导向定位基准）；后面设置了一个支承 6，限制了工件一个自由度，称为第三定位基准（或称止推定位基准）。这样，利用 3、2、1 分布的六个支承限制工件的六个自由度，使工件在夹具中的位置就能完全确定下来。

3. 六点定位规则的四种定位状态

1）完全定位状态　工件的六个自由度全被限制，这种定位状态称完全定位状态。通过适当设置定位元件限制工件六个自由度，实现完全定位，这是常见的定位情况。然而在实际生产中通常都是根据工件的加工要求确定工件应该被限制的自由度数，而不一定必需要限制工件的六个自由度。一般来说结构形状比较复杂的零件常采用这种定位式。

2）对应定位状态　实际限制的自由度数等于应该限制的自由度数，这种定位方式称对应定位状态，也称不完全定位。在实际生产中，这种定位方式比较常见。

3）欠定位状态　实际限制的自由度数小于应该限制的自由度数，这种定位方式称欠定位状态。这种定位方式因为实际限制的自由度数不能满足应该限制的自由度数，保证不了工件的加工精度，所以欠定位在实际加工中是绝对不允许使用的。如图 4-4-12 所示的圆柱形工件铣槽，沿 x 轴方向的键槽尺寸 L 应予保证。但图示定位方式中沿 x 轴方向没有设置定位元件（后顶尖是活动的，其本身位置就不确定），这将使工件装夹以后沿 x 轴方向位置不确定，使一批工件装夹以后的位置不一致，L 尺寸不能保证，原因就是 $\overrightarrow{x}$ 这一自由度应限制而没有限制，出现了欠定位。

4）重复（过）定位状态　实际限制的自由度数大于应该限制的自由度数的定位方式称重复定位状态这个概念是不对的。重复定位状态指的是两个或两个以上支承限制同一个自由度的定位状态。一般情况下，重复定位会出现定位干涉，使工件的定位精度受到影响，或使工件或定位元件在工件夹紧后产生变形。因此，在分析和制定工件定位方案时应避免出现重复定位。但在生产实际中也常会遇到工件按重复定位方式定位的情况。这说明重复定位不能单凭定位元件能转化成的定位支承点数简单地加以确认。对于重复定位是否允许，应根据具体情况具体分析。下面举例说明。

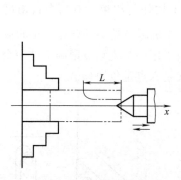

图 4-4-12　工件欠定位

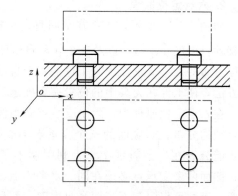

图 4-4-13　工件重复定位

如图 4-4-13 所示长方体工件以底面为定位基准加工上表面。支撑工件的四个定位支承钉相当于四个定位支承点，但只能限制工件三个自由度，所以是重复定位。这种定位情况是否允许要看四个支承钉能否处于同一个平面内，以及工件的定位基准的精度状况。如果工件的底面为粗基准，则工件放在四个支承钉上后，实际上只有三点接触。对一批工件来说，与各个工件相接触的三点是不同的，造成工件位置的不一致，则会在夹紧力的作用下，或使与工件定位基准相接触的三点发生变动，造成定位基准位置的变动和定位不稳定；或使定位基准与四个定位支承钉全部接触，造成工件变形，产生较大的误差。这都是工件的三个自由度由四个定位支承点限制所造成的结果。因而在这种情况下不允许采用四个支承钉重复定位，应改用三个支承钉重新布置其位置，或者把四个支承钉之一改为辅助支承使其只起支承作用而不起定位作用。

若工件的底面是经过精加工的精基准，而四个定位支承钉又准确地位于同一平面内（装配后一次磨出），则工件定位基准会与定位支承钉很好接触，不会出现超出允许范围的定位基准位置的变动，而且支承稳固，工件受力变形小。这种情况下的四个定位支承钉（或者两条窄平面、一个整平面）只起三个定位支承点的作用，因而重复定位是允许的。

　　如图 4-4-14（a）所示是轴套以孔与端面联合定位的情况。因大端面能限制 $\hat{y}$、$\hat{z}$、$\vec{x}$ 三个自由度，长销能限制 $\hat{y}$、$\hat{z}$、$\vec{y}$、$\vec{z}$ 四个自由度，当它们组合在一起时，$\hat{y}$、$\hat{z}$ 两个自由度将被两个定位元件所重复限制，即出现重复定位。如果长销轴心线与凸台端面之间有较高的垂直度，工件内孔与大端面之间也有较高的垂直度，而它们之间的配合间隙又能补偿两者存在极小的垂直度误差，则定位不会引起干涉。采用这种定位方式可以提高加工中的刚性和稳定性，保证加工精度。

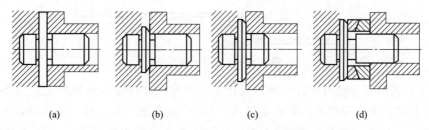

图 4-4-14　重复定位及改善措施

　　若工件内孔与大端面不垂直，则在轴向夹紧力作用下会使工件或长销产生变形，引起较大的误差，改善这种情况的措施是：

　　① 长销与小端面组合。定位以长销为主，限制 $\hat{y}$、$\hat{z}$、$\vec{y}$、$\vec{z}$ 四个自由度，小端面限制 $\vec{x}$ 一个自由度，如图 4-4-14（b）所示。

　　② 短销与大端面组合。定位以大端面为主，限制 $\hat{y}$、$\hat{z}$、$\vec{x}$ 三个自由度，短销限制 $\vec{y}$、$\vec{z}$ 两个自由度，如图 4-4-14（c）所示。

　　③ 长销与浮动球面支承组合定位。以长销为主，限制 $\hat{y}$、$\hat{z}$、$\vec{y}$、$\vec{z}$ 四个自由度，浮动球面支承能绕 y 轴和 z 轴转动，只限制一个自由度 $\vec{x}$。

　　可见，当工件定位基准面与定位元件精度都较高的情况下，重复限制相同自由度的定位元件之间不会产生干涉，不影响工件的正确位置，这时重复定位是允许的。反之，重复定位将使工件定位不稳定，增大同批工件在夹具中位置的不一致，或使工件以及定位元件产生变形，降低加工精度，甚至使工件不能顺利的与定位件配合以致不能装夹。这种情况下的重复定位是不允许的。

　　为了消除重复定位产生的不良后果，可采取如下措施：

　　a. 去除重复限制同一自由度的定位支承点。

　　b. 改变定位元件结构，消除重复限制同一自由度的定位支承点。

　　c. 提高工件定位基准之间以及夹具定位元件工作表面之间的位置精度，尽量减少重复定位对加工精度的影响。

　　四、定位基准的选择原则

　　定位基准的正确选择将直接影响工件的加工精度和生产效率。定位基准分为粗基准和精基准。以不加工表面即没有经过切削加工就用作定位基准的表面，称为粗基准。以已加工表面用作定位基准的表面，称为精基准。

　　1. 粗基准的选择

　　粗基准的选择主要考虑两个问题：一是合理分配各加工面的加工余量；二是保证工件上

加工表面与非加工表面的相互位置要求。具体选择时可参考以下原则：

1）余量最小原则　为了保证零件各个加工面都能分配到足够的加工余量，应选择加工余量最小的表面作为粗基准。如图 4-4-15 所示零件，应选择 φ55mm 的外圆表面作粗基准。

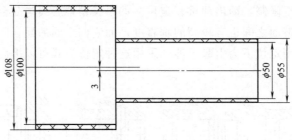

图 4-4-15　余量最小原则

2）重要表面原则　如图 4-4-16 所示机床床身零件，选择导轨面为加工床身铸件两底面的粗基准，目的在于保证重要导轨面上只需少而均匀地切去一层金属，从而保留下尽可能多的优良组织层。另外，选择导轨面这样大而平的毛坯面作为粗基准，也使工件安装平稳可靠。

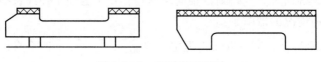

图 4-4-16　重要表面原则

3）非加工表面原则　选择非加工表面作为粗基准，可以使加工表面与非加工表面之间的位置误差最小。对于同时具有加工表面和非加工表面的零件，如图 4-4-17（a）所示，当必须保证其非加工表面与加工表面的相互位置要求时，应选择非加工表面为粗基准。

如图 4-4-17（b）所示，该零件有三个非加工表面，若表面 4 与表面 2 所组成的壁厚均匀度要求较高时，则应选择表面 2 作为粗基准来加工阶梯孔。

再如图 4-4-18 所示拨杆，其上有多个非加工表面，但保证加工面 φ20mm 孔与非加工面 φ40mm 的同轴度要求（即壁厚均匀）是主要的，因此加工 φ20mm 孔时应选 φ40mm 外圆为粗基准。

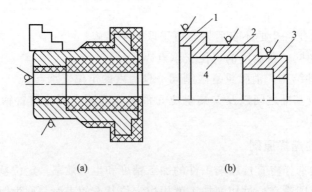

(a)　　　　　　　　　　　　(b)

图 4-4-17　非加工表面原则

4）不重复使用原则　粗基准一般只能使用一次。毛坯上的表面都比较粗糙，一般情况下，同一尺寸方向上的粗基准表面只能使用一次，重复使用会使相应的加工表面间产生较大

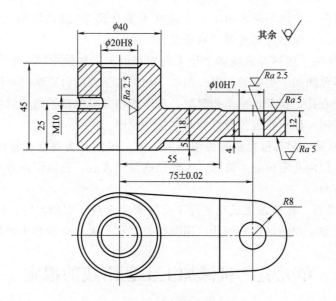

图 4-4-18　拨杆粗基准的选择

的位置误差。如图 4-4-19 所示零件，外圆面 B 的轴线是加工外圆面 A 的粗基准，如果工件掉头后再以同一粗基准加工外圆面 C，则 A 面与 C 面的同轴度误差较大。这是因为在两次装夹中，外圆面 B 的旋转轴线是变化的。

2. 精基准的选择

选择精基准时，主要考虑如何减少加工误差，保证加工精度，并能使工件的装夹方便。选择时应尽量符合以下四个原则：

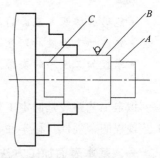

图 4-4-19　不重复使用粗基准

1）基准重合原则　应尽可能选用加工表面的设计基准作为定位基准。如图 4-4-20 所示，在图（a）中 B、C 表面的设计基准为 A 面，此时以 A 面为定位基准加工 B、C 两个表面时，属于基准重合（即设计基准和定位基准是同一基准），其基准不重合误差 $\Delta B=0$。而在图（b）中 B 表面的设计基准为 A 面，C 面的设计基准为 B 面，如果加工时仍以 A 面为定位基准加工 B、C 两个表面时，加工 B 面时属于基准重合，也可以说两面互为基准。加工 C 面时则会出现基准不重合现象，其基准不重合误差 $\Delta B\neq0$，那么 ΔB 等于什么呢？经过分析得知，基准不重合误差等于 A、B 两面之间尺寸的公差。

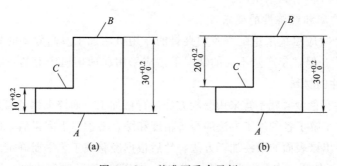

图 4-4-20　基准不重合示例

由于基准不重合，在加工时多出了一个基准不重合误差 ΔB，给加工带来难度，因此，在选择定位精基准时，应尽可能遵循"基准重合"原则。

2）基准统一原则　应尽可能使多个加工表面和加工工序使用同一个定位基准面，即用同一个定位基准尽可能加工更多的表面。例如，加工较精密的台阶轴时，轴上各外圆表面的精基准都是两端中心孔，粗车、精车和磨削各工序的精基准也是轴两端的中心孔。又如箱体类零件加工时常采用一面双孔定位即符合基准统一原则。

3）互为基准原则　相互位置精度要求高的零件，采用互为基准反复加工的原则。例如磨削精密齿轮时，以内孔定位加工齿面，齿面经高频淬火后，先以齿面为基准磨内孔，再以内孔为基准精磨齿面。

4）自为基准原则　在精加工或光整加工工序要求余量小而均匀时，应选择加工表面本身作为精基准。例如，用浮动铰刀铰孔、用圆拉刀拉孔和无心外圆磨床磨削外圆等。

单元五　机械加工工艺路线的拟定

⊡》学习目标及要求

- 能够选择基本表面的加工方法。
- 熟悉加工阶段的划分。
- 掌握加工顺序的安排。

拟定工艺路线是制定工艺规程的一项重要工作。工艺路线拟定得是否合理，直接影响到工艺规程的合理性、科学性、经济性。拟定工艺路线时，主要考虑以下几方面的问题。

一、基本表面加工方法的选择

机械零件的基本表面由外圆面、内圆面、平面和成形面等组成。机械零件的加工就是对这些基本表面的加工。每一种基本表面通常有多种不同的加工方法。选择时应考虑以下三方面的问题。

1. 要保证加工表面的加工精度和表面粗糙度的要求

一般总是首先根据零件主要表面的技术要求和现场的具体条件，选定它的最终加工方法，然后再逐一选定各有关前道工序的加工方法。例如加工一个精度为 IT6，表面粗糙度 Ra 值为 $0.2\mu m$ 的外圆表面，其最终工序的加工方法如选用精磨，则其前道工序可分别选为：粗车、半精车、粗磨和半精磨。

2. 应考虑生产率和经济性的要求

大批大量生产时应尽量采用配有专用夹具的专用机床加工及高效率的先进加工方法，如拉削内孔与平面等。但在年产量不大的情况下，应采用在通用机床上的一般加工方法。

3. 应考虑工件的材料

例如硬度低的有色金属就不宜采用磨削方法进行精加工，而淬火钢就需采用磨削加工的方法进行精加工。在了解了各种加工方法的经济精度和综合考虑以上因素后，便可根据加工表面的技术要求，选择出该表面的最终加工方法，然后根据经验或工艺手册确定出加工方案。

表 4-5-1 摘录了外圆、内孔、平面的加工方法和经济精度及典型的加工方案，以供参考。

表 4-5-1　外圆、内孔、平面的加工方案

加工表面	加工方法	经济精度等级	经济粗糙度 Ra 值/μm	适用范围
平面	粗车-半精车	IT9	3.2～6.3	
	粗车-半精车-精车 粗车-半精车-磨削	IT8～IT9 IT7～IT8	0.8～1.6 0.2～0.8	端面
	粗刨(粗铣)-精刨(精铣)	IT8～IT9	1.6～6.3	一般不淬硬平面
	粗刨(粗铣)-精刨(精铣)-刮研 以宽刃刨削上述方案刮研	IT6～IT7 IT7	0.1～0.8 0.2～0.8	硬度较高的淬硬平面或不淬硬平面
	粗刨(粗铣)-精刨(精铣)-磨 粗刨(粗铣)-精刨(精铣)-粗磨-精磨	IT7 IT6～IT7	0.2～0.8 0.02～0.4	硬度较高的淬硬平面或不淬硬平面
	粗铣-拉	IT7～IT9	0.2～0.8	大量生产较小平面
外圆表面	粗车 粗车-半精车 粗车-半精车-精车 粗车-半精车-精车-滚压	IT11 IT8～IT9 IT7～IT8 IT7～IT8	12.5～50 3.2～6.3 0.8～1.6 0.025～0.2	适用于淬火钢以外的各种金属
	粗车-半精车-磨削 粗车-半精车-粗磨-精磨 粗车-半精车-粗磨-精磨-超精加工	IT7～IT8 IT6～IT7 IT5	0.4～0.8 0.1～0.4 0.1～0.2	主要用于淬火钢,但不易于加工有色金属
	粗车-半精车-精车-金刚石车	IT6～IT7	0.025～0.2	主要用于要求较高有色金属
	粗车-半精车-粗磨-精磨-镜面磨 粗车-半精车-粗磨-精磨-研磨	IT5 IT5	0.025～0.5 0.025～0.5	极高精度外圆的加工
圆柱孔	钻 钻-铰 钻-粗铰-精铰	IT11 IT9 IT7～IT8	12.5 1.6～3.2 0.8～1.6	用于钢和铸铁的实心毛坯,也用于有色金属
	钻-扩 钻-扩-铰 钻-扩-粗铰-精铰 钻-扩-机铰-手铰	IT10 IT8～IT9 IT7 IT6～IT7	6.3～12.5 1.6～3.2 0.8～1.6 0.1～0.4	一般用于较大孔径的加工
	钻-扩-拉	IT7～IT9	0.1～1.6	大批大量生产
	粗镗(粗扩) 粗镗(粗扩)-半精镗(精扩) 粗镗(或粗扩)-半精镗(精扩)-精镗(铰) 粗镗(或粗扩)-半精镗(精扩)-精镗-浮动镗	IT11 IT8～IT9 IT7～IT8 IT6～IT7	6.3～12.5 1.6～3.2 0.8～1.6 0.4～0.8	除淬火钢外各种材料,毛坯有铸出孔或锻出孔
	粗镗(扩)-半精镗-磨 粗镗(扩)-半精镗-粗磨-精磨	IT7～IT8 IT6～IT7	0.2～0.8 0.1～0.2	用于淬火钢,未淬火钢,不适用有色金属
	粗镗-半精镗-精镗-金刚镗	IT6～IT7	0.05～0.4	主要用于精度要求较高的有色金属

二、加工阶段的划分

在选定了零件上各表面的加工方法后,还需进一步确定这些加工方法在工艺路线中的顺序及位置。这与加工阶段的划分有关,当零件的加工质量要求较高时,一般都要经过粗加

工、半精加工和精加工三个阶段，如果零件精度要求特别高或表面粗糙度值要求特别小时，还要经过光整加工阶段，各个加工阶段的主要任务如下。

1. 荒加工阶段

没有加工精度及表面质量要求，只是对工件进行简单加工亮出新皮。一般情况可不安排此加工阶段。

2. 粗加工阶段

对工件的加工精度及表面质量要求不高，主要是高效地切除各加工表面上的大部分余量（加工余量的 75％左右在此阶段去除），使毛坯在形状和尺寸上接近零件成品。故此阶段切削速度较高，吃刀量和进给量都较大，主要考虑如何提高加工效率。

3. 半精加工阶段

减少粗加工后留下的误差，使工件达到一定精度，为精加工做准备，一般情况要达到工件的尺寸精度和表面粗糙度比最终要求低一级，并作为一些次要表面的加工（如钻孔、攻螺纹、铣键槽等）的终加工阶段。因为加工余量的 20％左右要在此阶段去除，所以半精加工阶段不仅要保证加工质量，而且还要考虑加工效率。

4. 精加工阶段

保证各主要表面达到图样规定的质量要求。一般精度要求的零件，精加工阶段为其最后加工阶段。故此阶段切削速度较大，吃刀量和进给量都较小，不能单纯考虑加工效率，主要是考虑保证加工质量。

5. 光整加工阶段

对于精度要求很高（IT6 以上、粗糙度值要求很小值）的零件，需安排光整加工，其主要任务是减小表面粗糙度值或进一步提高尺寸精度和形状精度，一般不能纠正各表面的位置误差。

三、划分加工阶段的原因

加工过程中划分加工阶段的主要原因如下：

1）保证加工质量　工件粗加工时切除金属较多，产生较大的切削力和切削热，同时也需要较大的夹紧力，因而工件会产生较大的弹性变形和内应力，从而造成较大的加工误差和较大的表面粗糙度值，需通过半精加工和精加工逐步减小切削用量、切削力和切削热，同时各阶段之间的时间间隔可使工件得到自然时效，有利于消除工件的内应力，逐步修正工件的变形，提高加工精度，降低表面粗糙度，最后达到零件图的要求。

2）合理使用设备　加工过程划分阶段后，粗加工可采用功率大、刚度好和精度不高的高效率机床以提高生产率，精加工时则应采用高精度机床以确保零件的精度要求。这样既充分发挥了设备各自的特点，又做到了设备的合理使用。

3）便于安排热处理工序　热处理工序将机械加工工艺过程自然划分为几个阶段。例如，对一些精密零件，粗加工后安排去除应力的时效处理，可减少内应力和变形对精加工的影响；半精加工后安排淬火不仅容易满足零件的性能要求，而且淬火引起的变形又可通过精加工工序予以消除。

4）及时发现缺陷　粗加工阶段可及早发现毛坯的缺陷，及时报废或修补，以免对报废的零件继续进行精加工而浪费工时和其他制造费用。精加工阶段在最后，可保护精加工后的表面尽量不受损伤。

应当指出将工艺过程划分成几个阶段是对整个加工过程而言的，不能单纯从某一表面的加工要求或某一工序的性质来判断。例如工件的定位基准，在半精加工阶段（甚至在粗加工阶段）中就需要加工得很准确；而在精加工阶段中安排某些钻孔之类的粗加工工序也是常有的。

划分加工阶段并不是绝对的。对于刚性好、加工精度要求不高或余量不大的工件就不必划分加工阶段。有些精度要求高的重型件，由于运输安装费时费工，有时也不划分加工阶段，而是在一次装夹下完成全部粗加工和精加工任务。在加工过程中，为减少夹紧变形对加工精度的影响，可在粗加工后松开夹紧机构，然后用较小的夹紧力重新夹紧工件，继续进行精加工，这对提高加工精度有利。

四、工序的集中与分散

零件上所需加工表面的加工方法选择好后，就可确定组成该零件的加工工艺过程的工序数。确定工序数有两种截然不同的原则，一是工序集中原则，另一种是工序分散原则。

1. 工序集中原则

所谓工序集中，就是使每个工序包括比较多的工步，完成比较多的表面的加工任务，而整个工艺过程由比较少的工序组成。它的特点是：

① 工序数目少、设备数量少，可相应减少操作工人人数和生产面积。

② 工序装夹次数少，不但缩短了辅助时间，而且在一次装夹下所加工的各个表面之间容易保证较高的位置精度。

③ 有利于采用高效专用机床和工艺设备，生产效率高。

④ 由于采用比较复杂的专用设备和专用工艺装备，因此生产准备工作量大，调整费时。

2. 工序分散原则

所谓工序分散就是每个工序包括比较少的工步，甚至只有一个工步，而整个工艺过程由比较多的工序组成。它的特点是：

① 工序数目多，设备数量多，相应地增加了操作工人人数和生产面积。

② 可以选用最有利的切削用量。

③ 机床、刀具、夹具等结构简单，调整方便。

④ 往往都采用专机加工，不易改变生产对象，适应性差。

工序集中和分散各有特点，必须根据生产类型、工厂的设备条件、零件结构特点和技术要求等具体生产条件来确定。在大批大量生产中，大多采用高效机床、专用机床及自动生产线等设备按工序分散原则组织工艺过程。在成批生产中既可按工序分散原则组织工艺过程，也可采用多刀半自动车床、数控机床等高效通用机床按工序集中原则组织工艺过程。单件小批生产中，宜用通用机床按工序集中原则组织工艺过程。

五、加工顺序的安排

1. 机械加工工序的安排

机械加工工序的安排应遵循以下原则：

1）先基准后其他　选作精基准的表面应安排在工艺过程的一开始就进行加工，以便为后续工序的加工提供精基准，即基准先行原则。

2）先粗后精　整个零件的加工工序，应是粗加工工序在前，相继为半精加工、精加工及光整加工工序。

3）先主后次　先加工零件主要加工表面（装配基准面、工作表面），然后加工次要表面

（键槽、紧固螺钉用的光孔和螺孔、润滑油孔等）由于次要表面的加工工作量较小，又常常与主要加工表面之间有位置精度要求，所以次要表面的加工一般安排在主要表面加工结束之后或穿插在主要表面加工过程中进行。但是，次要表面的加工必须安排在主要表面最后精加工或光整加工之前，以免主要表面的精度和表面质量因搬运、安装等原因受到损伤。

4）先面后孔　对于箱体等类零件，平面的轮廓尺寸较大，用它定位比较稳定，先加工平面有利于保证孔的加工精度。

2. 辅助工序的安排

辅助工序种类很多，包括工件的检验、去毛刺、平衡及清洗工序等，其中检验工序是主要的辅助工序。

检验是保证产品质量的关键措施之一。在每道工序中，操作者应自检，在粗加工阶段结束之后，在重要工序的前后，工件在车间转移时和全部加工结束之后，都应安排相应的检验工序。

其他的辅助工序也应重视。如果缺少辅助工序或对辅助工序要求不严，常常会给加工和装配工作带来困难，甚至使机器不能运转。例如，前工序的毛刺未去净，影响下工序的安装精度和加工质量，也会使装配发生困难；切屑未去净会使润滑部位得不到充足的润滑油，从而影响机器的正常运转。

3. 热处理工序的安排

为了满足工件的力学性能要求或改善切削性能，消除内应力，应在工艺过程的适当位置安排热处理工序。如图 4-5-1 所示为一般热处理工序的安排位置。退火、正火为预先热处理；整体淬火、表面淬火、渗碳、氮化等属于最终热处理。

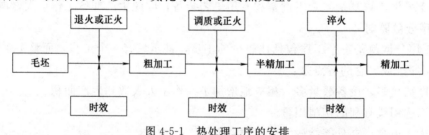

图 4-5-1　热处理工序的安排

单元六　加工余量的确定

🎯**学习目标及要求**

• 掌握加工余量的计算。
• 熟悉加工余量的确定方法。

加工过程中从加工表面上所切除去的金属层厚度称为加工余量。它又有工序加工余量和加工总余量之分。工序加工余量是指某表面在一道工序中所切除的金属层厚度，它取决于同一表面前后相邻工序尺寸之差。而加工总余量是指所有工序加工余量之和。

一、加工余量的计算公式

对于外表面［图 4-6-1（a）］：$Z_b = a - b$ ⋯⋯(4-6-1)

对于内表面［图 4-6-1（b）］：$Z_b = b - a$ ⋯⋯(4-6-2)

式中　Z_b——本工序的工序加工余量；

　　　a——前工序的工序尺寸；

　　　b——本工序的工序尺寸。

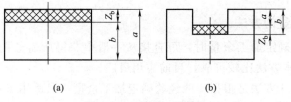

图 4-6-1　平面加工余量

上述表面的加工余量为非对称的单边加工余量，回转表面（外圆和内孔）的加工余量是对称加工余量

对于轴［图 4-6-2（a）］：$2Z_b = d_a - d_b$　　　　　　　　　　　　　　　　（4-6-3）

对于孔［图 4-6-2（b）］：$2Z_b = d_b - d_a$　　　　　　　　　　　　　　　　（4-6-4）

式中　$2Z_b$——直径上的加工余量；

　　　d_a——前工序的加工表面的直径；

　　　d_b——本工序的加工表面的直径。

总加工余量是指零件从毛坯变为成品的整个加工过程中某个表面所切除金属层的总厚度，即零件上同一表面毛坯尺寸与零件尺寸之差。总加工余量等于各工序加工余量之和，即

$$Z_\Sigma = \sum_{i=1}^{n} Z_i \qquad (4\text{-}6\text{-}5)$$

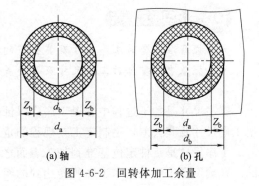

(a) 轴　　　　　(b) 孔

图 4-6-2　回转体加工余量

式中　Z_Σ——总加工余量；

　　　Z_i——第 i 道工序的工序加工余量；

　　　n——该表面总共加工的工序数。

二、影响加工余量大小的因素

加工余量的大小对零件的加工质量和生产率均有较大的影响。加工余量过大，会提高加工成本，影响生产率。但加工余量过小，又难以保证加工质量。因此应该合理地确定加工余量。

工序加工余量等于最小加工余量与前工序的工序尺寸公差之和。因此在讨论影响加工余量的因素时，应首先研究影响最小加工余量的因素。影响加工余量的因素很多，其中主要影响因素如下：

1. 前工序形成的表面粗糙度和缺陷层深度

为了使工件的加工质量逐步提高，一般每道工序都应切到待加工表面以下的正常金属组织，将上道工序形成的表面粗糙度和缺陷层切掉。

2. 前工序形成的形状误差和位置误差

当形位公差和尺寸公差之间的关系是独立原则时，尺寸公差不控制形位公差。此时，最小加工余量应保证将前工序形成的形状误差和位置误差切掉。

综上所述，影响加工余量的因素有：

① 前工序的工序尺寸公差；

② 前工序形成的表面粗糙度和缺陷层深度；

③ 前工序形成的形状误差和位置误差；

④ 本工序的装夹误差。

三、确定加工余量的方法

1) 查表修正法　确定加工余量时，可直接从手册中获得所需数据，然后结合生产实际情况进行适当修正。本方法比较可靠，目前应用最广。

2) 经验估算法　此方法是根据实践经验确定加工余量，只适用于单件、小批生产。

3) 分析计算法　此方法是根据一些经验资料和公式，通过对各项影响因素逐项分析和综合计算确定加工余量的方法。这种方法比较精确，对保证加工质量和节约材料有重要的意义。

确定加工余量时，一般应先确定最终工序的加工余量，然后依次倒回确定各工序的加工余量，各工序的加工余量之和就是总加工余量。对于单件小批生产中加工的中小型零件，其单边机械加工余量参考数据见表或手册。

单元七　工序尺寸及其公差的确定

学习目标及要求

• 掌握基准重合时工序尺寸及其公差的确定。

• 掌握基准不重合时工序尺寸及其公差的计算。

工序尺寸是加工过程中各道工序应保证的加工尺寸，其公差即工序尺寸公差。正确地确定工序尺寸及其公差，是制定工艺规程的重要工作之一。

工序尺寸是工件定位基准到加工表面之间的尺寸，在加工过程中这一尺寸是应直接保证的。在确定了工序余量和工序所能达到的经济精度后，便可计算出工序尺寸及其公差。工序尺寸的计算方法分两种情况：一种是工艺基准与设计基准重合即符合基准重合原则时的计算；另一种是工艺基准与设计基准不重合时的计算。

一、基准重合时工序尺寸及其公差的确定

当工件的定位基准、测量基准、装配基准与设计基准重合时，由于不存在基准不重合误差，其工序尺寸可以推算出来。

如图 4-7-1 所示零件的平面加工，由图可知，B 面和 C 面的设计基准都是 A 面，加工时以 A 面作为定位基准刨削或铣削 B 面、C 面时，由于基准重合，其工序尺寸即是它本身的尺寸。

零件上外圆和内孔的加工也多属这种情况。当某表面需经多次加工时，各工序的加工尺寸及公差取决于各工序的加工余量及所采用加工方法的经济加工精度，计算的顺序是由最后一道工序开始反向推算。

例如加工某工件上的孔，其孔径为 $\phi60mm$，表面粗糙度为 $Ra=0.8\mu m$（图 4-7-2），表面需淬硬，加工步骤为粗镗-半精镗-精磨。工序尺寸及公差的确定步骤如下：

1) 确定各工序的加工余量　根据各工序的加工性质，查表得它们的加工余量。通常，粗加工工序余量是由毛坯总余量与其它各工序余量推算而来，如粗镗孔工序余量 $7＝9－1.6\sim0.4$（见表 4-7-1 中的第 2 列）。

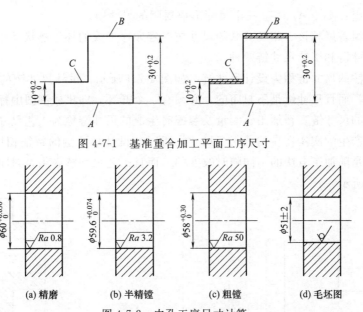

图 4-7-1　基准重合加工平面工序尺寸

图 4-7-2　内孔工序尺寸计算

2）根据查得的余量计算各工序尺寸　其顺序是从最后一道工序往前推算，图样上规定的尺寸，就是最后工序磨孔的工序尺寸（计算结果见表 4-7-1 中的第 4 列）。

3）确定各工序的尺寸公差及表面粗糙度　最后磨孔工序的尺寸公差和粗糙度就是图样上所规定的孔径公差和粗糙度值。各中间工序公差及粗糙度是根据其对应工序的加工性质，查有关经济加工精度的资料得到（查得结果见表 4-7-1 第 3 列）。

4）确定各工序的上、下偏差　查得各工序公差之后，按"入体原则"确定各工序尺寸的上、下偏差。对于孔，基本尺寸值为公差带的下限，上偏差取正值（对于轴，基本尺寸为公差带的上限，下偏差取负值）；对于毛坯尺寸的偏差应取双向值（孔与轴相同），得出的结果见表 4-7-1 第 5 列。

表 4-7-1　工序尺寸及公差的计算　　　　　　单位：mm

1	2	3	4	5
工序名称	工序余量	工序所能达到的精度等级	工序尺寸（最小工序尺寸）	工序尺寸及其上、下偏差
精磨孔	0.4	H7 $\left(^{+0.030}_{0}\right)$	60	$\phi 60^{+0.030}_{0}$
半精镗孔	1.6	H9 $\left(^{+0.074}_{0}\right)$	60−0.4=59.6	$\phi 59.6^{+0.074}_{0}$
粗镗孔	(7)	H12 $\left(^{+0.30}_{0}\right)$	59.6−1.6=58	$\phi 58^{+0.30}_{0}$
毛坯孔	9	±2	58−7=51	$\phi 51\pm 2$

二、基准不重合时工序尺寸及其公差的确定

零件的尺寸及技术要求一般是设计人员按其工作情况及配合要求而提出的。零件加工时为消除基准不重合误差，降低加工难度，尽量采用基准重合原则，即选择设计基准为定位基准。但在实际进行机械加工时完全保证基准重合有时是很困难的。那么当采用基准不重合定位时，如何使基准变换后所加工的零件仍能符合产品图样要求，就必须应用工艺尺寸链换算的原理进行分析计算。

1. 工艺尺寸链的概念

如图 4-7-3（a）所示的高度尺寸 A_1、A_2、A_0 的关系可简单地用图 4-7-3（b）来表示，

从图中可以看出：A_1、A_2、A_0 三个尺寸形成封闭的尺寸组。

这种由一组首尾相接、相互关联的尺寸按一定顺序形成的环形链状尺寸称为尺寸链。尺寸链分设计尺寸链和工艺尺寸链两种。

图纸中标注的尺寸链称为设计尺寸链，如图 4-7-4 所示，设计尺寸链的特征是尺寸链的形式固定不变，而且尺寸链是不封闭的，必须有一个开环，即机械制图中标注尺寸时规定不能标注成封闭的尺寸链。在加工、测量及装配时生成的尺寸链称为工艺尺寸链，由于工艺尺寸链是加工时产生的实实在在的若干个尺寸，所以与设计尺寸链的特征相比正好是相反的，即工艺尺寸链是随加工方法的不同随时改变的，而且工艺尺寸链必须是封闭的、完整的，如图 4-7-3（b）所示。

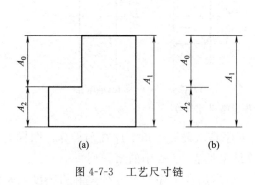

图 4-7-3　工艺尺寸链　　　　　　图 4-7-4　设计尺寸链

2. 尺寸链的组成

组成工艺尺寸链的各个尺寸称为尺寸链的环。图 4-7-3 中的尺寸 A_1、A_2、A_0 都是尺寸链的环。这些环又可分为：

1）封闭环　加工、测量或装配过程中最后、间接、自然形成的尺寸称为封闭环，不管什么情况下的工艺尺寸链，有且只有一个封闭环。

2）组成环　加工或测量过程中直接获得的尺寸称为组成环。工艺尺寸链中，除封闭环外的其他环都是组成环。组成环的数量可以有两个，也可以有若干个。

按其对封闭环的影响不同，组成环又可分为：

① 增环。当其余各组成环不变，某环增大使封闭环也随之增大者为增环。如图 4-7-3 中的 A_1 就是增环。增环标注时在字母符号的上方加标一个向右的箭头，如 $\overrightarrow{A}$。

② 减环。当其余各组成环不变，某环增大使封闭环反而减小者为减环。如图 4-7-3 中的 A_2 就是减环。减环标注时在字母符号上方加标一个向左的箭头，如 $\overleftarrow{A}$。

3. 建立工艺尺寸链的注意事项

① 首先根据工艺过程或加工方法，找出最后间接保证的尺寸，定出封闭环。

② 从封闭环起，按照零件上各有关尺寸间的联系，依次画出有关的直接获得的尺寸，定出组成环，直到尺寸的终端回到封闭环的起端形成一个封闭的图形。

③ 按照各尺寸首尾相接的原则，判断增减环时，如用定义判断法只适用于尺寸环数量较少的尺寸链。对于尺寸环数量较多的尺寸链则易用方向判断法来判断增环和减环，如图 4-7-5 所示：首先确定封闭环（L_0），然后给封闭环任意一个方向，顺着此方向顺次在各尺寸线终端画箭头。凡是箭头方向与封闭环箭头方向相同的尺寸就是减环（$\overleftarrow{L_2}$、$\overleftarrow{L_4}$），箭头方向与封闭环箭头方向相反的尺寸就是增环（$\overrightarrow{L_1}$、$\overrightarrow{L_3}$）。很显然，这种判断方法要简单多了，

而且还不容易出错误。

工艺尺寸链的构成，取决于工艺方案和具体的加工方法。确定哪一个尺寸是封闭环，是解开尺寸链的决定性的一步，封闭环定错，必然全盘皆错。

4. 尺寸链的计算公式

工艺尺寸链的计算方法有两种：极值法和概率法。目前生产中多采用极值法，其基本计算公式如下。

（1）封闭环的基本尺寸

封闭环的基本尺寸 $A_{0基}$ 等于所有增环的基本尺寸之和减去所有减环的基本尺寸之和，即

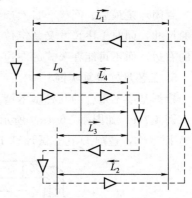

$$A_{0基} = \sum_{i=1}^{m} \vec{A}_{i基} - \sum_{j=m+1}^{n} \overleftarrow{A}_{j基} \qquad (4\text{-}7\text{-}1)$$

式中　$\vec{A}_{i基}$——增环的基本尺寸；

$\overleftarrow{A}_{j基}$——减环的基本尺寸；

m——增环的环数；

n——组成环的总数。

图 4-7-5　增、减环判断方法

（2）各环极限尺寸之间的关系

封闭环的最大极限尺寸 A_{0max} 等于所有增环的最大极限尺寸之和减去所有减环的最小极限尺寸之和，即

$$A_{0max} = \sum_{i=1}^{m} \vec{A}_{imax} - \sum_{j=m+1}^{n} \overleftarrow{A}_{jmin} \qquad (4\text{-}7\text{-}2)$$

封闭环的最小极限尺寸 A_{0min} 等于所有增环的最小极限尺寸之和减去所有减环的最大极限尺寸之和，即

$$A_{0min} = \sum_{i=1}^{m} \vec{A}_{imin} - \sum_{j=m+1}^{n} \overleftarrow{A}_{jmax} \qquad (4\text{-}7\text{-}3)$$

（3）各环上、下偏差之间的关系

封闭环的上偏差 $\mathrm{ES}(A_0)$ 等于所有增环的上偏差之和减去所有减环的下偏差之和，即

$$\mathrm{ES}(A_0) = \sum_{i=1}^{m} \mathrm{ES}(\vec{A}_i) - \sum_{j=m+1}^{n} \mathrm{EI}(\overleftarrow{A}_j) \qquad (4\text{-}7\text{-}4)$$

封闭环的下偏差 $\mathrm{EI}(A_0)$ 等于所有增环的下偏差之和减去所有减环的上偏差之和，即

$$\mathrm{EI}(A_0) = \sum_{i=1}^{m} \mathrm{EI}(\vec{A}_i) - \sum_{j=m+1}^{n} \mathrm{ES}(\overleftarrow{A}_j) \qquad (4\text{-}7\text{-}5)$$

式中　$\mathrm{ES}(A_0)$——封闭环的上偏差；

$\mathrm{EI}(A_0)$——封闭环的下偏差；

$\mathrm{ES}(\vec{A}_i)$——增环的上偏差；

$\mathrm{EI}(\vec{A}_i)$——增环的下偏差；

$\mathrm{ES}(\overleftarrow{A}_j)$——减环的上偏差；

$\mathrm{EI}(\overleftarrow{A}_j)$——减环的下偏差。

（4）各环公差之间的关系

封闭环的公差 $\mathrm{T}(A_0)$ 等于各组成环的公差 $\mathrm{T}(A_i)$ 之和，即

$$T(A_0) = ES(A_0) - EI(A_0) = \sum_{i=1}^{m} T(\vec{A_i}) + \sum_{j=m+1}^{n} T(\overleftarrow{A_j}) = \sum_{i=1}^{n} T(A_i) \qquad (4\text{-}7\text{-}6)$$

式中　$T(A_i)$——组成环的公差。

封闭环是最后、间接、自然产生的尺寸,而工序尺寸是本工序需要保证且是可以直接保证的尺寸,同时工序尺寸又是定位基准到加工表面的尺寸,所以所计算的工序尺寸一定在公式的右边,而不可能在公式的左边。

5. 工艺尺寸换算实例

根据基准不重合的几种基本情况,熟练掌握工艺尺寸链的计算方法。

例 4-7-1　如图 4-7-6(a)所示箱体类零件,镗 D 孔工序,其他表面均已加工,本工序以 A 面定位,镗削 D 孔,试计算工序尺寸及其公差。

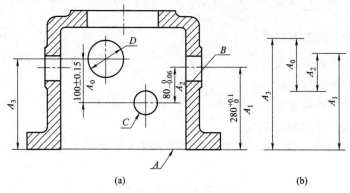

(a)　　　　　　　　　　　(b)

图 4-7-6　定位基准与设计基准不重合

分析:D 孔的设计基准为 C 孔的轴线,如果以 C 孔轴线为定位基准,属于基准重合,加工时只要保证工序尺寸 100 ± 0.15mm 即可,不需要进行工艺尺寸链换算。为使工件装夹方便,夹具结构简单,现以 A 面定位镗削 D 孔即属于定位基准与设计基准不重合,此时要想保证工序尺寸 A_3,就必须进行工艺尺寸链换算。计算步骤如下:

① 画出尺寸链图,如图 4-7-6(b)所示。

② 判断增、减环,由图中可知,A_3 为工序尺寸,100 ± 0.15mm 尺寸是最后、间接、自然形成的尺寸,为封闭环(A_0),由方向判断法可知,A_2、A_3 为增环,A_1 为减环。

③ 用公式计算,

$$A_{0基} = \sum_{i=1}^{m} \vec{A}_{i基} - \sum_{j=m+1}^{n} \overleftarrow{A}_{j基}$$

得　　　　　　$100 = A_3 + 80 - 280$　　　　　　　　$A_3 = 300$(mm)

$$ES(A_0) = \sum_{i=1}^{m} ES(\vec{A_i}) - \sum_{j=m+1}^{n} EI(\overleftarrow{A_j})$$

得　　　　$+0.15 = ES(A_3) + 0 - 0$　　　　　　$ES(A_3) = +0.15$(mm)

$$EI(A_0) = \sum_{i=1}^{m} EI(\vec{A_i}) - \sum_{j=m+1}^{n} ES(\overleftarrow{A_j})$$

得　$-0.15 = EI(A_3) + (-0.06) - (+0.1)$　　　　$EI(A_3) = +0.01$(mm)

④ 结果,所以工序尺寸及其公差为:$A_3 = 300^{+0.15}_{+0.01}$mm

即以 A 面为定位基准镗 D 孔时,只要直接保证 $A_3 = 300^{+0.15}_{+0.01}$mm 尺寸要求即能间接保

证尺寸 100±0.15mm

在加工中，有时会遇到某些加工表面的设计尺寸不便测量，甚至无法测量的情况，为此需要在工件上另选一个容易测量的测量基准，通过对该测量尺寸的控制来间接保证原设计尺寸的精度。这就产生了测量基准与设计基准不重合时，测量尺寸及公差的计算问题。

例 4-7-2　如图 4-7-7（a）所示零件，加工时要求保证尺寸 6±0.1mm，但该尺寸在加工时不便测量，只好通过测量尺寸 L 来间接保证。试求工序尺寸 L 及其上、下偏差。

分析：加工左端内孔时其右端面的设计基准为尺寸 6±0.1mm 的左端面，如果以面作为定位基准，属于基准重合，加工时只要保证工序尺寸 6±0.1mm 即可，不需要进行工艺尺寸链换算。但该尺寸在加工时不便测量，只好利用测量基准 C 面通过直接测量尺寸 L 来间接保证尺寸 6±0.1mm。此时要想保证工序尺寸 L，就必须进行工艺尺寸链换算。计算步骤如下：

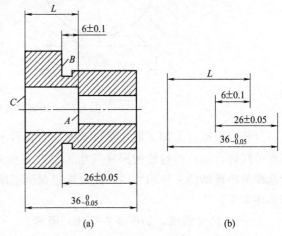

① 画出尺寸链图，如图 4-7-7（b）所示。

② 判断增、减环，由图中可知，L

图 4-7-7　测量基准与工序基准不重合

为工序尺寸，6±0.1mm 尺寸是最后、间接、自然形成的尺寸，为封闭环（A_0），由方向判断法可知，尺寸 L、26±0.05mm 为增环，尺寸 $36_{-0.05}^{0}$mm 为减环。

③ 用公式计算，

$$A_{0基} = \sum_{i=1}^{m} \vec{A}_{i基} - \sum_{j=m+1}^{n} \vec{A}_{j基}$$

得　　　　　　$6 = L + 26 - 36$　　　　　　　　　　$L = 16$（mm）

$$ES(A_0) = \sum_{i=1}^{m} ES(\vec{A}_i) - \sum_{j=m+1}^{n} EI(\vec{A}_j)$$

得　　　$+0.1 = ES(L) + 0.05 - (-0.05)$　　　　　　$ES(L) = 0$（mm）

$$EI(A_0) = \sum_{i=1}^{m} EI(\vec{A}_i) - \sum_{j=m+1}^{n} ES(\vec{A}_j)$$

得　　$-0.1 = EI(L) + (-0.05) - 0$　　　　　$EI(L) = -0.05$（mm）

④ 结果，所以工序尺寸及其公差为：$L = 16_{-0.05}^{0}$mm

即只要直接测量尺 $L = 16_{-0.05}^{0}$mm 符合要求，即能间接保证尺寸 6±0.1mm。

在确定某些加工表面的工序尺寸时，这些加工表面的工序基准是还需进一步加工的设计基准，两者之间相差一个加工余量，仍属于"基准不重合"问题。此时也要进行工序尺寸的计算。

例 4-7-3　如图 4-7-8（a）为齿轮内孔零件简图，本工序为磨孔的加工。其加工顺序是：

① 精镗孔至 $\phi 84.8_{0}^{+0.07}$mm；

② 插键槽至工序尺寸 A；

③ 热处理；

④ 磨内孔至 $\phi 85^{+0.085}_{0}$ mm，同时间接保证键槽深度 $90.4^{+0.20}_{0}$ mm。

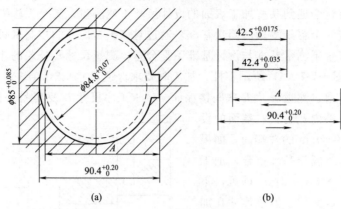

图 4-7-8　尚需继续加工的表面

分析：根据以上加工顺序可以看出，磨孔后不仅要能保证内孔的尺寸 $\phi 85^{+0.085}_{0}$ mm，而且要能同时自动获得键槽的深度尺寸 $90.4^{+0.20}_{0}$ mm。为此必须正确地算出以镗孔后表面为测量基准的插键槽的工序尺寸 A。此时要想保证工序尺寸 A，就必须进行工艺尺寸链换算。计算步骤如下：

① 画出尺寸链图，如图 4-7-8（b）所示。

② 判断增、减环，由图中可知，A 为工序尺寸，$90.4^{+0.20}_{0}$ mm 尺寸是最后、间接、自然形成的尺寸，为封闭环（A_0），由方向判断法可知，尺寸 $42.5^{+0.017}_{0}$ 为增环，尺寸 $42.4^{+0.035}_{0}$ 为减环。

③ 用公式计算，

$$A_{0基} = \sum_{i=1}^{m} \vec{A}_{i基} - \sum_{j=m+1}^{n} \vec{A}_{j基}$$

得　　　　$90.4 = A + 42.5 - 42.4$　　　　　　$A = 90.3$（mm）

$$ES(A_0) = \sum_{i=1}^{m} ES(\vec{A}_i) - \sum_{j=m+1}^{n} EI(\vec{A}_j)$$

得　$+0.2 = ES(A) + 0.0175 - 0$　　　　　$ES(A) = +0.1825$（mm）

$$EI(A_0) = \sum_{i=1}^{m} EI(\vec{A}_i) - \sum_{j=m+1}^{n} ES(\vec{A}_j)$$

得　　　$0 = EI(A) + 0 - 0.035$　　　　　$EI(A) = +0.035$（mm）

④ 结果，所以工序尺寸及其公差为：$A = 90.3^{+0.183}_{+0.035}$ mm

即插孔时只要保证尺寸 $A = 90.3^{+0.183}_{+0.035}$ mm，就可以保证磨孔尺寸 $\phi 85^{+0.085}_{0}$ mm，而且同时能保证 $90.4^{+0.20}_{0}$ mm 尺寸。

通过分析以上计算结果发现，由于基准不重合而进行尺寸换算，将带来两个问题：

① 提高了组成环尺寸的测量精度要求和加工精度要求。若精度要求过高，加工难以达到，通常采取以下两种措施，即根据各组成环加工的经济精度来压缩各环公差以及改变定位基准或加工方式。

② 出现假废品问题。只要实测尺寸的超差量小于另一组成环的公差值时，就有可能将实际合格的零件报废。为了避免这种假废品现象，对换算后的测量尺寸（或工序尺寸）超差的零件，应重新测量其它组成环的尺寸，再计算出封闭环的尺寸，以判断是否为废品。

练习与思考

1. 何谓工艺过程？说出常见的工艺过程有哪些？

2. 什么是粗、精基准？粗、精基准选择的原则是什么？

3. 简述六点定位原理。

4. 什么是完全定位、对应定位、欠定位和重复定位？试举例说明。

5. 机械加工工艺过程划分加工阶段的原因是什么？

6. 阶梯轴结构如图 4-7-9 所示，已知条件：

当小批生产时，其粗加工过程如下：①车左端面，钻中心孔，卧式车床。②夹右端，顶左端中心孔，粗车左端台阶，卧式车床。③车右端面，钻中心孔，卧式车床。④夹左端，顶右端中心孔，粗车右端台阶。

当大批量生产时，其粗加工过程如下：①铣两端面，同时钻两端中心孔，专用铣钻机床。②粗车外圆各台阶面，卧式车床。

试分析上述两种生产类型的粗加工由几道工序、工步、安装组成？

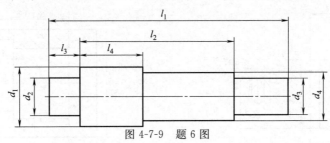

图 4-7-9 题 6 图

7. 试选择图 4-7-10 所示连杆零件第一道工序铣大端面时的粗基准（大批量生产）并说明原因。

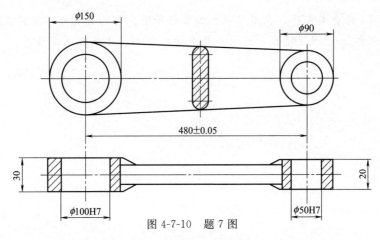

图 4-7-10 题 7 图

8. 试选择图 4-7-11 所示端盖零件加工时的粗基准并说明原因。

9. 根据图 4-7-12 的要求选择合理的定位基准。已知 A、B、C 面、$\phi 10H7$ 及 $\phi 30H7$ 均已加工，现加工 $\phi 12H7$ 孔，应该用哪些表面定位最合理？为什么？

10. 图 4-7-13 所示零件长度方向的尺寸要求，其加工过程为：工序 01：铣底平面；工序 02：铣 K 面；工序 03：钻、扩、铰 $\phi 20H8$ 孔，保证尺寸 50 ± 0.1mm；工序 04：加工 H 面，保证尺寸 75 ± 0.3mm，试求以 K 面定位，加工 $\phi 16H7$ 孔的工序尺寸。

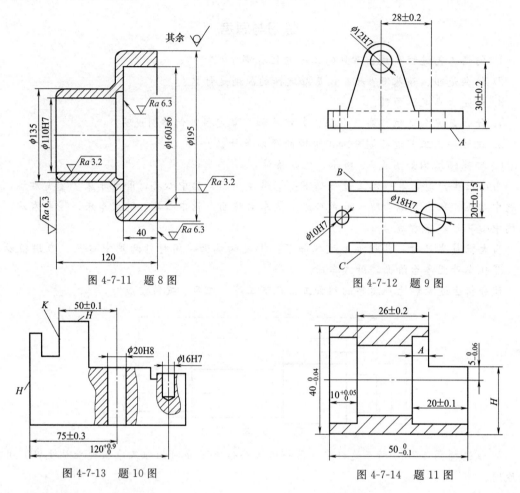

图 4-7-11 题 8 图

图 4-7-12 题 9 图

图 4-7-13 题 10 图

图 4-7-14 题 11 图

11. 图 4-7-14 为套类零件，在车床上已加工好外圆、内孔及端面，现需在铣床上铣右端平槽，并保证尺寸 5mm 及 26mm，试求刀具度量尺寸 H、A 及其上下偏差。

模块五　机床夹具基础知识

单元一　机床夹具概述

🔷》学习目标及要求

- 了解机床夹具分类。
- 掌握机床夹具的组成及作用。

在机械加工过程中，用以确定工件相对于机床或刀具所占据的正确位置，并使这个位置在加工过程中不因外力的作用而变动的工艺装备，称为机床夹具。如车床上使用的三爪卡盘、前后顶尖，铣床上使用的平口钳、V形铁、万能分度头等，都是机床夹具。机床夹具在机械加工中占有很重要的位置。

一、机床夹具的作用

夹具是一种装夹工件的工艺装备，它的主要功用是实现工件定位和夹紧的，并使工件加工时相对于机床、刀具具有正确的位置，以保证工件的加工精度。

机床夹具在零件的加工过程中其作用主要有以下五方面：

1）保证加工精度　利用夹具装夹工件可以准确地确定工件与机床的相对位置，并使其正确位置在加工中不致发生变动，因此，夹具能较稳定地保证工件的加工精度。

2）提高劳动生产率　使用夹具能够快速准确地装夹工件，无需找正，缩短装夹工件的时间，提高劳动生产率。

3）扩大机床的工艺范围　在普通机床上配置适当的专用夹具可以扩大机床的工艺范围，实现一机多能。

4）降低生产成本　在大批量生产中，由于劳动生产效率的提高和允许使用技术等级较低的工人操作，虽然使用了专用夹具，但生产成本却有明显的降低。

5）易于操作　减低对操作工人的技术要求和减轻工人的劳动强度。

二、机床夹具的分类

机床夹具通常有三种分类方法，即按应用范围、适用机床、夹紧动力源来分类。

① 按应用范围分为通用夹具、专用夹具、可调夹具、成组夹具以及组合夹具等。

② 按适用机床分为车床夹具、铣床夹具、钻床夹具、磨床夹具等。

③ 按夹紧动力源分为手动夹具、气动夹具、电动夹具、液压夹具以及电磁夹具、电液夹具等。

通用夹具是指已经标准化的，可用于加工一定范围内的不同工件的夹具。如三爪自定心卡盘、机床用平口虎钳、万能分度头、磁力工作台等。专用夹具是指专为某一工件的某一工序而设计的夹具。专用夹具一般在大批量生产中使用，是机械制造厂里数量最多的一种机床夹具，是本章的主要研究对象。

随着科学技术的高速发展，机械产品不断更新换代，其品种型号越来越多，质量要求越来越高，产品更新周期越来越短。单一品种大批量生产中所使用的专用夹具的结构形式，已难以适应这种多品种、高精度、短周期生产的要求，必须随生产形式的变化而向前发展。其发展方向，主要表现在柔性化、精密化、高效自动化等方面，夹具设计工作则更加注重标准化和采用计算机辅助实现夹具设计自动化。

三、机床夹具的组成

如图 5-1-1 所示为在套类零件上加工通孔的钻床专用夹具结构图。

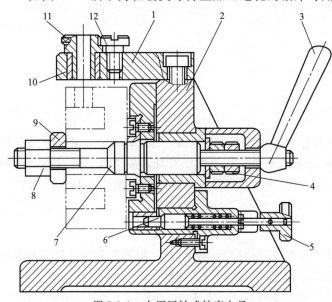

图 5-1-1　专用回转式钻床夹具

1—钻模板；2—夹具体；3—手柄；4、8—螺母；5—把手；6—定位销；
7—定位心轴；9—开口垫圈；10—衬套；11—钻套；12—螺钉

由图中可知，机床夹具由以下几个部分组成。

1）定位元件　夹具上与工件定位基面接触，并用于确定工件正确位置的元件或支承叫做定位元件。如图 5-1-1 中的定位心轴就是起定位作用的元件。

2）夹紧装置　夹紧装置包括夹紧机构和动力源。其功能是夹紧工件，使其保持正确的位置，以防因外力作用而产生位移或振动。如图 5-1-1 中，工件用螺母压紧，螺杆、开口垫圈、螺母即组成夹紧装置。

3）夹具体　夹具体是机床夹具中最大、最重要的基础件，其作用是使夹具各组成部分连接成一体，并使它们之间具有正确的相对位置。如图 5-1-1 中的夹具体。

4）导向元件和对刀元件　导向和对刀元件是用来保证夹具与机床或刀具之间具有正确的相互位置。并不是每一种机床夹具都有导向和对刀元件，铣床上经常用对刀块来保证刀具的正确加工位置，而钻床或镗床上则经常用钻套或镗模板来引导刀具准确加工，如图 5-1-1 中的钻套。

5）其他元件和装置　有些夹具还有分度机构、定向键、靠模装置、平行块等其他元件和装置。

单元二　常见定位方式和定位元件

学习目标及要求

- 掌握定位的基本概念及定位的基本原理。
- 熟悉常用的定位方法。
- 掌握常用的定位元件的种类、特点及应用。

工件的定位方式有很多种，但常用的定位方式只有平面定位、外圆或内孔定位、圆锥面定位及平面和孔的组合定位几种。由于定位方式不同，则需要的定位元件也不相同。本节重点介绍几种常见的定位方式和常用的定位元件。

一、工件以平面定位时的定位元件

工件以平面作为定位基面时，常用的定位元件有如下几种。

1. 主要支承

主要支承用来限制工件的自由度，起定位作用。主要支承又分为以下几种：

1）固定支承　有支承钉和支承板两种，如图 5-2-1、图 5-2-2 所示。在使用过程中，它们都是固定不动的。

当工件以毛坯表面定位时常采用球头支承（图 5-2-1 中 B 型）；齿纹头支承（图 5-2-1 中 C 型）用在工件的侧面定位，它能增大定位时的摩擦系数，防止工件滑动；当工件以加工过的平面定位时，可采用平头支承钉（图 5-2-1 中 A 型）或支承板；图 5-2-2 中 A 型所示支承板的结构简单，制造方便，但孔边切屑不易清除干净，故适用于侧面和顶面定位；图 5-2-2 中 B 型所示的支承板便于清除切屑适用于底面定位。

支承钉、支撑板均已标准化，其公差配合、材料及热处理等可查阅相关标准。

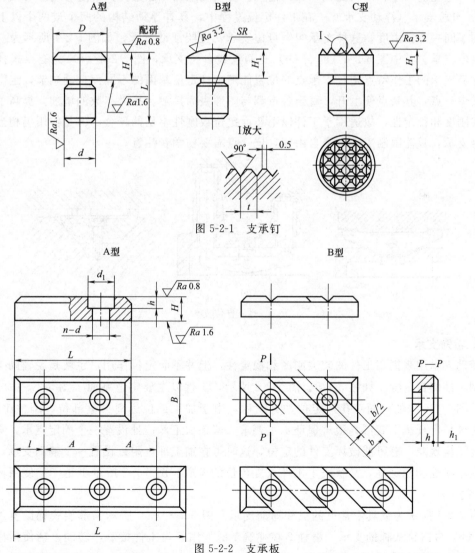

图 5-2-1　支承钉

图 5-2-2　支承板

2）可调支承　在工件定位过程中，支承钉的高度需要调整时，可采用图 5-2-3 所示的可调支承来定位。

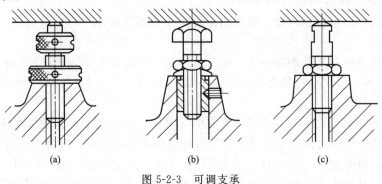

图 5-2-3　可调支承

可调支承主要用于工件以粗基准定位，或定位表面的形状复杂（如台阶面、成形面等）以及各种毛坯的尺寸、形状变化较大的情况。可调支承的特点是工件的定位高度可以调整。

3）自位支承（浮动支承）　在工件定位过程中，具有浮动结构的两个或两个以上的支承限制了同一个自由度，这种支承叫做自位支承，也叫浮动支承，如图 5-2-4 所示为三种常见的自位支承。其中图 5-2-4（a）、（b）是两点式自位支承，图 5-2-4（c）为三点式自位支承。这类支承的工作特点是：支承点的位置能随工件定位基面的不同而自动调节，定位基面压下其中一点，其余点便上升，直至各点都与工件表面接触。接触点数的增加，提高了工件的装夹刚度和稳定性，故适用于工件以毛坯面定位或刚性不足的场合。但其作用仍相当于一个固定支承，只能限制工件一个自由度，这一点需要初学者注意。

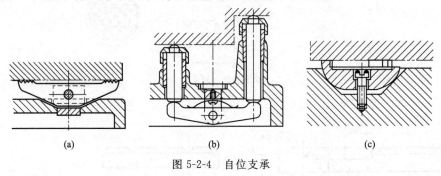

图 5-2-4　自位支承

2. 辅助支承

辅助支承用来提高工件的装夹刚度和稳定性，但并不起定位作用，也就是说辅助支承并不限制工件的自由度。如图 5-2-5、图 5-2-6 所示，工件以主要定位基面（图 5-2-5 中的一面一销及图 5-2-6 中的一面双孔）定位并夹紧后，由于加工部位远离夹紧部位，刚性比较差，加工时极易出现加工变形，很难保证加工要求。若在加工部位处设置一个固定支承，则会出现重复定位现象，有可能破坏工件的定位。这时可在加工部位附近设置一个辅助支承，既提高了定位刚性和稳定性，又解决了工件重复定位的矛盾。图 5-2-7 所示也是一个使用辅助支承的例子。

图 5-2-8 所示为夹具中常见的三种辅助支承。图 5-2-8（a）所示为螺旋式辅助支承；图5-2-8（b）为自位式辅助支承，滑柱 2 在弹簧 1 的作用下与工件接触，转动手柄使顶柱 3 将滑柱锁紧，使其承受切削力等外力。此结构的弹簧力应能推动滑柱，但不可顶起工件，不会

破坏工件的定位。图 5-2-8（c）为推引式辅助支承，工件夹紧后转动手轮 4 使滑销 6 与工件接触后，转动手轮使斜楔 5 的开槽部分张开而锁紧。

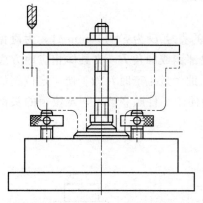

图 5-2-5　钻孔时辅助支承的应用

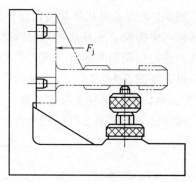

图 5-2-6　铣凸台面时辅助支承的应用

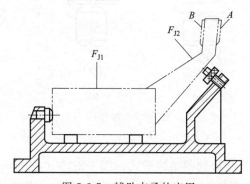

图 5-2-7　辅助支承的应用

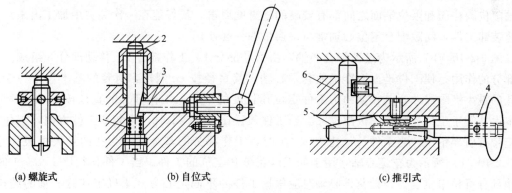

(a) 螺旋式　　　　(b) 自位式　　　　(c) 推引式

图 5-2-8　辅助支承

1—弹簧；2—滑柱；3—顶柱；4—手轮；5—斜楔；6—滑销

在这里需要注意的是，可调支承和辅助支承的相同点与区别。相同点是：结构相同或相近，高度都可以调，而且调节后都必须锁紧。而不同处也有三个，即：可调支承起定位作用，而辅助支承不起定位作用，只起提高刚性和稳定性作用；可调支承是定位前调整高度，而辅助支承是定位后才能调整高度；可调支承是一批工件只能调整一次，而辅助支承是每个工件加工完成后都必须调整一次。

二、工件以内孔定位时的定位元件

工件以内孔表面作为定位基面时，常采用以下定位元件。

1. 圆柱销（定位销）

图 5-2-9 所示为几种常用定位销的结构。当定位销的直径 D 为 $\phi3\sim10$mm 时，为避免销子在使用中折断，或在热处理时淬裂，通常把销子的根部倒成圆角 R，夹具体相应地方应有沉孔，使定位销的圆角部分沉入孔内而不影响定位。大批大量生产时，为了便于定位销的更换，可采用图 5-2-9（d）中所示的带衬套结构形式。为便于工件顺利装入，定位销的头部应有 15°倒角。定位销有关参数可查"夹具标准"手册。

圆柱销一般限制工件的两个自由度。

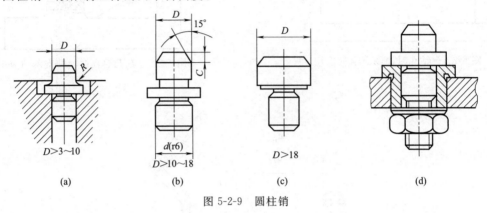

图 5-2-9　圆柱销

2. 圆柱心轴

图 5-2-10 所示为常用圆柱心轴的结构形式。图 5-2-10（a）所示为间隙配合心轴，心轴的限位基面一般按 h6、g6 或 f6 制造，工件装卸方便，但定心精度不高。为了减少因配合间隙而造成的工件倾斜，工件常以孔和端面联合定位，因而要求工件定位孔和定位端面之间、心轴限位圆柱面和限位端面之间都有较高的垂直度要求，最好能在一次装夹中加工出来。为快速装卸工件，间隙配合定位心轴常与快换垫圈一起使用。

图 5-2-10（b）所示为过盈配合心轴，由引导部分 1、工作部分 2、传动部分 3 组成。引导部分的作用是使工件迅速而准确地套入心轴，其直径按 e8 制造，直径的基本尺寸等于工件孔的最小极限尺寸，其长度约为工件定位孔长度的一半。工作部分的直径按 r6 制造，其基本尺寸等于工件孔的最大极限尺寸。当工件长径比 $L/d>1$ 时，为装卸工件方便，工作部分应带有引导锥度。当工件长径比 $L/d<1$ 时，工作部分的基本尺寸为孔的最大极限尺寸。图 5-2-10（c）所示为花键心轴，用于加工以花键孔定位的工件。当工件长径比 $L/d>1$ 时，工作部分可稍带锥度。设计花键心轴时应根据工件的不同定心方式来确定花键心轴的结构，其直径的配合情况可参考前两种心轴。

圆柱心轴可限制工件的四个自由度。如配合端面定位，共限制工件五个自由度。

3. 圆锥销

图 5-2-11 所示为工件以圆孔在圆锥销上定位的结构图，它限制了工件三个自由度，图 5-2-11（a）用于粗定位基面，图 5-2-11（b）用于精定位基面。

三、工件以外圆柱面定位时的定位元件

工件以外圆柱面定位时，常采用如下定位元件。

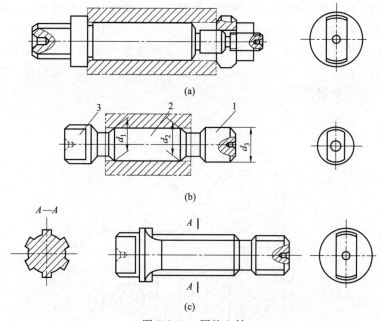

图 5-2-10　圆柱心轴

1—引导部分；2—工作部分；3—传动部分

1. V 形块

如图 5-2-12 所示，宽 V 形块定位限制工件四个自由度，窄 V 形块定位限制两个自由度，此时虽然与 V 形块接触的是工件的外圆表面，但定位基准却是工件的轴线。因 V 形块定位在对称中心面方向上具有自动对中的特点，定位精度不受工件外圆直径误差的影响，且安装方便，因此在铣床上加工轴类零件时应用非常广泛。

V 形块的主要参数有 α 和 D。α 为 V 形块两斜面夹角，一般选用 $60°$、$90°$、$120°$ 三种，其中以 $90°$ 最为常见，而且 $90°$ V 形块的典型结构和尺寸均已标准化，不需要我们再单独设计。D 为 V 形块的设计心轴直径，是选择标准 V 形块和

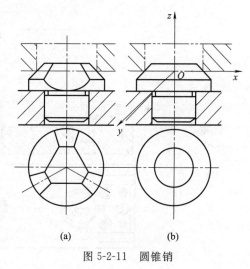

图 5-2-11　圆锥销

设计一般 V 形块的主要依据。图 5-2-13 为 V 形块的设计尺寸。当 $\alpha = 90°$ 时，工件中心高尺寸为 $T = H + 0.707D - 0.5N$。

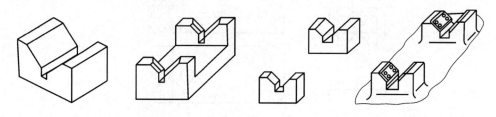

图 5-2-12　V 形块

V 形块有活动式、固定式和可调式三种。活动 V 形块的应用见图 5-2-14，图 5-2-14（a）

所示为钻连杆两孔的夹具结构图，工件以大平面定位，限制三个自由度，左端固定 V 形块限制两个自由度，右端活动 V 形块限制一个自由度兼起夹紧作用。图 5-2-14（b）轴承座镗孔结构图，工件以大平面定位限制三个自由度，上面设置一活动 V 形块限制一个自由度兼起夹紧作用。图 5-2-14（c）所示工件以大平面短心轴定位限制五个自由度，活动 V 形块限制一个自由度，起到防转作用。

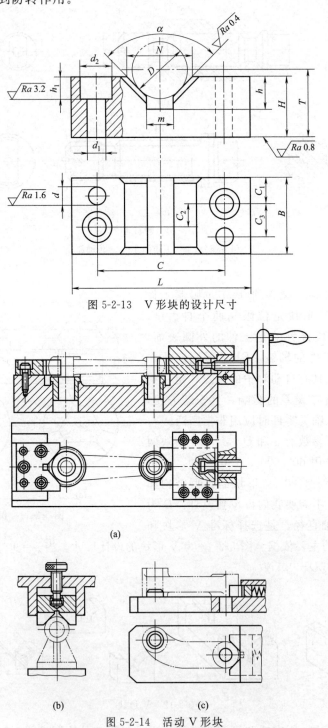

图 5-2-13　V 形块的设计尺寸

(a)

(b)　　　　　　　(c)

图 5-2-14　活动 V 形块

　　V形块既能用于精定位基面，又能用于粗定位基面；能用于完整的圆柱面，也能用于局部圆柱面，而且具有对中性（使工件的定位基准总处在V形块两限位基面的对称面内），活动V形块还可兼作夹紧元件，因此，当工件以外圆柱面定位时，V形块是用得最多的定位元件。

2. 定位套

　　当工件以外圆柱面定位时，也可用定位套或半圆孔来定位。图5-2-15所示为几种定位套或半圆孔的结构图，工件外圆表面为接触表面，工件轴线为定位基准，定位套内孔面为限位基面，定位套共限制工件四个自由度。为了限制工件沿轴向的自由度，常与端面联合定位。用端面作为主要定位面时，应控制套的长度，以免夹紧时工件产生不允许的变形。

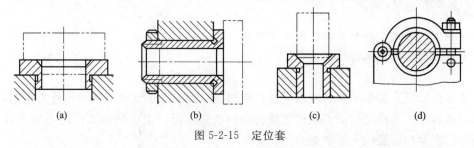

图 5-2-15　定位套

　　定位套结构简单，制造容易，但定心精度不高，与零件的良好接触不易保证，一般用于精基准定位。

四、箱体类零件常以一面双销定位

　　在加工箱体、盖板和支架类零件时，常以工件上的一个面和两个孔作为定位基准面，而定位元件则是一面双销，如图5-2-16所示。这种定位方式的优点是符合加工时基准统一原则，即以一种定位方式，在一次装夹中尽可能加工更多的表面。这种定位方式可以减少装夹误差，提高加工精度。工件的定位表面一般是已加工过的精基面，两定位孔可能是工件上原有的孔，也可能是专为定位需要而设置的工艺孔，待全部加工完以后再堵上，车床主轴箱在大批大量生产时就是采用的这种定位方法。

　　一面双销定位为防止重复定位，我们常采用一个大平面作为主要定位基准限制工件三个自由度，两个定位销中一个选用短的圆柱销作为止推定位基准限制工件两个自由度，另一个定位销则选用短的削边销作为防转定位基准限制工件一个自由度。图5-2-17所示为削边销设计结构图。

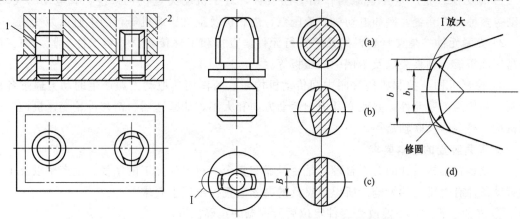

图 5-2-16　一面双销定位
1—短圆柱销；2—短削边销

图 5-2-17　削边销设计结构图

削边销的结构如图 5-2-17 所示。当工件定位孔直径 $D \leqslant \phi 30$mm 时，采用图 5-2-17 （a）所示的结构；当工件的直径 D 为 $\phi 30 \sim 50$mm 时，采用如图 5-2-17 （b）所示的结构；当工件的定位直径 $D > \phi 50$mm 时，采用如图 5-2-17 （c）所示的结构。削边销的宽度部分可修圆，如图 5-2-17 （d）所示。有关结构参数可查阅夹具标准或设计手册。

单元三　基本夹紧装置

▶》学习目标及要求

• 掌握常用的夹紧机构与相应的夹紧原理。
• 掌握不同的夹紧机构使用场合。

工件定位以后，如果不对其施以夹紧，在加工过程中由于受到切削力等外力作用，工件将会移动或转动，其已定位的正确位置将会受到破坏，所以定位后的工件还必须予以夹紧。对工件进行夹紧的装置叫夹紧装置。

夹紧装置是机床夹具中的重要组成部分，本单元就夹紧原理和基本夹紧装置进行分析和讨论。

一、基本概念

1. 夹紧装置的组成

夹紧装置的种类很多，但基本上都由以下三部分组成（见图 5-3-1）：

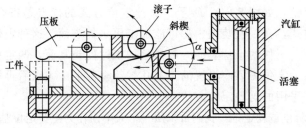

图 5-3-1　夹紧装置的组成

1）动力源　是产生夹紧原始作用力的装置，对于机动夹紧机构来说，有电动、气动、液动等多种动力装置，例如电动机、液压泵，内燃机及空气压缩机等，图中所示为气泵。

2）夹紧元件　是夹紧装置的最终执行元件，直接和工件接触，并将工件夹紧，如三爪卡盘螺旋压板、钻夹头以及本例中的压板等。

3）控制机构　控制机构又叫中间传动机构，它的作用是把动力源产生的动力通过各种控制机构传给夹紧元件，并改变其力的运动方向和大小，如减速器、滑移齿轮变速机构、变向机构、离合器及联轴器等。

2. 夹紧装置的基本要求

夹紧装置结构设计的是否合理、是否可靠和安全，对工件加工的精度、生产率以及工人的劳动条件有着重大的影响。所以对夹具的夹紧装置提出以下要求：

① 夹紧过程中，不能改变工件定位后所占据的正确位置。

② 夹紧力的大小要适当，既要保证工件在整个加工过程中位置稳定不变、振动小，又要使工件不产生过大的夹紧变形。

③ 夹紧装置的自动化和复杂程度应与生产类型相适应，在保证生产效率的前提下，其结构要力求简单，便于制造和维修。

④ 夹紧装置的操作应当方便、安全、省力。

⑤ 夹紧装置应具有良好的自锁性能，以保证源动力波动或消失后，仍能保持夹紧状态。

3. 夹紧力的确定

确定夹紧力的方向、作用点和大小时，应依据工件的结构特点、加工要求，并结合工件在加工中的受力状况及定位元件的结构和布置方式来确定。

1）夹紧力的方向 夹紧力的方向的确定应考虑以下三个方面：

① 夹紧力的方向应有助于定位稳定，且主夹紧力应朝向主要限位基面。如图 5-3-2 （a）所示，夹紧力 F_j 的竖直分力背向限位基面使工件抬起，不利于工件定位的稳定。图 5-3-2 （b）中夹紧力的两个分力分别朝向了限位基面，将有助于定位稳定。又如图 5-3-3 （b）、（c）中的 F_W 都不利于镗孔轴线与 A 面的垂直度要求，而图 5-3-3 （d）中的 F_W 朝向了工件的主要定位基面，则有利于保证镗孔轴线与 A 面的垂直度。

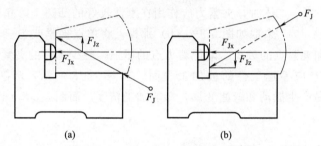

图 5-3-2 夹紧力方向应有助于定位稳定

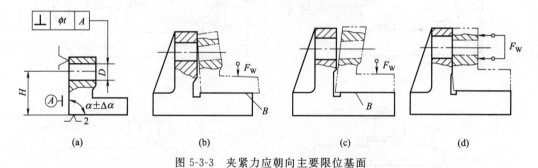

图 5-3-3 夹紧力应朝向主要限位基面

② 夹紧力的方向应使夹紧力最小，即夹紧力最好与重力、切削力的方向一致。

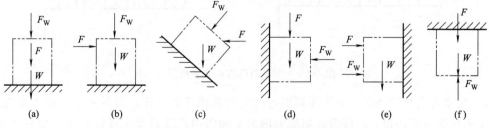

图 5-3-4 夹紧力方向应使夹紧力最小

图 5-3-4 （a）、（b）所示两种情况，工件装夹既方便又稳定，特别是图 5-3-4 （a）所示所需夹紧力最小，结构最合理。图 5-3-4 （c）、（e）、（f）所示结构比较差，图 5-3-4 （d）所

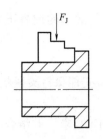

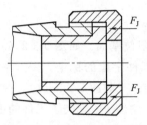

图 5-3-5　夹紧力应指向刚性
最好的方向

示，靠夹紧力所产生的摩擦力来克服切削力和工件重力，所需夹紧力最大，应尽量避免。

③ 夹紧力的方向应指向工件刚性最好的方向，例如图 5-3-5 所示薄壁套筒类零件刚性比较差，轴向夹紧所产生的夹紧变形明显要比径向夹紧小得多，应尽量采用。

2）夹紧力的作用点　夹紧力的方向确定后，应根据以下三个原则确定作用点的位置：

① 夹紧力的作用点应落在定位元件的支承范围内，如图 5-3-6（a）、（c）所示。若夹紧力的作用点落在了定位元件的支承范围以外的话，夹紧时将破坏工件的定位，如图 5-3-6（b）、（d）所示，因而其结构是不合理的。

② 夹紧力的作用点应落在工件刚性比较好的部位，这一原则对刚性差的工件特别重要。夹紧如图 5-3-7（a）所示的薄壁箱体时，夹紧力应作用在刚性较好的凸边上。箱体没有凸边时，可采取如图 5-3-7（b）那样，将单点夹紧改为三点夹紧，从而改变着力点的位置和增加夹紧点的数量，降低着力点的压强，减少工件的夹紧变形。

③ 夹紧力作用点应靠近工件的被加工表面。如图 5-3-8 所示，刨削通槽时，图 5-3-8（b）所示结构很容易产生振动和弯曲变形，影响加工精度。而图 5-3-8（a）所示结构要合理多了。

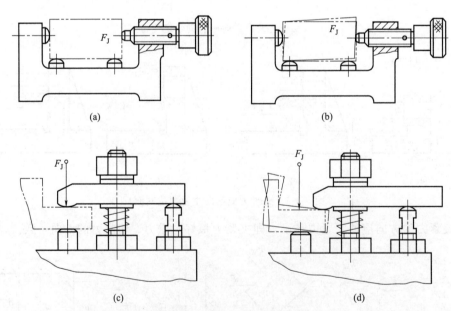

图 5-3-6　夹紧力应落在支承范围内

3）夹紧力大小的确定　为了在切削过程中有效地夹紧工件，所需夹紧力的大小与工件所承受的切削力密切相关。通常，切削力的大小和作用点随着加工过程的进行而发生变化，是一个动态过程，而且在有些切削加工（如铣削）中，切削力还是一种冲击力。要准确地计算出切削力的大小十分困难，因此在设计夹紧装置时，常采用下述两种方法来确定所需的夹紧力：一是根据同类夹具的使用情况，用类比法进行估算，这种方法在生产中应用甚广；另

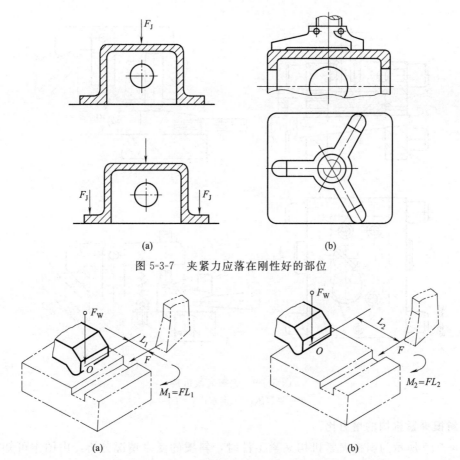

图 5-3-7　夹紧力应落在刚性好的部位

图 5-3-8　夹紧力应靠近被加工表面

一是根据加工情况,确定出工件在加工过程中对夹紧最不利的瞬时状态,再将此时工件所受的各种外力看作静力,并用静力平衡原理,计算出所需的夹紧力。由于所加工的工件的状态各异,切削工具不断地磨损等因素的影响,所计算出的夹紧力与实际所需的夹紧力间仍然存在着较大的差异。为确保夹紧安全可靠,往往将计算所得的夹紧力扩大 K 倍作为实际需要的夹紧力, K 称为安全系数,其计算公式为:

$$F_{K} = KF$$

式中　　F_{K}——实际所需的夹紧力,N;

　　　　F——用静力平衡计算出来的夹紧力,N;

　　　　K——安全系数,粗加工时取 2.5～3,精加工时取 1.5～2。

二、斜楔夹紧装置

采用斜楔作为传力元件或夹紧元件的夹紧机构称为斜楔夹紧机构。如图 5-3-9 所示为几种常用斜楔夹紧机构夹紧工件的实例,这些例子都是利用斜面的移动产生的压力夹紧工件的。图 5-3-9 (a) 所示是在工件上钻互相垂直的 $\phi 8mm$、 $\phi 5mm$ 两组孔。工件装入后,锤击斜楔大头,夹紧工件。加工完毕后,锤击斜楔小头,松开工件。由于用斜楔直接夹紧工件的夹紧力较小,且操作费时,所以实际生产中应用不多,多数情况下是将斜楔与其他机构联合起来使用。图 5-3-9 (b) 所示是将斜楔、滑柱与压板结合成为一种夹紧机构,既可以手动,也可以气压驱动。图 5-3-9 (c) 所示是由端面斜楔与压板组合而成的夹紧机构。

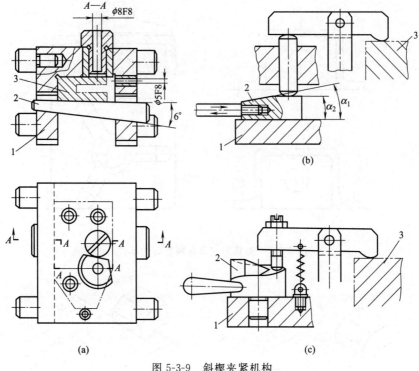

图 5-3-9　斜楔夹紧机构

1—夹具体；2—斜楔；3—工件

1. 斜楔夹紧机构的增力比

图 5-3-10 所示为斜楔夹紧机构夹紧工件时，斜楔的受力情况分析，由图中可知，当在斜楔右端施以原始动力 F_Q 时，通过斜楔的移动在斜面上会产生一个垂直分力 F_J，正是这个分力起到夹紧工件的作用。由图中可见，斜楔夹紧机构的重要参数为斜楔的升角 α。

斜楔夹紧机构的增力比就是夹紧机构的夹紧力与原始动力之比，用 i_P 表示。经受力分析静力平衡计算，可得：

$$i_P = F_J / F_Q = 1/\tan\alpha$$

斜楔夹紧机构的增力比与斜楔升角 α 的正切值成反比，α 角越小，增力比越大，即用比较小的原始动力转化为比较大的夹紧力。

2. 斜楔夹紧机构的行程比

斜楔夹紧机构的行程比指的是斜楔的夹紧行程与斜楔横向移动距离之比，用 i_S 表示。通过计算用

$$i_S = H/s = \tan\alpha$$

斜楔夹紧机构的行程比与斜楔升角 α 的正切值成正比，α 角越大，行程比越大。受夹紧机构结构的影响，我们希望行程比越大越好。

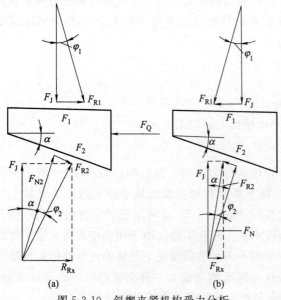

图 5-3-10　斜楔夹紧机构受力分析

3. 斜楔夹紧的自锁条件

当撤除原始动力 F_Q 而斜楔又处于静止状态时，我们称斜楔此时自锁。经受力分析静力平衡计算，可得：

$$\alpha < \varphi_1 + \varphi_2$$

式中　α——斜楔的升角；

　　φ_1——斜楔与工件间的摩擦角；

　　φ_2——斜楔与夹具体间的摩擦角。

即斜楔升角 α 小于斜楔与工件、斜楔与夹具体之间的摩擦角之和，该夹紧机构就能自锁。

4. 斜楔升角的选择

由上述可知，从增力比大的角度分析，希望斜楔升角 α 小一些，而从行程比大的角度分析，又希望斜楔升角 α 大一些，而且斜楔升角 α 越小，其自锁性能越好。所以，合理选择斜楔升角的大小，是斜楔夹紧机构合理与否的关键。

一般而言，手动夹紧机构必须有绝对的自锁性，升角 α 可取小一些，$6°\sim8°$。用气压或液压驱动的斜楔对自锁性要求不严，升角 α 可取大一些，$15°\sim30°$。但既有自锁性要求又要保证行程比大一些时，可采用两个斜楔升角 α_1 和 α_2 的结构。

三、螺旋夹紧装置

采用螺旋直接夹紧或者采用螺旋与其他元件组合实现夹紧的机构，称为螺旋夹紧机构。螺旋夹紧机构结构简单、容易制造，而且由于螺旋升角小，螺旋夹紧机构的自锁性能好，夹紧力和夹紧行程都较大，是手动夹具上用得最多的一种夹紧机构。

1. 单个螺旋夹紧机构

图 5-3-11 （a）、（b）所示是直接用螺钉或螺母夹紧工件的机构，称为单个螺旋夹紧机构。在图 5-3-11 （b）中，夹紧时螺钉头直接与工件表面接触，螺钉转动时，可能损伤工件表面，或带动工件旋转。为此在螺钉头部装上摆动压块。当摆动压块与工件接触后，由于压块与工件间的摩擦力矩大于压块与螺钉间的摩擦力矩，压块不会随螺钉一起转动。

夹紧动作慢、工件装卸费时是单个螺旋夹紧机构一个明显的缺点。如图 5-3-11 （a）所示，装卸工件时，要将螺母拧上拧下，费时费力。克服这一缺点的办法很多，图 5-3-12 所示是常见的几种快速夹紧工件的方法。

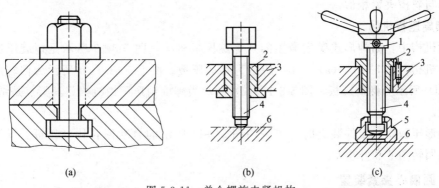

(a)　　　　　　　(b)　　　　　　　(c)

图 5-3-11　单个螺旋夹紧机构

1—手柄；2—衬套；3—夹具体；4—夹紧螺钉；5—摆动压块；6—工件

图 5-3-12（a）所示使用了开口垫圈。图 5-3-12（b）中，夹紧轴 1 的直槽连着螺旋槽，先推动手柄，使摆动压块迅速靠近工件，继而转动手柄，夹紧工件并自锁。图 5-3-12（c）所示采用了快卸螺母。图 5-3-12（d）中手柄 2 推动螺杆 1 沿直槽方向快速接近工件，后将手柄 3 拉上图示位置，再转动手柄 2 带动螺母旋转，因手柄 3 的限制，螺母不能右移，致使螺杆 1 带着摆动压块往左移动，从而夹紧工件。松夹时，只要反转手柄 2，稍微松开后，即可推开手柄 3，为手柄 2 的快速右移让出了空间。

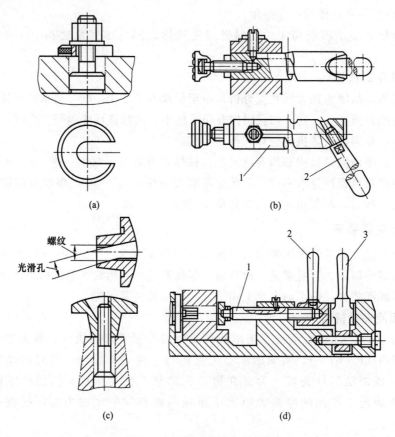

图 5-3-12　快速螺旋夹紧机构

螺旋夹紧是斜楔夹紧的一种变型，螺杆实际上就是绕在圆柱表面上的斜楔，所以它的夹紧力计算与斜楔夹紧相似。

2. 螺旋压板机构

夹紧机构中，结构形式变化最多的是螺旋压板机构。图 5-3-13 所示是螺旋压板机构的五种典型机构。图 5-3-13（a）、（b）所示为移动压板。图 5-3-13（c）所示为回转压板，图 5-3-13（d）所示为翻转压板，图 5-3-13（e）所示为螺旋钩形压板机构。其特点是结构紧凑、使用方便。

当钩形压板妨碍工件装夹时，可采用图 5-3-14 所示的自动回转钩形压板。设计时，应确定压板回转角 ϕ 和升程 h。

四、圆偏心夹紧装置

用偏心件直接或间接夹紧工件的机构，称为偏心夹紧机构。偏心件有圆偏心和曲线偏心

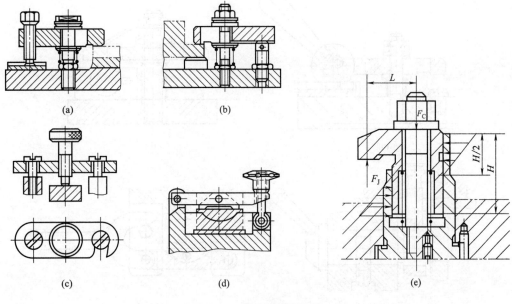

图 5-3-13　螺旋压板机构

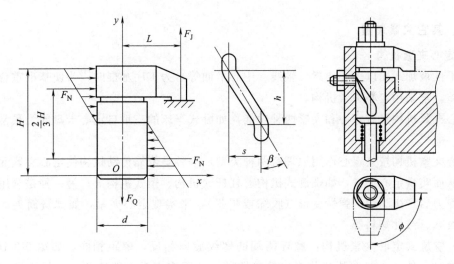

图 5-3-14　自动回转钩形压板

两种类型，其中，圆偏心机构因结构简单、制造容易而得到广泛的应用。圆偏心机构中常用的偏心件有偏心轮和偏心轴两种，图 5-3-15 所示是几种常见偏心夹紧机构的应用实例。图 5-3-15（a）、（b）所示用的是圆偏心轮，图 5-3-15（c）所示用的是偏心轴，图 5-3-15（d）所示用的是偏心叉。

偏心夹紧机构的特点是结构简单、操作方便、夹紧迅速，缺点是夹紧力和夹紧行程都较小，自锁比较困难。一般用于切削力不大、振动小、没有离心力影响的加工中。

圆偏心夹紧机构的夹紧行程 h 在 $e \sim 2e$ 之间（e 为偏心轮的偏心距）。其具有自锁的条件是 $D/e \geqslant 14$（D 为偏心轮的直径）。

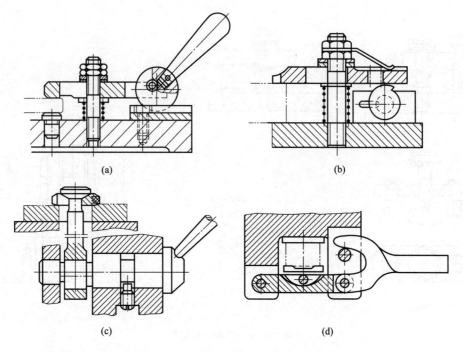

(a)　　　　　　　　　　　　(b)

(c)　　　　　　　　　　　　(d)

图 5-3-15　几种常见偏心夹紧机构

五、其它夹紧装置

1. 定心夹紧机构

当工件被加工面以中心要素（轴线、中心平面等）为工序基准时，为使基准重合以减少定位误差，常采用定心夹紧机构。

定心夹紧机构具有定心和夹紧两种功能，如卧式车床的三爪自定心卡盘即为最常用的典型实例。

定心夹紧机构按其定心作用原理有两种类型，一种是依靠传动机构使定心夹紧元件等速移动，从而实现定心夹紧，如螺旋式机构、杠杆式机构、楔式机构等；另一种是利用薄壁弹性元件受力后产生均匀的弹性变形（收缩或扩张），来实现定心夹紧，如弹簧筒夹、膜片卡盘、波纹套、液性塑料等。

（1）螺旋式定心夹紧机构：螺杆两端的螺纹旋向相反，螺距相同，如图 5-3-16 所示。当其旋转时，使 2 个 V 形钳口作对向等速移动，从而实现对工件的定心夹紧或松开。V 形钳口可按工件不同形状进行更换。

这种定心夹紧机构的特点是结构简单、工作行程大、通用性好，但定心精度不高，主要适用于粗加工或半精加工中需要行程大而定心精度要求不高的场合。

（2）杠杆式定心夹紧机构：在杠杆式三爪自定心卡盘中，滑套作轴向移动时，圆周均布的 3 个钩形杠杆便绕轴转动，拨动 3 个滑块沿径向移动，从而带动其上卡爪将工件定心并夹紧或松开，如图 5-3-17 所示。

这种定心夹紧机构具有刚性大、动作快、增力倍数大、工作行程也比较大等特点，但其定心精度较低，一般为 $\phi 0.1mm$ 左右，主要用于工件的粗加工。由于杠杆机构不能自锁，所以这种机构的自锁要靠气压或其它机构来实现。

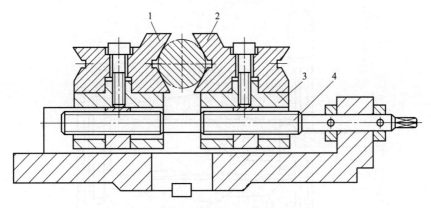

图 5-3-16　螺旋式定心夹紧机构

1、2—V 形钳口；3—滑块；4—双向螺杆

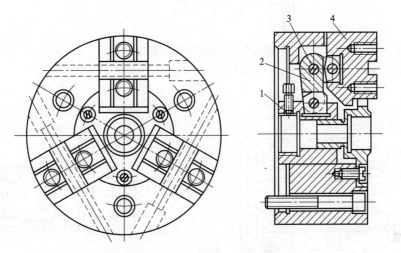

图 5-3-17　杠杆式定心夹紧机构

1—滑套；2—钩形杠杆；3—轴销；4—滑块

（3）楔式定心夹紧机构：在机动楔式夹爪自动定心机构中，当工件以内孔及左端面在夹具上定位后，汽缸通过拉杆使 6 个夹爪左移，由于本体上斜面的作用，夹爪左移的同时向外胀开，将工件定心夹紧；反之，夹爪右移时，在弹簧卡圈的作用下使夹爪收拢，将工作松开，如图 5-3-18 所示。

这种定心夹紧机构结构紧凑，定心精度一般可达 $\phi0.02\sim0.07$mm，比较适用于工件内孔作定位基面的半精加工工序。

（4）弹簧筒夹式定心夹紧机构：这种定心夹紧机构常用于安装轴套类工件，如图 5-3-19 所示。弹性定心夹紧机构，结构简单、体积小、操作方便迅速，因而应用十分广泛。其定心精度可稳定在 $\phi0.01\sim0.03$mm。

除上述介绍的几种定心夹紧机构外，常用的还有膜片卡盘机构、波纹套定心夹紧机构、液性塑料夹紧机构等。

2. 联动夹紧机构

联动夹紧机构是利用机构的组合来完成单件或多件的多点、多向同时夹紧的机构。它可以实现多件加工，以减少辅助时间、提高生产效率和减轻工人的劳动强度等。

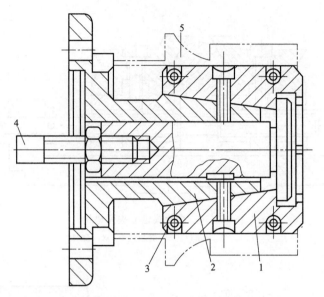

图 5-3-18　楔式定心夹紧机构

1—夹爪；2—本体；3—弹簧卡圈；4—拉杆；5—工件

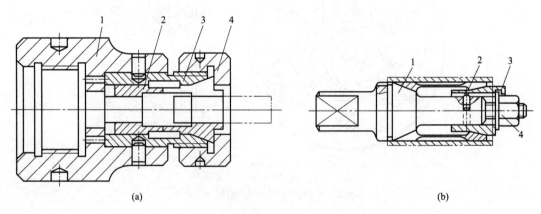

(a)　　　　　　　　　　　　　　　　(b)

图 5-3-19　弹簧筒夹式定心夹紧机构

1—夹具体；2—弹性夹头；3—锥套；4—螺母

（1）单件联动夹紧机构：利用夹紧机构实现工件的多向、多点夹紧。图 5-3-20（a）所示机构为二力垂直夹紧；图 5-3-20（b）表示 2 个夹紧力方向相同，拧紧右边螺母，通过拉杆带动平衡杠杆使两副压板均匀地同时夹紧工件。

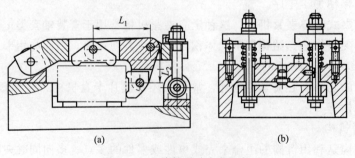

(a)　　　　　　　　　　(b)

图 5-3-20　单件联动夹紧机构

（2）多件联动夹紧机构：一般有平行式多件联动夹紧机构和连续式多件联动夹紧机构。

平行式多件联动夹紧机构。如图 5-3-21（a）所示，若采用刚性压板夹紧，则因一批工件的外圆直径尺寸不一致，将导致个别工件夹不紧。在图 5-3-21（b）中增加了浮动装置，既可以同时夹紧工件，又方便操作。理论上，平行式夹紧各工件受到的夹紧力相等，即

$$F_{j1} = F_{j2} = F_{j3} = F_{j4}$$

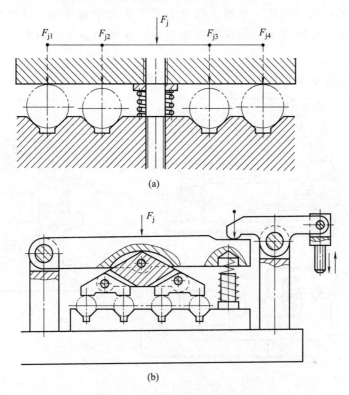

(a)

(b)

图 5-3-21　多件联动夹紧机构

连续式多件联动夹紧机构。图 5-3-22（a）所示为一轴承盖，图 5-3-22（b）所示为加工轴承盖连续式多件联动夹紧机构。这种方式，由于工件的夹紧力是依次传递的，可能造成工件在夹紧方向的位置误差很大，因此只适用于加工在夹紧方向上没有加工要求的工件。

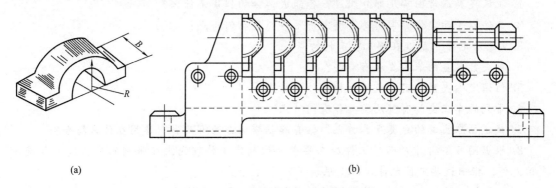

(a)　　　　　　　　　　　　　　　(b)

图 5-3-22　连续式多件联动夹紧机构

另外，在设计联动夹紧机构时，应注意设置浮动环节，同时夹紧的工件不宜太多，结构的刚度要好，力求简单、紧凑。

3. 铰链夹紧机构

铰链夹紧机构是指用铰链连接的连杆作中间传力元件的夹紧机构。如图 5-3-23 所示为几种典型的铰链夹紧机构。图 5-3-23（a）为单臂铰链夹紧机构；图 5-3-23（b）为双臂单作用铰链夹紧机构，图 5-3-23（c）为双臂双作用铰链夹紧机构。铰链夹紧机构结构简单，增力倍数大，摩擦损失小，但自锁性能差。铰链夹紧机构常和其他具有自锁性能的机构组成复合夹紧机构。因此，常用于气动夹具中作为增力机构，以弥补气缸原动力的不足。此时，应在气压回路中，增设保压装置等，使原动力不会消失或减弱，以确保夹紧安全可靠。

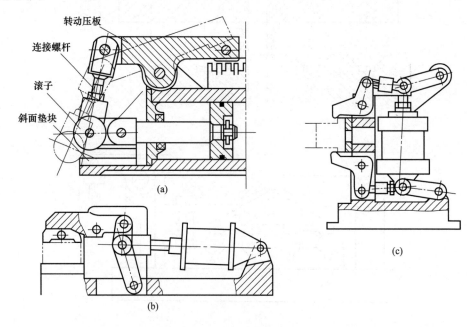

图 5-3-23　铰链夹紧机构

练习与思考

1. 机床夹具通常由哪几部分组成？各组成部分的作用是什么？

2. 工件以平面定位时常用哪几类定位元件？各有何特点？

3. V 形块的限位基准在哪儿？有何特点？

4. 对夹紧装置的基本要求有哪些？

5. 何谓定心夹紧？定心夹紧机构有什么特点？

6. 常见的车床夹具有哪几类？各有何特点？

7. 试述钻床夹具的分类及其特点。钻套和钻模板分为哪几种？各用在什么场合？

8. 根据图 5-3-24 中所示的工件加工要求，试确定工件理论上应限制的自由度，并选择定位元件，指出这些定位元件实际上限制了哪些自由度？

加工要求：图（a）为过球心钻一小孔；图（b）为在圆盘中心钻一孔；图（c）为在轴上铣一槽，保证尺寸 H 和 L；图（d）为在套筒上钻孔，保证尺寸 L。

9. 试比较可调支承与辅助支承的相同或相似之处，以及不同之处。

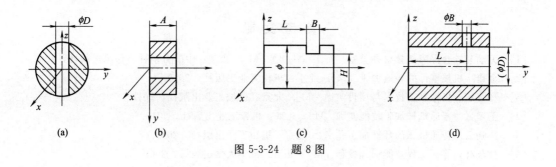

图 5-3-24　题 8 图

参 考 文 献

[1] 劳动和社会保障部教材办公室. 车工（中级）[M]. 北京：中国劳动社会保障出版社，2004.

[2] 金捷. 机械零件的普通加工 [M]. 北京：机械工业出版社，2010.

[3] 马晓燕. 机械制造技术与项目实训 [M]. 北京：机械工业出版社，2012.

[4] 王增强. 普通机械加工技能实训 [M]. 北京：机械工业出版社，2010.

[5] 汪晓云. 普通机床的零件加工 [M]. 北京：机械工业出版社，2012.

[6] 杜晓林，等. 工程技能训练教程 [M]. 北京：清华大学出版社，2009.

[7] 袁广. 机械制造工艺与夹具 [M]. 北京：人民邮电出版社，2009.

[8] 赵春江. 机械设备维修技术教程 [M]. 北京：人民邮电出版社，2011.

[9] 陈宏. 典型零件机械加工生产实例 [M]. 北京：机械工业出版社，2006.

[10] 郑惠萍. 镗工 [M]. 北京：化学工业出版社，2006.

[11] 康志威. 磨工现场操作技能 [M]. 北京：国防工业出版社，2007.

[12] 机械工业职业教育研究中心. 车工技能实战训练 [M]. 北京：机械工业出版社，2007.

[13] 胡家富. 铣工技能 [M]. 北京：机械工业出版社，2007.

[14] 蒋增福. 钳工工艺与技能训练 [M]. 北京：中国劳动社会保障出版社，2005.

[15] 韩秉科. 机械制造技术 [M]. 北京：北京出版社，2009.

[16] 王茂元. 金属切削加工方法及设备 [M]. 北京：高等教育出版社，2006.

[17] 机械工业职业鉴定指导中心. 铣工技术 [M]. 北京：机械工业出版社，2005.

[18] 机械工业职业鉴定指导中心. 初级车工技术 [M]. 北京：机械工业出版社，2006.

[19] 刘登平. 机械制造工艺与机床夹具设计 [M]. 北京：北京理工大学出版社，2008.